人民邮电出版社
北京

图书在版编目（CIP）数据

零基础打造原创短视频 ： 剪辑、拍摄、运营实用技巧 / 帧小好编著. -- 北京 ： 人民邮电出版社, 2022.4
ISBN 978-7-115-57788-7

Ⅰ. ①零… Ⅱ. ①帧… Ⅲ. ①视频制作②网络营销
Ⅳ. ①TN948.4②F713.365.2

中国版本图书馆CIP数据核字(2021)第226193号

内 容 提 要

本书主要讲解短视频剪辑、拍摄、运营技巧。短视频是移动互联网时代流行的内容载体，人人都可以做，但是想要持续做出“爆款”，就要具备很高的综合素养——既要懂剪辑，又要会拍摄，还需要具备产品运营思维。

本书分为三大部分：第一部分是剪辑篇，主要讲解短视频剪辑技巧，包括镜头排列技巧、动作剪辑技巧、声音剪辑技巧和转场方式等；第二部分是拍摄篇，主要讲解短视频拍摄技巧，包括构图、工具使用、布光、录音、摄像机运动等技巧；第三部分是运营篇，主要讲解短视频运营技巧，包括短视频变现方式、一些流量比较大的短视频平台的规则和算法，以及短视频的内容研发和“吸粉”攻略等。

本书以精简的文字加图解的方式引导读者快速入门短视频制作，助力短视频内容创作者打造出“爆款”短视频。本书适合所有对短视频感兴趣的读者阅读。

◆ 编　　著　帧小好
责任编辑　张玉兰
责任印制　马振武

◆ 人民邮电出版社出版发行　　北京市丰台区成寿寺路 11 号
邮编　100164　　电子邮件　315@ptpress.com.cn
网址　https://www.ptpress.com.cn
天津市豪迈印务有限公司印刷

◆ 开本：690×970　1/16
印张：19.5　　　　2022 年 4 月第 1 版
字数：556 千字　　　　2022 年 4 月天津第 1 次印刷

定价：109.00 元（附小册子）

读者服务热线：(010) 81055410　印装质量热线：(010) 81055316
反盗版热线：(010) 81055315
广告经营许可证：京东市监广登字 20170147 号

前言

你好，我是帧小好！

我开始接触视频制作是在2009年。当时我在一家吉他品牌自媒体公司工作，其间负责拍摄视频、剪辑特效、平面设计、内容研发、网络推广等工作，制作的视频在优酷和爱奇艺获得了数亿次的播放量。我在几年时间内为公司构建了一套较为完善的电商销售、知识付费等变现体系，使公司快速进入良性发展阶段。我曾先后运营多个新媒体账号，我制作的一个短视频曾在某个短视频平台实现了3天内1亿次的播放量、300多万次的点赞量，涨粉130多万。这件事对我触动很大。我们以前做过很多中长视频，几年才实现了过亿的点击量，而做短视频，3天就实现了之前用3年才能达到的数据！短视频的精、短、快，让我意识到短视频的时代已经到来，属于我们的时代已经到来，于是我离开了工作多年的地方，创建了自己的品牌。

我在经营自己品牌的时候，接触到了很多想做自媒体的朋友。我发现很多朋友虽然在视频制作上有着很强的专业技术能力，但是做出来的视频投放到市场上很快就石沉大海，无法得到很好的曝光。我对这些情况进行了分析，发现大部分创作者是在不懂用户、不懂运营的情况下做视频的。我希望能给他们提供帮助，使他们创作的视频得到较好的曝光。

我们要做的不仅是拍摄、剪辑视频，还要想办法与用户产生连接，要具备产品和运营思维。做视频不是自娱自乐，而是要获得用户的喜爱！当然，我说这些并不是要大家把拍摄和剪辑看得不那么重要。既然是做视频，我们当然需要具备一定的专业技术能力。只是产品和运营思维是很多人所欠缺的，所以我才会加以强调。这也是为什么我要在剪辑篇和拍摄篇之后加上一个运营篇。

做视频的时候，我们需要操心的事情非常多，没有专业知识的支撑，很难持续拍摄出好的作品。对剪辑、拍摄、运营的技巧了解得越多，我们就越能顶住压力，做出好的作品。本书的很多剪辑和拍摄技巧都是电影行业的前辈们开创的，也有很多是我这些年来积累的经验，我对它们进行了系统的整理，以便大家更高效地学习。

大家也许还会有一个疑问：我们为什么要做视频呢？视频是一个可以承载大量信息的载体，具有极强的表现力，且人对视频信息的接收能力相对较强。抖音、快手、视频号等平台的崛起，让我们感到一场史无前例的内容大迁徙正悄然开始，大量的图文内容会通过视频的方式再生产一遍，这样会带来很多机会，这就是这个时代的红利。一个平台想要持续发展，无论是在内容的品类、作者的生态，还是在利益分享体系方面，都需要一步步推进，推进过程中将释放大量红利，而分享这些红利的门槛就是学会做视频。

在当前的网络环境中，有大量的信息等着我们去分辨、去挑选。为了提升自身的技能，我买了很多课程，报了很多学习班，然而学习效果并不尽如人意。于是我不由思考，是否有一种全新的教学模式可以让用户接收知识更容易，是否有一种方式可以让大家用最少的时间学到最有用的知识。这也是我编写本书的初衷。编写本书的第一原则是简单，第二原则是实用。“简单”就是用较少的文字搭配大量图片，帮助大家更直观地理解相关知识。“实用”就是零基础读者看完本书后，即使用手机也能制作出不错的短视频。

学会制作并推广短视频需要经历很长一段时间，我希望可以凭借自己多年的经验帮助大家节省学习时间，以低成本打造属于自己的自媒体品牌，并快速进入变现阶段。

这个时代如此精彩，我们当然要积极参与。

帧小好

2021年4月

资源与支持

本书由“数艺设”出品，“数艺设”社区平台（www.shuyishe.com）为您提供后续服务。

配套资源

视频教程：重点内容的配套视频讲解。

资源获取请扫码

“数艺设”社区平台，为艺术设计从业者提供专业的教育产品。

与我们联系

我们的联系邮箱是 szys@ptpress.com.cn。如果您对本书有任何疑问或建议，请您发邮件给我们，并请在邮件标题中注明本书书名及ISBN，以便我们更高效地做出反馈。

如果您有兴趣出版图书、录制教学课程，或者参与技术审校等工作，可以发邮件给我们。如果学校、培训机构或企业想批量购买本书或“数艺设”出版的其他图书，也可以发邮件联系我们。

如果您在网上发现针对“数艺设”出品图书的各种形式的盗版行为，包括对图书全部或部分内容的非授权传播，请您将怀疑有侵权行为的链接通过邮件发给我们。您的这一举动是对作者权益的保护，也是我们持续为您提供有价值的内容的动力之源。

关于“数艺设”

人民邮电出版社有限公司旗下品牌“数艺设”，专注于专业艺术设计类图书出版，为艺术设计从业者提供专业的图书、视频电子书、课程等教育产品。出版领域涉及平面、三维、影视、摄影与后期等数字艺术门类，字体设计、品牌设计、色彩设计等设计理论与应用门类，UI设计、电商设计、新媒体设计、游戏设计、交互设计、原型设计等互联网设计门类，环艺设计手绘、插画设计手绘、工业设计手绘等设计手绘门类。更多服务请访问“数艺设”社区平台www.shuyishe.com。我们将提供及时、准确、专业的学习服务。

目录

剪辑篇

第 1 章　初识剪辑

第 2 章　基础剪辑技巧

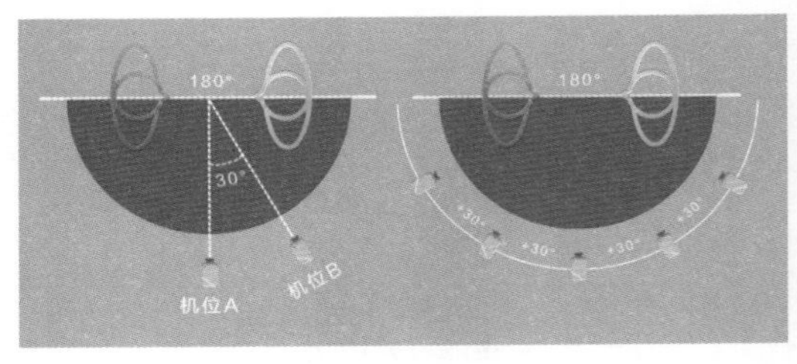

第3章　镜头排列技巧

第4章　动作剪辑技巧

第5章　声音剪辑技巧

第6章　转场方式

第 7 章　时间剪辑技巧

第 8 章　其他剪辑技巧

拍摄篇

第 9 章　构图技巧

第 10 章　工具使用技巧

第 11 章　布光技巧

第 12 章　录音技巧

第 13 章　对话拍摄技巧

第 14 章　人物运动技巧

第 15 章　摄像机运动技巧

运营篇

第 16 章　变现方式

第 17 章　锁定平台

第 18 章　精准定位

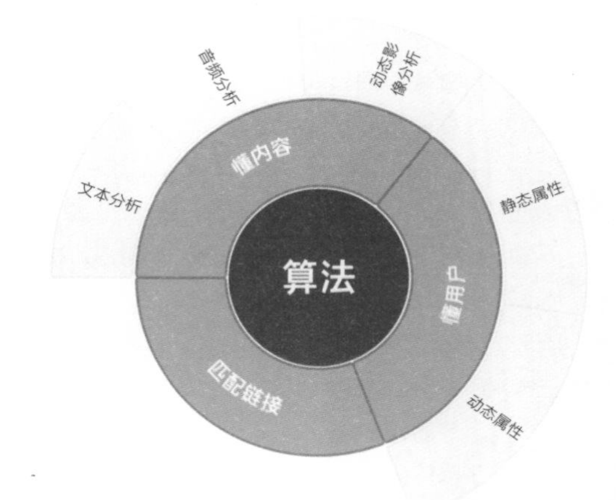

剪辑篇

初识剪辑

本章概述

视频剪辑并不是随便把一堆素材拼凑到一起就行了，它有一定的组接逻辑和规律，就像那些很火的短视频，其背后都有理论支撑。可以说，视频的剪辑是很多技巧的综合运用。本章将带领大家重新认识剪辑。

知识索引

视觉引导	画面匹配	剪辑软件
认识镜头	著名实验	认识景别

1.1 视觉引导

剪辑的基础就是视觉引导，简单来说就是给观众的视线引路，即根据人眼的生理特点，引导观众迅速捕捉到画面中的关键信息。那么，人眼有什么生理特点呢？

在原始社会，人类的祖先捕猎时，最先发现的一般是体形较大或正在移动的动物，如图1-1所示；采摘野果时，最先发现的一般是色彩鲜艳的野果，如图1-2所示。千万年来，经过不断的进化，人类的视线已经习惯于被尺寸偏大、正在移动或者颜色鲜艳的物体吸引。

图 1-1

图 1-2

除此之外，速度、方向、亮度、形状等元素经过精心设计之后，也会影响人眼对视觉刺激的反应，相关案例会在后面的章节中陆续讲到。所以在制作视频时，我们可以通过改变画面中主要人物或物体的尺寸、颜色、速度、方向、亮度、形状等属性，达到吸引观众注意力的目的。

1.2 画面匹配

画面匹配就是通过画面的配合保持影像的连续性，持续吸引观众的注意力。根据人的生理特点，观众的视线很容易被画面中的某个局部吸引。但如果某个视频只有一个画面或一直重复单一的动作，观众会很快失去耐心。只有通过剪辑，流畅地将多个画面中引导观众视线的关键信息连接起来，才能吸引观众看下去，这是视觉引导的意义。基础的画面匹配要素有位置、视线、动作等。

1.2.1 位置匹配

当前后两个画面的视觉焦点在同一个位置，如都在画面的中心，且剪辑时两个画面的主体位置是重合的，那么无论镜头怎么切换，观众都不会觉得乱，如图1-3所示。这就是位置匹配的含义。

图 1-3

1.2.2 视线匹配

当画面中的人物看向画面以外的某处时，观众会好奇他正在看什么。这时用下一个镜头展示他看到的物体或场景，就可以满足观众的心理诉求，衔接会很自然，如图1-4所示。这就是视线匹配的含义。

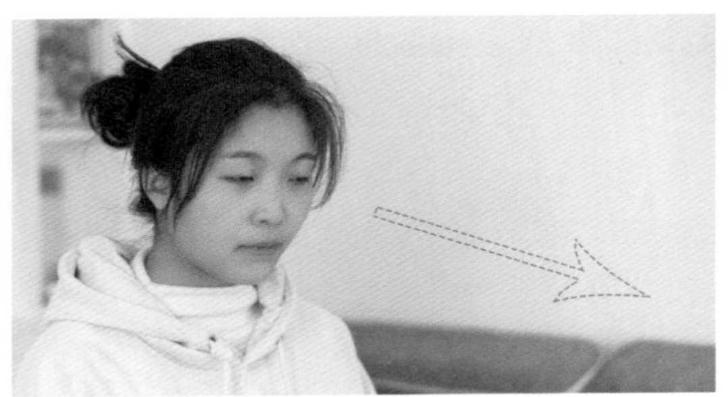
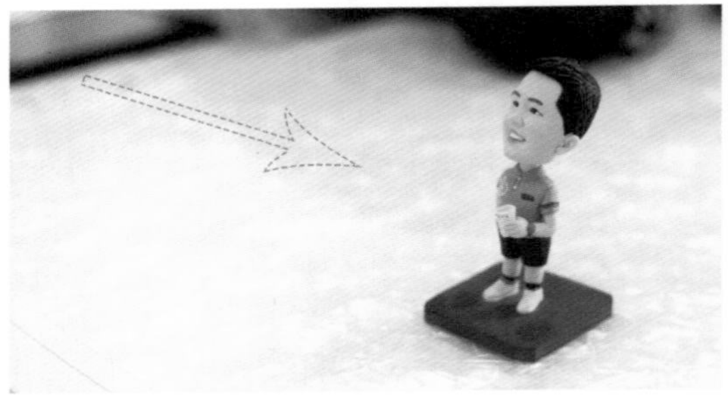

图 1-4

1.2.3 动作匹配

将两个不同角度的连续动作镜头连接在一起，观众会被动作吸引，进而忽略剪辑的存在。剪辑时如果没有双机位，可以用一台摄像机分别在两个不同的机位上拍摄一次，这样会形成一段连续的动作，如图1-5所示。

图 1-5

1.3 剪辑软件

剪辑软件是制作视频时必须用到的工具。随着多媒体技术和自媒体的发展，剪辑已经不再是专业剪辑师才能接触到的技术，现在手机端和计算机端都有很多剪辑软件可用，它们可以满足不同用户的剪辑需求。

1.3.1 手机端剪辑App

手机端可以选择“剪映”“快影”“快剪辑”这3款App，它们功能相对齐全、简单易学，且操作方法相似，同时支持Android系统和iOS系统。这3款App的图标如图1-6所示。

剪映

快影

快剪辑

图1-6

1.3.2 计算机端剪辑软件

计算机端可以选择Adobe系列软件，它同时支持Windows系统和Mac OS系统。视频创作者常用的Adobe系列软件有：Adobe Premiere视频剪辑软件，简称Pr；Adobe After Effects特效合成软件，简称Ae；Adobe Photoshop图片处理软件，简称Ps；Adobe Audition音频编辑软件，简称Au；Adobe Media Encoder视频和音频编码软件，简称Me。它们的图标如图1-7所示。

图1-7

通常，要做一个相对复杂的视频，视频创作者需要配合使用不同软件才能取得自己想要的效果。Adobe系列软件的操作方法非常相似，只要学会其中一款软件的操作，其他软件学起来就会非常容易。而且Adobe系列软件相互兼容，这样在“协同作战”时可以省去很多麻烦。

小提示

计算机端常用的其他剪辑软件有 Edius、Vegas、Final Cut（仅适用于 Mac OS 系统的剪辑软件）等，其操作方法与 Adobe Premiere 视频剪辑软件大同小异，很快就能入门。

1.4 认识镜头

镜头是影像语言里的最小单位。从不同的角度理解，镜头具有不同的含义。

1.4.1 物理角度

从物理角度来说，镜头指的是摄像机上的光学透镜组。例如，手机上常用的镜头是广角镜头，不可拆卸，但可以根据实际拍摄情况配合外置镜头使用，如人像镜头、鱼眼镜头等。不同焦段的镜头如图1-8所示。

图 1-8

专业的单反相机和微单相机等设备，其机身和镜头是可以分离的。相机常用的镜头有广角镜头、标准镜头、长焦镜头等。在拍摄距离相同的情况下，同一款相机使用不同焦段的镜头拍摄出的画面不同，如图1-9所示。

广角镜头

使用广角镜头拍摄的画面

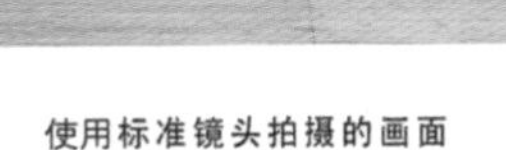

标准镜头

使用标准镜头拍摄的画面

长焦镜头

使用长焦镜头拍摄的画面

图 1-9

1.4.2 拍摄和剪辑角度

从拍摄角度来说，镜头是指摄像机从开拍到停止所录制下来的一段连续画面。

从剪辑角度来说，镜头是指进行视频剪辑时相邻两个剪辑点之间的一段画面，如图1-10所示。剪辑篇提到的镜头采用的是剪辑角度的镜头。

剪辑点A　　剪辑点B

一个镜头

图 1-10

1.5 著名实验

两个单独的镜头按特定的顺序组接在一起，可以产生新的含义；而多个镜头组接在一起并改变排列顺序，其所表达的意思会截然不同。这就是著名的库里肖夫效应和普多夫金实验。

1.5.1 库里肖夫效应

库里肖夫效应指的是两个单独的镜头按照特定的顺序组接在一起，可以产生比单个镜头本身更新、更深刻的含义。

镜头作为影像语言里最小的单位，具备这种特性。著名电影艺术家、理论家库里肖夫曾经将一名演员毫无表情的脸部特写镜头分别与3个不同的镜头组接起来放映给观众看，观众产生了不同的心理变化。这3个镜头组合如图1-11所示。

图 1-11

第一个组合是演员和桌上的一碗汤，给观众的印象是这个男人饥肠辘辘，想要喝掉这碗汤；第二个组合是演员和一个躺在棺材里的小女孩，给观众的印象是这个男人对小女孩的死感到惋惜；第三个组合是演员和一个躺在沙发上的女人，给观众的印象是这个男人对这个女人产生了爱慕之情。

设计镜头时，可以让每一个镜头只表达一个简单的意思，然后通过镜头的组接表达主题。

1.5.2 普多夫金实验

同样的素材采用不同的顺序排列会直接影响观众的反应。不同的镜头组接顺序可以表达不同的含义。电影艺术家、理论家普多夫金曾用3个独立镜头做过一个著名的实验：镜头1是甲在笑，镜头2是乙用枪指着前方，镜头3是甲惊恐的脸。

如果按照1→2→3的顺序组接，如图1-12所示，镜头组合给观众的印象是甲很恐惧。但如果按照3→2→1的顺序组接，如图1-13所示，镜头组合给观众的印象就是甲临危不惧。这就是著名的普多夫金实验。

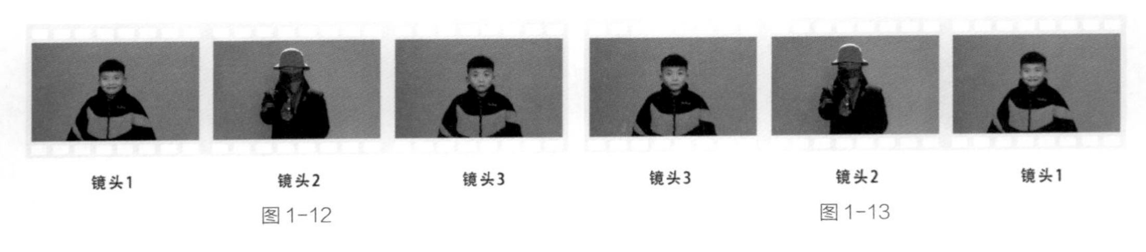

图1-12　　图1-13

1.6 认识景别

景别是指在焦距一定时，摄像机与被摄体的距离不同，被摄体在画面中呈现出的范围大小的区别。剪辑时使用不同的景别，可以让画面变得更生动，在吸引观众注意力的同时能使观众更好地理解画面内容和人物关系。在实际拍摄过程中，景别的划分非常灵活，并且不同的导演对景别的理解会有区别。

1.6.1 景别的划分

景别可以分为远景、全景、中景、近景和特写，如图1-14所示。下面以人物拍摄为例进行介绍。

远景的拍摄距离通常都较远，主要交代被摄体所处的大环境。在远景画面中，被摄体看起来很小。

全景比远景的取景范围更小，一般来说，人物全身画面就是一个全景画面。在全景画面中，人物的衣着、身材等能够被较为清晰地展示，同时能够保留较大的环境空间。

中景表现的则是人物膝盖以上的画面，它比全景更能表现人物的神态、五官等。但同时相比全景画面，中景画面对环境的刻画较弱。

近景表现的是人物胸部以上的画面，其比中景的取景范围更小，能够引导观众近距离观察被摄体，使观众可以观察到画面中人物的细微特征。

特写通常表现的是人物肩部及以上的画面，拍摄环境在画面中占的面积很小，且通常会被虚化。有时特写画面可以用来表现人物或物体的某一个部分，如拍摄人物的手部，拍摄自然界中的一朵花等。

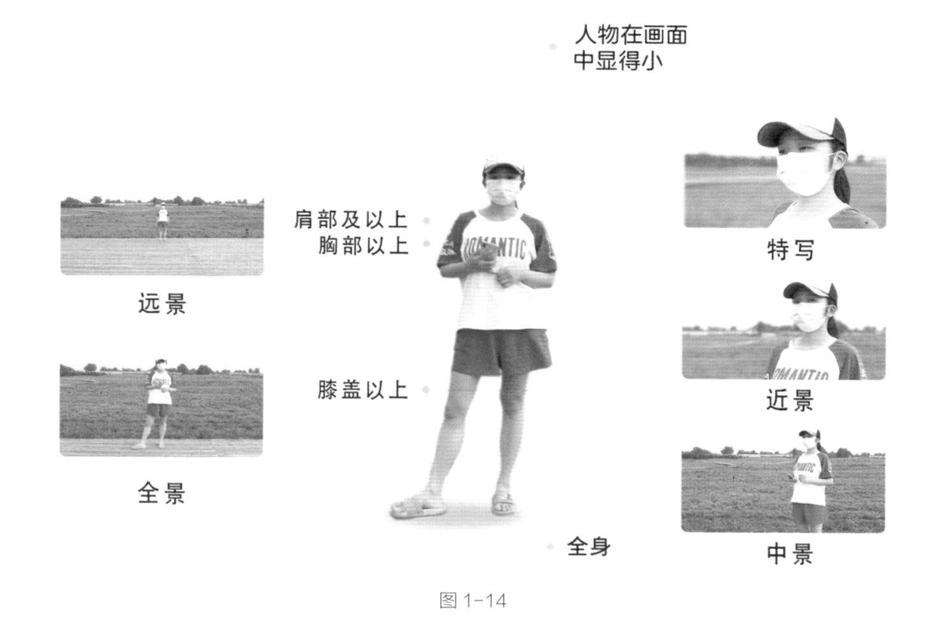

图 1-14

景别可以继续细分，如远景可以再分为大远景和小远景，全景可以分为大全景和小全景等。

小提示

景别是相对的，因划分标准不同，在实际拍摄中，不同拍摄者对相同画面会有不同的叫法，如某位拍摄者认为的近景可能被另一位拍摄者当成特写使用。

1.6.2 注意事项

景别在使用时有一些注意事项。取景时，人物头顶上方效果如果没有留白，尤其是使用一些较大的景别时，会造成画面构图不平衡，让人感觉压抑，如图1-15所示。除非出于剧情需要故意为之，否则不采用这种方式。另外，如果在拍摄人物时截取至关节处（如脚踝、膝盖等）或腰部、脖子处，会使人物看起来就像被画框横向斩断了一样，会使观众产生心理上的不适，如图1-16所示。

图1-15

图1-16

拓展训练

（1）模仿库里肖夫效应，用手机拍摄一个自己的正面特写镜头，再随意拍摄几个不同风格的镜头，将特写镜头与这些镜头组接在一起，看看会产生什么奇妙的效果。

（2）确定一个拍摄对象，分别拍摄这个对象的远景、全景、中景、近景和特写。

基础剪辑技巧

本章概述

流畅剪辑就是不突兀地浓缩，其基本原则是让观众不由自主地忽略剪辑的存在。剪掉观众不想看的，同时让其感到事件是连续的，这是影视行业的前辈们总结出来的规则，也是初学剪辑的人需要学习的。需掌握轴线原则、匹配剪辑、三镜头法等。但对于初学者来说，要先掌握规律，然后才能谈突破。

知识索引

银幕方向　轴线原则　匹配剪辑
三角机位　反拍剪辑　镜头视点
三镜头法

2.1 银幕方向

在学习剪辑之前，认识银幕方向是有必要的。根据银幕方向进行剪辑，可以使被摄对象在不同镜头的切换中保持运动的连贯性，以符合观众的观看习惯。银幕方向是指画面中被摄对象的朝向或移动的方向，前后镜头组接时被摄对象的银幕方向须保持一致。

2.1.1 银幕边框

银幕通常指放映电影时显示投影的白色屏幕，本书中主要指手机或计算机的屏幕，计算机屏幕如图2-1所示。屏幕的左侧就是画面的左侧，右侧就是画面的右侧。4条边框以内就是视频中人物存在和移动的二维世界。

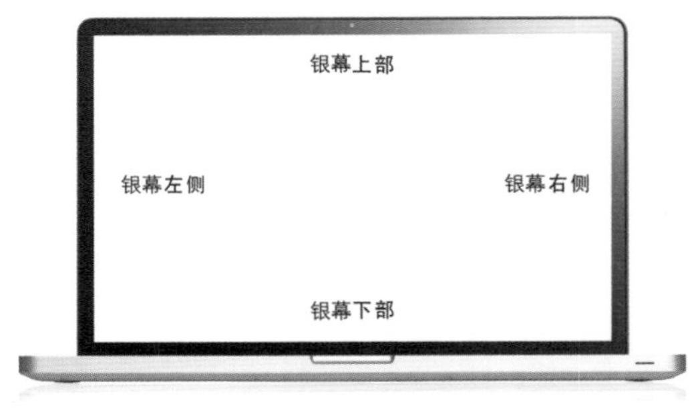

图 2-1

2.1.2 方向一致

切换镜头时，银幕方向须保持一致，这样视频看起来才会流畅。例如，画面中的人物从右侧走出画面，剪接下一个镜头时，人物必须从画面左侧进入，继续向右运动，如图2-2所示。银幕方向不一致容易使观众感到困惑。

图 2-2

2.1.3 观看习惯

剪辑时要求银幕方向保持一致，以符合人们的观看习惯。例如，当一只小鸟从左往右在我们眼前飞过时，如果我们不及时扭头，小鸟就会从右侧淡出我们的视野；当我们迅速扭头将视线落在小鸟飞行方向的前方时，小鸟就能从左侧重新进入我们的视野，如图2-3所示。剪辑时必须遵循相关规律，才能让镜头在组接后更加流畅。

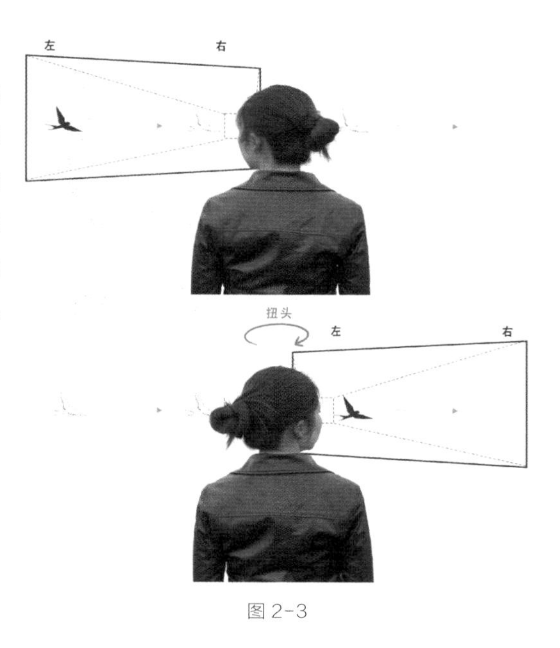

图 2-3

2.2 轴线原则

轴线是指沿着人物的视线方向、运动方向或在两个人物之间形成的一条假想线。遵循轴线原则可保持银幕方向一致，防止出现空间上的混乱。

2.2.1 方向轴线

当人物观察周围物体时，人物的眼睛与观察对象之间形成的假想线被称为方向轴线，如图2-4所示。

图 2-4

2.2.2 运动轴线

当人物或其他主体运动时，其运动方向与目标之间形成的运动轨迹被称为运动轴线，如图2-5所示。运动轴线可以是直线，也可以是曲线。

图 2-5

2.2.3 关系轴线

当两个人（或3个人）进行交流时，穿过人物头部的假想线被称为关系轴线，如图2-6所示。

图 2-6

2.2.4 180° 原则

180° 原则是指在拍摄有轴线存在的场景时，摄像机需放置在这条轴线的同一侧，如图2-7所示。人物A和人物B之间形成一条关系轴线，镜头1、镜头2、镜头3都在这条关系轴线的同一侧。

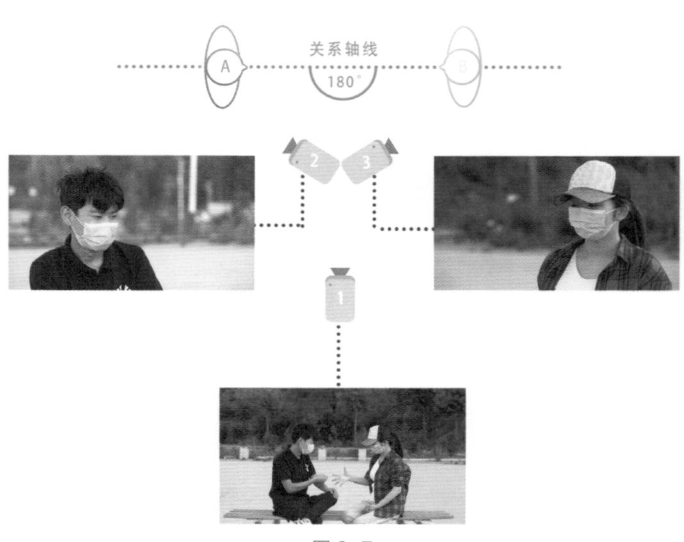

图 2-7

2.2.5 越轴/跳轴

从轴线另一侧拍摄的镜头被称为越轴或跳轴镜头。这类镜头是不能直接组接的，否则剪辑时会造成其中一位演员一会儿面朝银幕左侧，一会儿面朝银幕右侧的情况，从而造成方向不一致，如图2-8所示。这就好比在火车轨道一侧拍摄火车时，不管从哪个角度拍摄，火车都是往同一个方向开的；如果换到另外一侧拍摄，镜头里的火车就会往相反的方向开。

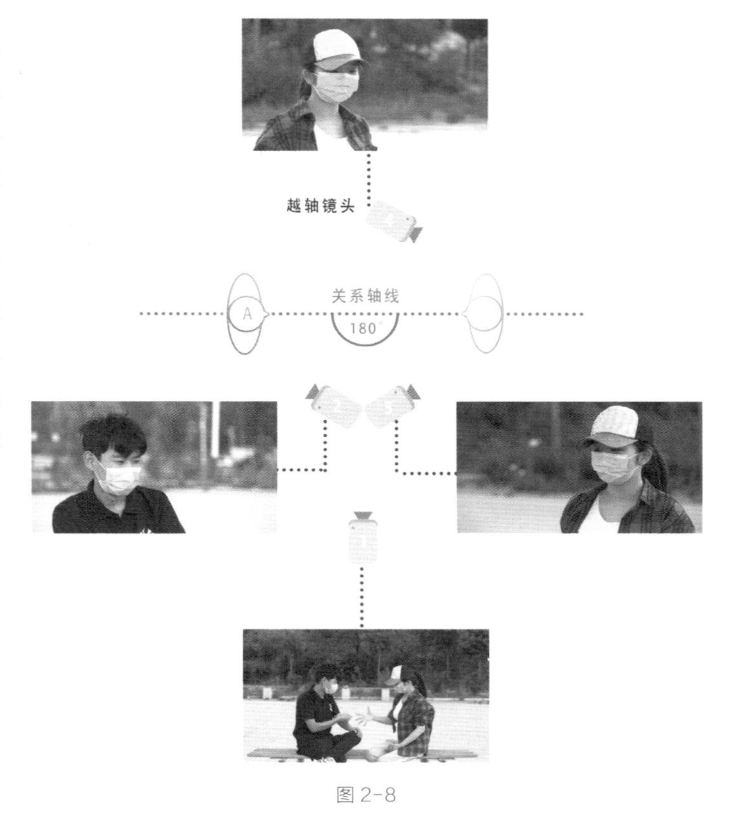

图 2-8

小提示

违反轴线原则会造成观众视觉方向和认知上的混乱，所以越轴镜头常用于表现打斗、威胁、混乱、迷惑、焦虑等情境。

2.2.6 30°规则

30°规则是指在遵守轴线原则的基础上，摄像机的拍摄角度要比上一个镜头的拍摄角度大30°以上。简单来说，就是当使用多个机位拍摄同一物体或人物时，前后两个机位的夹角要大于30°，如图2-9所示。否则，不同相机拍出的两个镜头剪辑到一起时看起来整体过于相似，会导致物体或人物的动作等产生跳跃感，从而导致视频不连贯，如图2-10所示。

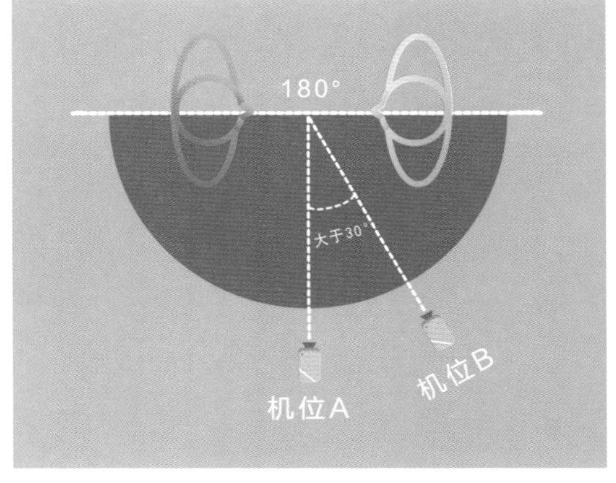

图 2-9

图 2-10

2.3 匹配剪辑

匹配就是搭配、配对。匹配剪辑就是通过前后两个镜头的完美搭配进行转场的方法。我们在抖音的技术流短视频中经常见到匹配剪辑。例如，肢体动作与音乐节奏匹配的画面看起来非常炫酷。通常为了保持视频的连贯、流畅，匹配剪辑时需要协调处理多种要素，如银幕方向的匹配、摄像机角度的匹配、位置的匹配、视线的匹配、动作的匹配、景别的匹配、声音的匹配、运动速度的匹配等。

2.3.1 相似性匹配

相似性匹配可以克服镜头变化所产生的不连续性，使观众沉浸在视频所要表达的内容中，如图2-11所示。

图 2-11

2.3.2 位置匹配

位置匹配是指，上一个镜头结束时人物在画面中所处的位置与下一个镜头开始时大致相同，其作用是转场时观众可以快速捕捉到有效信息。

例如，一名演员在全景中位于画面右侧，切换到近景时，该演员需位于画面的同一侧。如果不遵守位置匹配规则，画面就会出现视觉跳动，迫使观众把注意力从一侧转到另一侧，这样容易使观众产生视觉和心理上的不适。位置匹配的正误对比如图2-12所示。

正确　　错误

图 2-12

小提示

视线方向保持不变，观众才能专注地观察画面，从而不知不觉地被画面内容所吸引。所以剪辑时一般会把屏幕划分为两个或 3 个垂直区域来安置主要演员，在切换下一个镜头时，可将前后两个镜头中的演员放置在同一区域。

2.3.3 方向匹配

方向匹配主要有两种：一种是运动方向匹配，另一种是视线方向匹配。

❶ 运动方向匹配

运动方向匹配是指当用两个镜头体现一个连续运动的主体时，两个镜头中运动主体的方向要一致。如果前后两个镜头中运动主体相同，其运动方向却相反，这样容易使观众对运动主体的去向感到困惑。运动方向匹配的正误对比如图2-13所示。

正确　　错误

图 2-13

小提示

视频制作没有绝对的规则，有时候会通过方向感的缺失外化一个人的内心世界。

❷ 视线方向匹配

视线方向匹配包括3个方面：一是当两个人面对面时，他们的视线方向是相对的，如图2-14所示；二是如果两个人分别在单独的镜头中出现，为了保持视觉连贯性，他们的视线方向也必须保持相对，如图2-15所示；三是当同一方向的两个人朝同一个东西或同一个人看时，他们的视线方向必须一致，如图2-16所示。

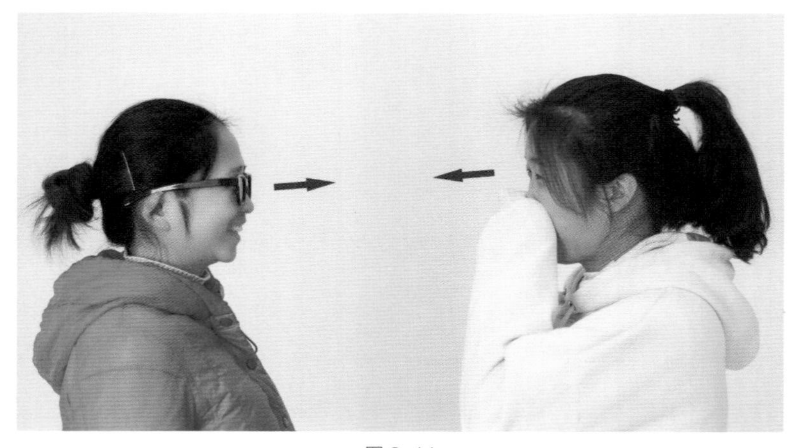

图 2-14

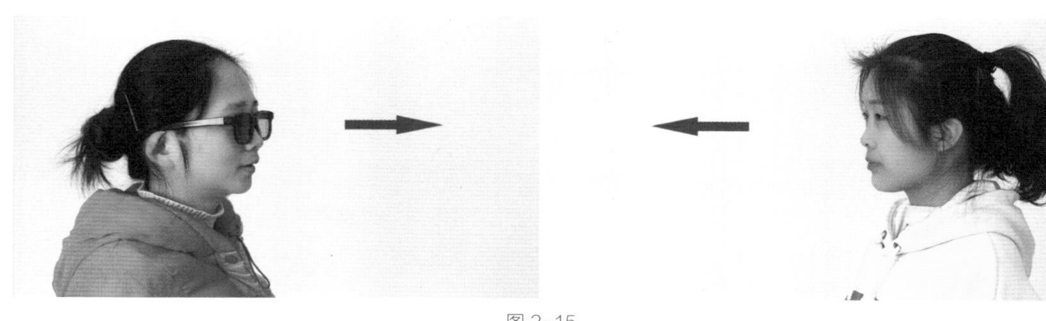

图 2-15

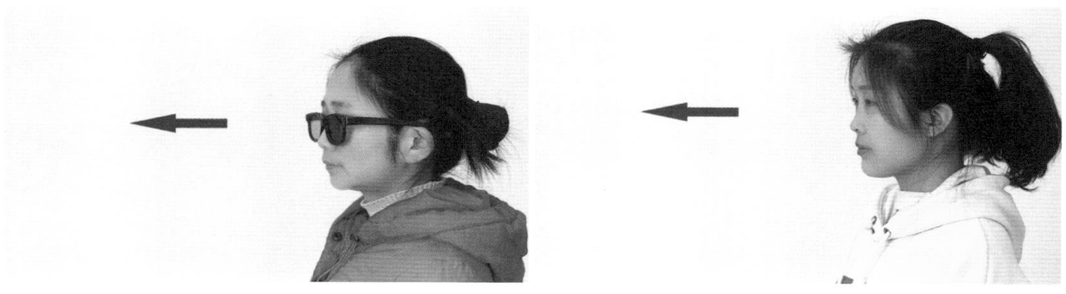

图 2-16

如果视线方向不匹配，观众会从画面中得到不一样的信息。人的视线方向构建了人与人或人与物的关系。如果对话的两人没有对视，就会产生另一种情境。例如，人物A望着人物B，人物B望向另一处，如图2-17所示。这会让观众感觉人物B没有专心听人物A说话或二人意见不合。

图 2-17

小提示

影视语言没有绝对的对与错。在现实生活中，人们对话时有时并不会看着对方的眼睛，如两个彼此非常熟悉的人聊天时，或者父母与孩子交谈时。

2.3.4 动作匹配

动作匹配分为连续动作匹配和相似动作匹配。

❶ 连续动作匹配

连续动作匹配就是在人物运动时切换镜头，以与下一个镜头组成一个连续的动作。也就是说，一组连续画面中的第一个镜头显示一个人正在做某个动作，在第二个镜头中这个人继续完成这个动作，但两个镜头的拍摄角度不同，如女孩做扶眼镜的动作镜头剪辑，如图2-18所示。因为人眼容易被动作吸引，所以观众几乎感觉不到剪辑的存在。

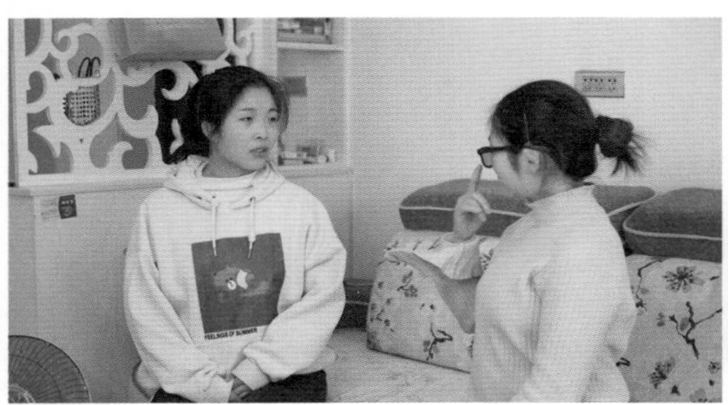

图 2-18

小提示

连续动作剪辑的使用非常普遍，其既可用于表现人物追逐、打斗的场景，也可用于表现人物日常走路、坐下、开门、关门、喝水等动作。

❷ 相似动作匹配

相似动作匹配分为主体运动的相似性匹配和摄像机运动的相似性匹配。

主体运动的相似性匹配是指同一个人或不同的人在两个场景中完成同一个动作，如图2-19所示。也就是说，当运动动作相似且运动方向一致时，观众的视线将跟随演员的动作移动，这样观众就会忽略场景的变化。

图 2-19

摄像机运动的相似性匹配是指当剪辑师将一个运动镜头剪接到另一个运动镜头时，摄像机的推、拉、摇、移等运动在下一个镜头中重复出现。例如，摄像机往前推，跟拍人物上楼梯的镜头，接人物走到门口、开门并进入房间的镜头，如图2-20所示，这样画面播放会很流畅。

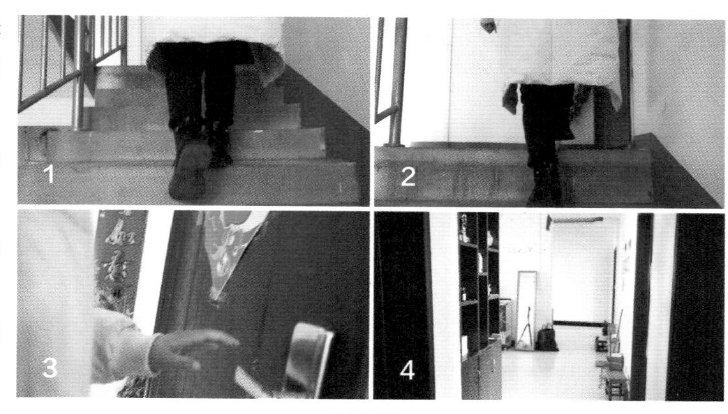

图 2-20

2.4 三角机位

三角机位原理是以轴线原则为基础，用来确定摄像机位置的基本方法。在拍摄时，运用三角机位原理可以保证剪辑时银幕方向统一。

2.4.1 三角机位的定义

什么是三角机位？拍摄一组双人对话场景时，需要在关系轴线的同一侧找到至少3个机位点。这样在剪辑时镜头的转换就不会太过单一，观众还能清楚地知道两个人物之间的关系，以及人物与环境之间的关系。这3个机位点将构成一个底边与关系轴线平行的三角形，所以被称为三角机位，如图2-21所示。

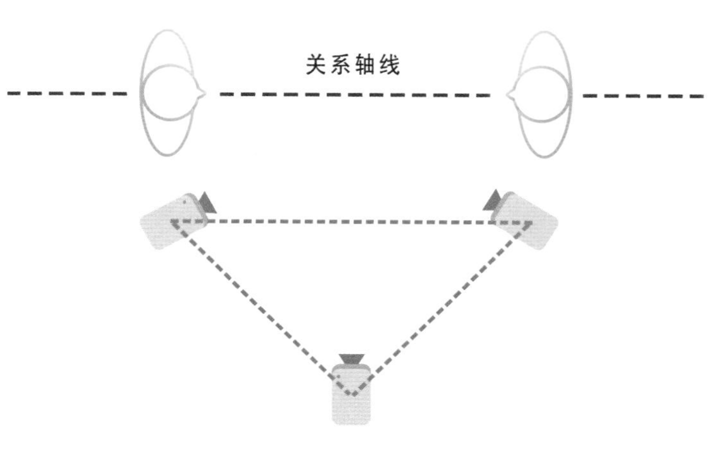

图 2-21

2.4.2 三角机位的变化

根据拍摄需要，三角机位有5种基本变化：顶角机位、侧拍机位、外反拍机位、内反拍机位和骑轴机位。

❶ 顶角机位

顶角机位通常用于拍摄中景的双人主镜头，演员各处于画面的一侧，这样可以让观众清楚地知道演员表演的空间，明确演员之间的位置关系，如图2-22所示。图中镜头1即顶角机位。

❷ 侧拍机位

在侧拍机位下，两台摄像机与轴线成直角，且相互平行地各拍摄一位演员的侧面，这样拍摄出来的画面没有空间透视感且构图比较乏味，常用来营造冷漠、对峙的气氛，如图2-23所示。图中镜头2和镜头3即侧拍机位。

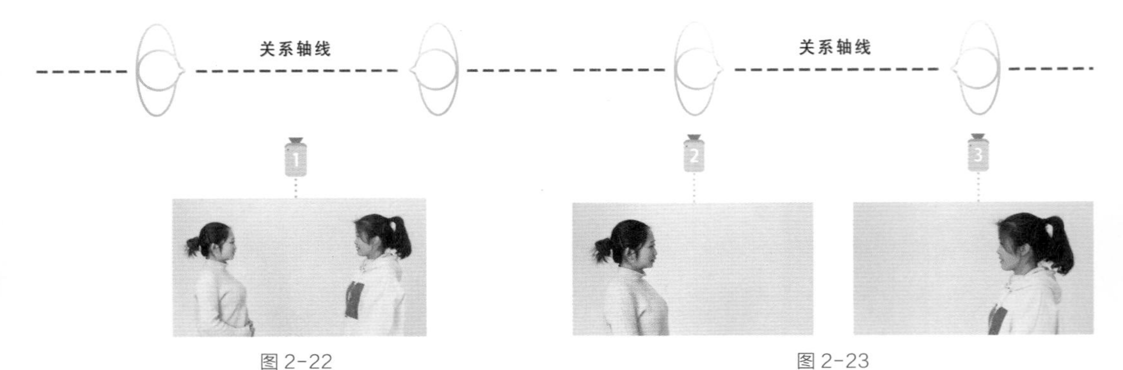

图 2-22　　图 2-23

❸ 外反拍机位

过肩镜头、过臂镜头和主镜头通常合称外反拍机位，如图2-24所示。图中镜头4和镜头5即外反拍机位。在外反拍机位下，摄像机分别处于两人的背后，向里把两人都拍入画面。只不过一正一背，一远一近，形成了一定的主次关系。这种拍摄方式使画面具有一定的空间透视感。

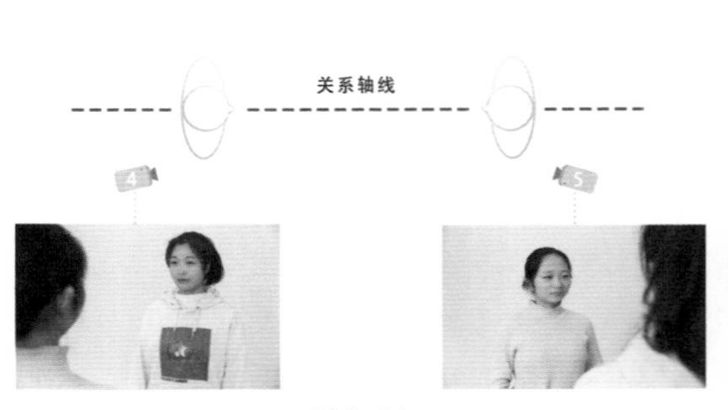

图 2-24

❹ 内反拍机位

在内反拍机位下，摄像机位于两个演员之间，从两人之间向外拍摄，各拍摄一个演员的斜侧面，且内反拍机位越靠近轴线，镜头的主观性越强，如图2-25所示。图中镜头6和镜头7即内反拍机位。

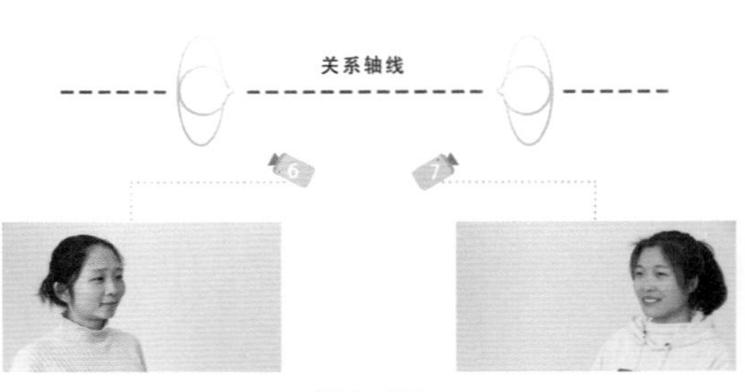

图 2-25

❺ 骑轴机位

在骑轴机位下，所有摄像机都是放在轴线上的，如图2-26所示。图中镜头8和镜头9是背对背放在轴线上的，各拍摄一个演员的主观镜头，这种机位是视线交流感最强的一种。镜头10和镜头11不常用，但用时需放置得高一些，这样才能把两个演员都拍入画面。

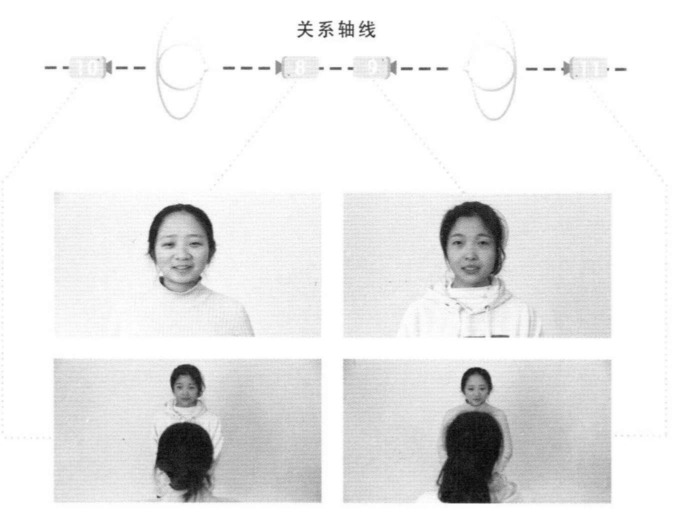

图 2-26

小提示

通常情况下，人物离摄像机越近，观众就会感觉自己与人物的关系越近。人物直视镜头的情况常出现于教学视频、Vlog 中，在故事片中很少出现。在故事片中，人物视线一般都稍微偏向摄像机的左侧或右侧。

2.4.3 三角机位的总体布局

围绕两个被摄体和一条关系轴线，总共可以设置11个拍摄机位，多个小三角机位可组合成一个三角机位总体布局，如图2-27所示。这样拍摄双人对话场景时就有多种机位可选，且剪辑时在任何机位拍摄的镜头都可以相互连接。

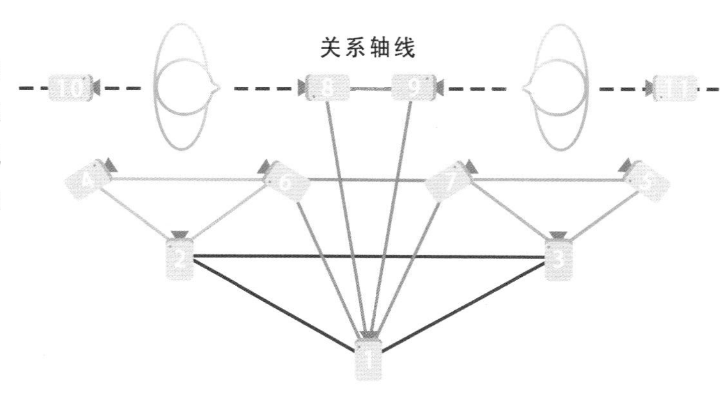

图 2-27

2.5 反拍剪辑

反拍剪辑也称正反打剪辑，是指用正打镜头和反打镜头进行剪辑切换，一般用于拍摄有两个或两个以上对象的场景。假如对象A和对象B正在聊天，正打镜头是拍摄对象A正在说话，反打镜头是拍摄对象B给出的反应。反打镜头又分为内反打镜头和外反打镜头。

2.5.1 正打镜头与内反打镜头搭配

正打镜头拍摄对象A，内反打镜头只拍摄对象B，如图2-28所示。

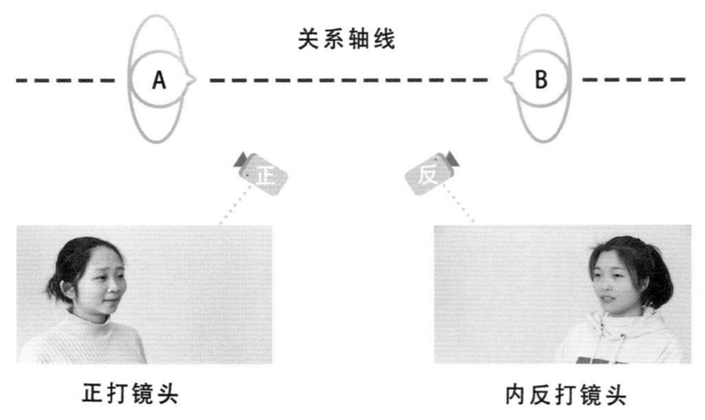

图 2-28

2.5.2 正打镜头与外反打镜头搭配

正打镜头拍摄对象A，外反打镜头在拍摄对象B的时候，也能拍到一点对象A，如图2-29所示。这种镜头通常是过肩镜头。

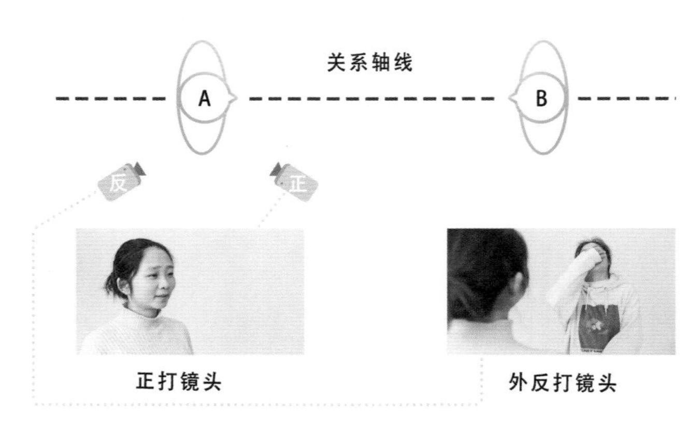

图 2-29

两个外反打镜头连接在一起，能让两个拍摄对象“你中有我，我中有你”。反拍剪辑能清晰地表现人物的反应和互动，在电影、电视剧中经常见到。这种剪辑方式的优点有两个：一个是能看见一个人在与他人交流时的单独反应；另一个是人物的视线是匹配的，有助于空间的统一。

2.6 镜头视点

镜头视点是指通过摄像机模拟人物在不同位置看到的画面。不同视角的画面可以让观众更好地理解画面故事和内容。镜头视点一般分为客观镜头、主观镜头和半主观镜头（第三者视角）。

2.6.1 客观镜头

客观镜头通常是指一个景别较大，从一个冷静的旁观者的角度展现事物的镜头，如图2-30所示。

图 2-30

2.6.2 主观镜头

主观镜头是从视频中人物的角度展现事物的镜头。其模拟的是视频中某个人物看到的东西，可以诱导观众进入视频中人物的主观世界，如开车时的镜头，如图2-31所示。

图 2-31

小提示

在短视频中，主观镜头的使用是非常多的。例如，拿起手机，开启后置摄像头，边说话边拍摄。这样拍出的画面就是典型的主观镜头。

2.6.3 半主观镜头

有些镜头不属于主观镜头，也不属于客观镜头，那就是“半主观镜头”，也称第三者视角，如图2-32所示。在两个人对话时，给出第三个人反应的镜头属于半主观镜头。例如，两人正在争吵，这时镜头切换到第三者，第三者的表情比较忧虑时，观众也会感到忧虑；如果第三者在看热闹，那么观众一般会出现旁观的心态。这种半主观镜头在某种程度上代表着观众的视角。

图 2-32

2.7 三镜头法

三镜头法是用一个主镜头、一个正打镜头和一个反打镜头进行组合叙事的剪辑方法。这3个镜头在剪辑时不管怎么更换位置，都可以合理地连接在一起。

2.7.1 主镜头

主镜头一般是客观镜头。在拍摄一个视频时，主镜头需要从头拍到尾，把对话双方都拍摄进去，如图2-33所示。主镜头通常是一个景别较大的交代镜头，会交代时间、地点及人物关系，也称定场镜头。

图 2-33

2.7.2 主镜头与正反打镜头切换

当两人在对话时，如果只用一个主镜头，观众就会感到单调、乏味。但如果将主镜头和正反打镜头进行切换，观众的视线就能得到充分的调动，并且观众还能融入视频中人物的表演和对白的情境中去，如图2-34所示。采用三镜头法，单个人物的画面位置、视线方向都是统一的，且主镜头、外反打镜头中的人物都是“你中有我，我中有你”，所以会形成一个封闭的银幕空间。在这种情况下，镜头的位置发生变化不会影响观众对画面的理解。

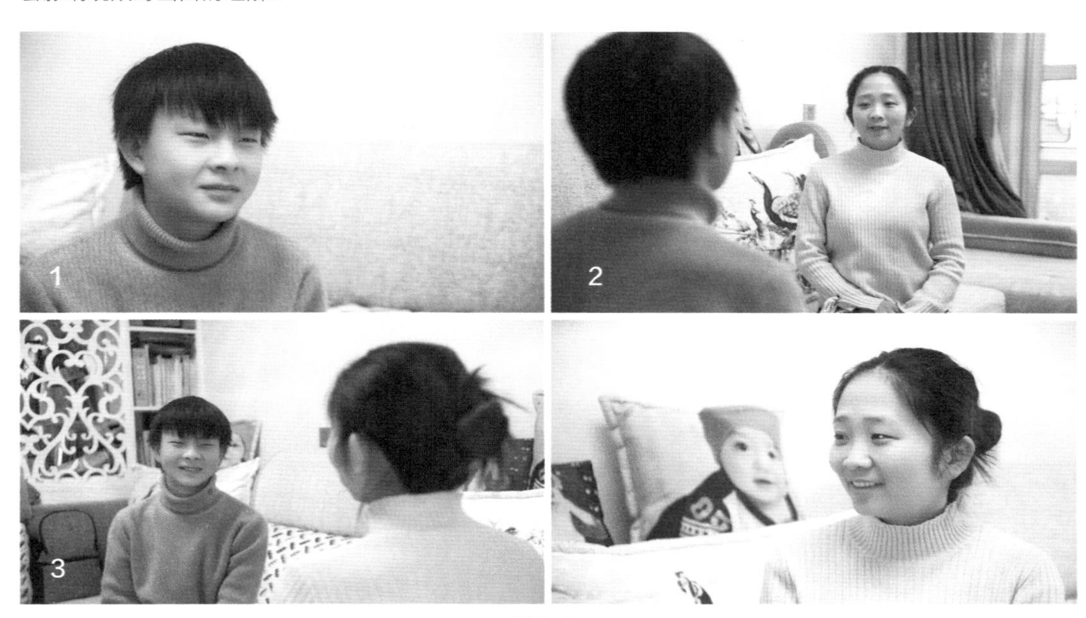

图 2-34

拓展训练

（1）通过匹配剪辑将同一位演员的不同影视片段流畅地混剪到一起。

（2）用三镜头法拍摄、剪辑一段人物对话。

（3）违背一般的剪辑规则势必给观众带来视觉上的不适，思考如何利用这种不适表达一种情绪或者创造某种特殊的效果。

镜头排列技巧

本章概述

镜头的衔接是否流畅取决于观众的心理接受程度。100多年前，影像刚发明出来时，火车迎面驶来的镜头就可以把观众吓得逃离观影现场，一个涨潮的镜头就可以让观众跳上椅子。随着影像的普及，今天的观众绝对不会再闹出这样的“笑话”。那什么样的镜头排列方式是今天的观众可以接受的呢？本章将带领大家了解基础的镜头排列技巧，如跳切剪辑、景别匹配、平行剪辑、交叉剪辑等。镜头的排列没有必须遵循的规律，大家需根据自己的拍摄需求排列镜头。

知识索引

长镜头　　跳切剪辑　　插入和切出
问答模式　　视点剪辑　　景别匹配
动作和反应　　平行剪辑　　交叉剪辑

3.1 长镜头

长镜头是指对一个场景进行持续拍摄所形成的镜头，一般分为固定长镜头、景深长镜头和运动长镜头，其作用是再现事件发展的真实过程和气氛。长镜头像是观众亲眼所见，并且观众的情绪不会被剪辑打断。短视频中长镜头使用较多，其中多数以主观镜头的视角呈现内容。

3.1.1 固定长镜头

固定长镜头指的是用固定好的摄像机拍摄一个场面。100多年前的一部电影就是用固定长镜头拍摄连续画面的，通过人物的运动吸引观众的注意力，部分画面如图3-1所示。

图 3-1

3.1.2 景深长镜头

景深长镜头指的是影像内部的信息都能看得清楚的镜头，可用于表现不同纵深处人物的表演，如图3-2所示。

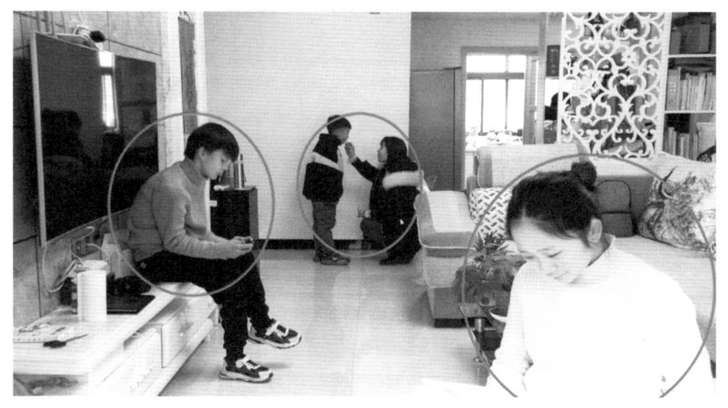

图 3-2

小提示

越靠近镜头的物体在画面中所占的面积越大，离镜头越远的物体在画面中所占的面积越小。

3.1.3 运动长镜头

运动长镜头指的是用摄像机的推、拉、摇、移、跟等拍摄手法以拍摄主体为中心形成不同的景别、拍摄角度和拍摄高度变化的镜头，如图3-3所示。

图 3-3

小提示

长镜头并不等于镜头长，无意义地延长镜头的持续时间只会让观众感觉无聊。

3.2 跳切剪辑

无视30° 规则，剪接两个或多个景别、拍摄角度相似的镜头时，会形成跳切剪辑。这在一些剪辑师的Vlog或教学视频中经常见到，也是初学剪辑的朋友可迅速掌握的一个技巧。例如，做视频时剪掉了喘气、说话停顿等画面，视频就会变得卡顿，这就是典型的跳切剪辑。这样做可以压缩时间，省略一些不必要的画面。虽然跳切剪辑有时会破坏时空或动作的连续性，但在适当的时候，它可以发挥一些意想不到的作用，如控制节奏、强调人物状态或情绪等。

3.2.1 同景别、同角度跳切

跳切可以在同景别、同角度的情况下使用。例如，可以将一段吃饭视频中一些挑菜的画面剪掉，再配合吃饭的音效，会使视频中的人物显得很滑稽，如图3-4所示。

图 3-4

3.2.2 同景别、不同角度跳切

跳切可以在同景别、不同角度的情况下使用。例如，拍摄人物启动车的场景时，可以只拍摄开车门、关车门、系安全带、打火等一系列动作特写，如图3-5所示，再配合音效，就会形成非常炫酷的视频效果。

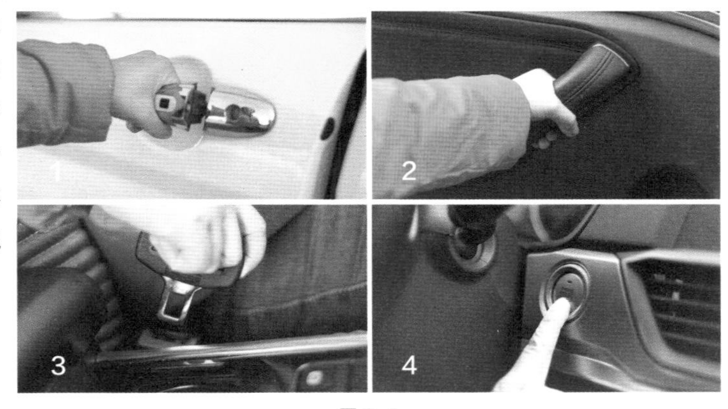

图 3-5

3.3 插入和切出

插入镜头和切出镜头的交替使用可以不断地向观众传递重要信息，推动故事的发展。

3.3.1 插入镜头

插入镜头是用来代替部分主镜头的镜头，它能更细致地表现主镜头中被摄画面的一部分，其作用是强调某样东西的重要性。弹吉他的人正在看曲谱，给曲谱的镜头就是插入镜头，如图3-6所示。插入镜头一般是特写镜头，常用来做连接前后两个镜头的桥梁。除此之外，插入镜头还可以是简单的脸部反应或者手部动作等。

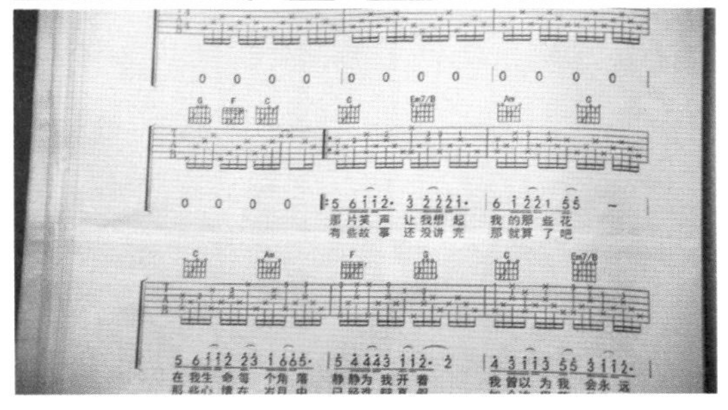

图 3-6

3.3.2 切出镜头

切出镜头是指所表现的事物或事件并未出现的镜头，一般切至与上个镜头中的画面不相关，但在某种程度上与主要内容有关的事物或事件的镜头。切出镜头可用来压缩时间。比较常见的切出方式是切至空镜头、切至回忆镜头、切至角色正在谈论的画面等。镜头1是晚上人物在加班工作，镜头2则切至太阳升起，表达人物加了一夜班，如图3-7所示。

图 3-7

3.4 问答模式

问答模式是一种吸引观众注意力的剪接方式，即采用提出问题后快速给出答案，或者积累多个问题后逐渐解答问题等操作，让观众参与其中，不间断地调动自己的各种知识和经验储备，推测问题的答案，从而使观众得到心理上的满足。最简单的问答模式就是先有一个人看向画面外的镜头，接一个这个人所看到的事物的特写镜头，再接一个他看到事物之后反应的镜头。将这3个镜头按照以下3种方式排列，通过改变问答顺序会使观众产生3种不同的心理状态。

3.4.1 直接问答

镜头1：人物在散步。

镜头2：人物看向地面，然后做出反应。

镜头3：镜头切至人物看到的事物——钱包。

在人物做出反应时，观众会想她到底看到了什么，也就是说，观众会产生短时间的疑惑，如图3-8所示。

镜头 1

镜头 2

镜头 3

图 3-8

3.4.2 在问题中给出答案

镜头1：人物在散步。

镜头3：地上的钱包。

镜头2：人物看向地面，然后做出反应。

镜头2和镜头3调换顺序后，观众先看到了画面中人物没看到的事物，比人物提前一点了解了她所不知道的事，如图3-9所示。

镜头 1

镜头 2

镜头 3

图 3-9

3.4.3 在问题前给出答案

镜头3：地上的钱包。

镜头1：人物在散步，同时观众觉得自己知道一些画面中人物不知道的事情，也就是人物前面有个钱包。

镜头2：人物看向地面，然后做出反应。

调换镜头1和镜头3的位置，在问题前给出答案，如图3-10所示。这种方式将观众置于一种具有优势的地位，同时有助于制造悬念。这也是悬疑电影大师希区柯克常用来吸引观众注意力的方式。

镜头 1

镜头 2

镜头 3

图 3-10

3.5 视点剪辑

镜头代表一个模拟的视点，如主观镜头模拟被摄对象的视点，客观镜头模拟旁观者的视点。

3.5.1 视点组合

一组镜头通常包括4个要素：谁在看、在看什么、人物的反应、人物与被观察事物间的关系。这也是三镜头法的基础运用，如图3-11所示。

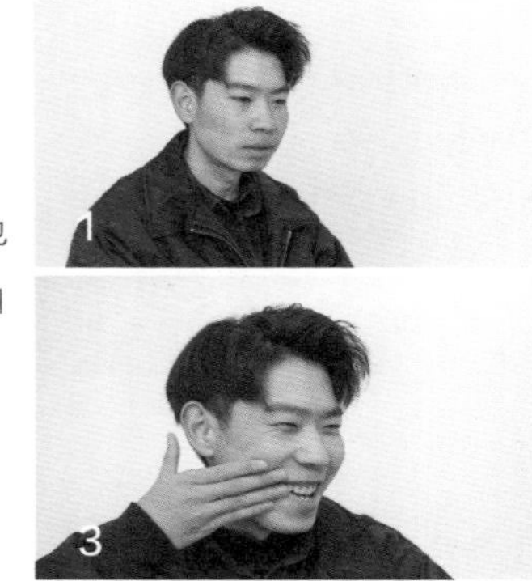

图 3-11

镜头1：谁在看？通常是人物的中景或近景镜头。

镜头2：在看什么？这是人物看向事物的主观镜头。

镜头3：人物的反应。通常是人物的特写镜头。

镜头4：人物与被观察事物间的关系。通常是主镜头或过肩镜头，要把人物和被观察的事物都拍入画面。

这4个镜头的排列可以组成一个小片段。当然这些镜头的拍摄角度可以发生改变。

3.5.2 认同程度

一般在拍摄近景或特写时，镜头以谁的视线为主要依据，观众就会感觉自己与这个人越亲密，就会更认同这个人说的话，并理解他的感受，如图3-12所示。

图 3-12

镜头1：女生的近景，她看向画面外。

镜头2：女生视角下的画面。

镜头3：过臀镜头拍摄男生。

镜头4：过肩镜头拍摄女生。

另外，观众会更认同陪同自己进入场景的人，所以很多电影中第一个以近景出现的人物大概率是这部电影的主角。认同程度与拍摄距离的远近也有关系，不同的拍摄距离决定了拍摄者要表达的重点或突出的瞬间。

3.6 景别匹配

景别匹配就是流畅连接不同景别的镜头。不同景别交代的画面信息量不同，其给观众带来的心理感受会不一样。通常改变景别时也伴随着角度的变化。从镜头选择上来说，小景别可将观众的注意力集中在细节上，有较强的主观性，会让观众感觉更亲密或更恐惧；大景别主要交代环境或环境与人物的关系，景别越大，叙事就越客观。常见的基础景别排列方式有以下3种。

3.6.1 前进式

前进式可把观众的注意力从整体引向细节，景别由远到近变化，如远景→全景→中景→近景→特写。这种排列方式源于日常生活。例如，在观察事物时，人们一般会遵循由远到近的规律，视线慢慢往前推移，观察对象会随着镜头的递进慢慢出现在影像世界中，如图3-13所示。如果不改变拍摄角度，采用这种排列方式拍摄将形成跳切式的推。

图 3-13

3.6.2 后退式

后退式是指先把兴趣点抛出来，再让观众逐渐了解全貌，以持续吸引观众的注意力。景别由近至远变化，如特写→近景→中景→全景→远景，从小景别慢慢切到大景别代表着情绪在慢慢释放，如图3-14所示。采用这种排列方式拍摄时，如果不改变拍摄角度，将形成跳切式的拉。

图 3-14

3.6.3 两极镜头

从特写镜头直接跳切到全景镜头或由全景镜头直接跳切到特写镜头的排列方式，被称为两极镜头，如图3-15所示。随着生活节奏的加快和理解能力的提高，观众更希望看到具有很强视觉冲击力的内容。为满足这一需求，剪辑时可以采用两极镜头。这种排列方式能产生视觉跳跃感，可以快速吸引观众的注意力。

图 3-15

小提示

需要注意的是，在进行景别匹配时，通常情况下同一主体、同一景别、同一角度的两个镜头不能直接组接在一起，否则会形成跳切。

3.7 动作和反应

动作和反应是流畅叙事的基础。动作镜头可以吸引观众的注意力，反应镜头会影响观众的心理感受。在听故事或者看小说的时候，如果角色缺少动作和反应，观众会感到枯燥无味，短视频也是如此。剧情类的短视频尤其要通过镜头讲好故事。

3.7.1 常规组接

常规组接如图3-16所示。

镜头1：主人来给小狗投食，食物被投出去。

镜头2：小狗跑过去并发现食物。

镜头1中，主人来给小狗投食是“动作”，投出食物是“反应”。镜头2中，小狗跑过去是“动作”，发现食物是“反应”。

镜头1

主人投食　食物被投出去

镜头2

小狗跑过去　小狗发现食物

图 3-16

3.7.2 交替表现

我们可以把上方镜头1和镜头2中的“动作”剪辑到一起，把“反应”剪辑到一起，如图3-17所示。重新排列后，观众可以更好地理解发生了什么事，这就是基础的平行剪辑。

动作：主人投食，小狗跑过去。

反应：食物被投出去，食物被小狗发现。

动作

主人投食

小狗跑过去

反应

食物被投出去

食物被小狗发现

图 3-17

3.8 平行剪辑

平行剪辑是指交替表现两个或多个独立的事件时，可将它们剪辑在一起，并分别叙述。这些事件可以是同时发生的，也可以是在不同时间发生的。例如，一个人在努力工作，另一个人在享受假期。观众在观看时会不自觉地想，这两者之间会有什么联系，或者对后面故事的发展会有什么影响，这样一来就增强了视频的吸引力。再如，在刑侦剧中，警探进入案发现场的房间并发现某个线索后，镜头会切到警探想象的画面——犯罪嫌疑人正在这个场景中作案并留下了这个线索，然后又切回警探发现新线索的画面。这个例子就属于事件在同一空间、不同时间发生的情况。

平行剪辑也可以将同一空间、同一时间里不同人或事物的表现剪辑在一起；或者将同一时间、不同空间里不同人或事物的表现剪辑在一起。例如，参加同一场同学聚会，有人开车去，有人骑车去，有人走路去，这采用的就是平行剪辑，如图3-18所示。

图 3-18

3.9 交叉剪辑

交叉剪辑是指发生在同一时间的两个或多个不同场景中的事件迅速、频繁地来回切换，最后交织在一起，通常用来表现惊心动魄的情节。在恐怖片、战争片或警匪片中，我们经常会看到追逐、拆弹、救人等惊险场面，这些场面一般使用的都是交叉剪辑。

交叉剪辑常用来激起观众的期望，让局面更加紧张，富有悬念。例如，古装剧中，一组镜头表现的是犯人在刑场马上就要被砍头的场景，另一组镜头表现的是营救者快马加鞭去刑场救人的场景。准备砍头与快马加鞭的镜头交替出现，在刀已经举起，准备砍下去的最后一秒，营救者手拿圣旨赶到，高呼刀下留人。观众紧张的情绪在逐渐累积，并在犯人被救下的那一刻得到释放。

交叉剪辑源自格里菲斯的“最后一分钟营救”剪辑手法。在格里菲斯拍摄的电影《党同伐异》中，一组镜头表现的是一位参加罢工的工人被工厂主押往刑场处以死刑的过程；另一组镜头表现的是工人妻子为了营救丈夫，乘车追赶州长乘坐的火车，请求州长签署赦令的过程。两组镜头交替出现，节奏加快，在即将行刑的最后一刻，工人妻子拿着州长签署的赦令赶到，工人最终得救，观众紧张的情绪得到释放，如图3-19所示。

小提示

“最后一分钟营救”即“交叉蒙太奇”。1916 年，格里菲斯的电影《党同伐异》将发生在同一时间、不同地点的事件交替切入，摆脱了实际时间的束缚，打破了传统戏剧的叙述原则，创造了真正符合电影艺术规律的叙事时空。

工人罢工被抓

工人妻子追赶火车

请求州长签署赦令

妻子拿赦令救下工人

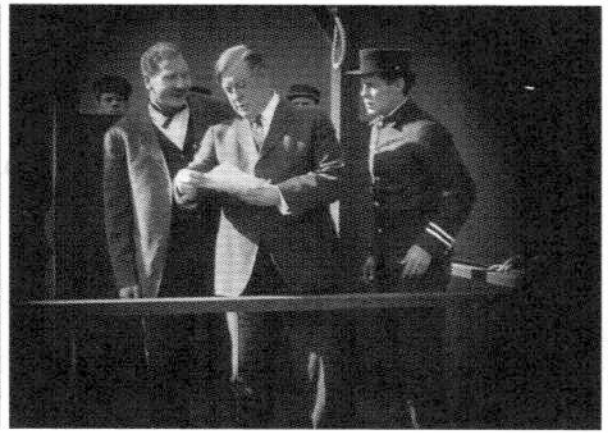

图 3-19

拓展训练

（1）用问答模式设计一段画面。

（2）用视点剪辑涉及的4个要素设计一段画面。

动作剪辑技巧

本章概述

在镜头组接中，两个镜头的画面相连接的那一点就是剪辑点。运动镜头组接是否流畅取决于剪辑点的选择是否正确。从理论上来说，从不同角度拍摄的两个连续的运动镜头在任意一点上剪辑都是可以的。但是，在某些点上剪辑后可能会出现动作不连贯或重复的现象，并且剪辑出来的影像缺少节奏感，这是因为剪辑点没有选好。本章将讨论组接两个运动镜头时剪辑点的选择。本章的内容可以为创作者选择剪辑点提供参考，但具体情况需要具体分析，应以观众看着舒服或能理解为主要目的。

知识索引

眨眼之间　视觉残留　帧/抽帧
动接动　静接静　静接动
动接静　动作顶点　黄金分割
多重抓取

4.1 眨眼之间

好的剪辑会让观众感到镜头切换和眨眼一样自然。著名的剪辑大师沃尔特·默奇提出了一个观点，他认为一个镜头切换到下一个镜头的最佳剪辑点是人物眨眼的那一帧。例如，两人正在谈话，情绪需得到保留。可以将其中一个人眼皮动的那一瞬间作为剪辑点，下个镜头接人物准备睁开眼睛的一刹那，如图4-1所示。

如果两人谈话结束或其中一人准备离开，可以把人物眨眼的整个过程留在镜头中，这样代表情绪结束，如图4-2所示。

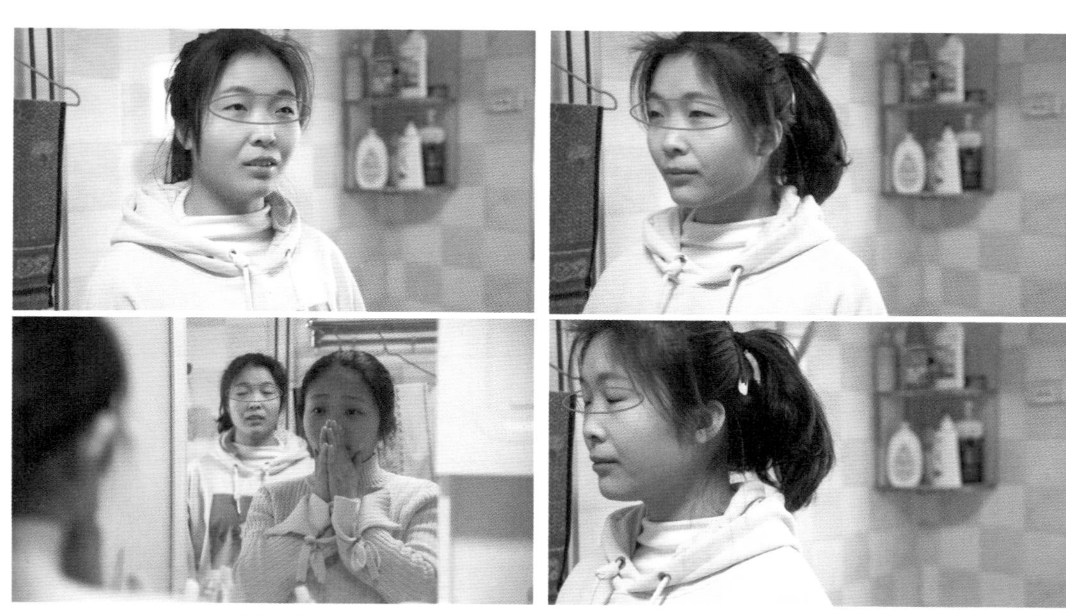

图 4-1

图 4-2

4.2 视觉残留

视觉残留指的是如果人一直看着某个物体，当这个物体突然消失时，人仍然能够看到这个物体留下来的持续0.1~0.4秒的影像。例如，晚上直盯着开着的台灯几秒，当台灯突然熄灭，其高光部分的轮廓还会在眼前停留一会儿，如图4-3所示。

图 4-3

> **小提示**
> 根据人眼的这个生理特点，剪辑师在剪辑激烈的连续动作时，通常第二个镜头的开头需多剪掉两三帧画面，这样视频看起来会更加流畅。

4.3 帧/抽帧

要做视频，就要先了解量词“帧”，以及帧数、抽帧是什么意思。

4.3.1 帧/帧速率

一帧就是一幅静止的画面。快速连续地显示帧就形成了动画，或者说形成了运动的假象，如图4-4所示。

图 4-4

通常帧速率就是在1秒内传输的图片数量。如果1秒内传输1张图片，观众能非常明显地感到视频卡顿。常见的帧速率有24帧/秒、25帧/秒、30帧/秒、60帧/秒、120帧/秒、240帧/秒等。当然，在做视频的时候，帧速率有可能显示为23.976帧/秒、29.97帧/秒、59.94帧/秒。

> **小提示**
> 通常电影使用的帧速率是 24 帧 / 秒。大家平时做短视频时常用的帧速率是 25 帧 / 秒、30 帧 / 秒，可以在保证视频流畅的同时不至于让视频文件过大。如果需要得到一个慢动作的视频，拍摄的时候一定要选择高帧率（60 帧 / 秒、120 帧 / 秒或 240 帧 / 秒），播放的时候用 25 帧 / 秒，改变视频的播放速度就可以使慢动作变得流畅。

4.3.2 抽帧

抽帧指的是从一段表现正常连贯动作的视频中抽掉一些帧。这样可以让动作变得更有力度。例如，在剪辑打拳镜头时，抽掉出拳过程中的两帧，出拳速度就会变快；抽掉收拳过程中的两帧，收拳速度就会变快。这样可使人物的动作看起来比正常情况下更有力度。在视觉残留原理的作用下，观众感受不到连续的画面是缺帧的，如图4-5所示。

图 4-5

小提示

在表现人物起、跃、落的视频中，通过抽帧的方式剪去若干画面，可以使动作看来更迅猛。至于因抽帧产生的空缺，观众会自动在脑海中补充出来，或者根本看不出来，从而将抽帧后的动作视为一个完整的动作。但如果抽掉的帧太多，画面可能会出现卡顿，造成视频不流畅。

4.4 动接动

动接动是指一个镜头的动态落幅接另一个镜头的动态起幅，一般指运动镜头接运动镜头。运动镜头可以吸引观众的注意力，尤其是在近景或特写中。动接动剪辑可以让视频看起来更流畅。

4.4.1 起幅/落幅

一个镜头开始的地方称起幅，结束的地方称落幅，如图4-6所示。

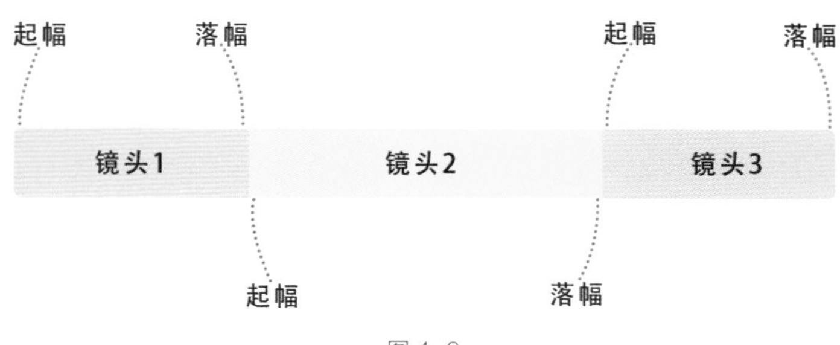

图 4-6

4.4.2 静动介绍

如果镜头1的落幅是运动的，镜头2的起幅也是运动的，那么这两个镜头的组接就是动接动，如图4-7所示。这里说的“动”“静”指的就是这个镜头的起幅和落幅的状态。例如，镜头2是一个快速横摇的运动镜头，但在这个镜头的结尾摄像机瞬间停了下来，那么这个镜头的落幅就是静态的。如果镜头运动得非常缓慢，观众不会明显感到它是运动的，那么这个镜头也算是静态的。

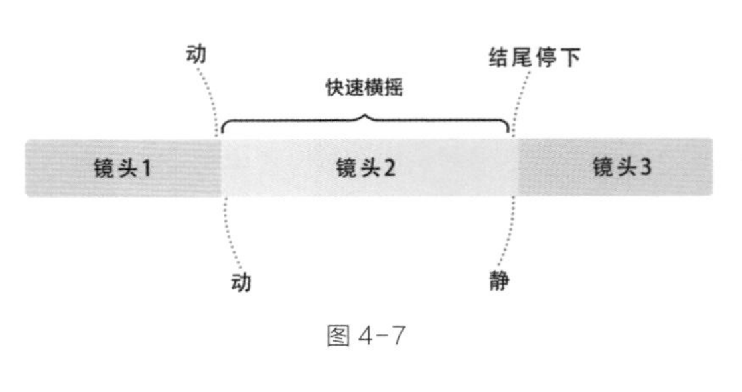

图 4-7

4.4.3 摄像机运动

动接动剪辑是指上个镜头的落幅和下个镜头的起幅要有明显的动感，如图4-8所示。这里说的“动”可以是主体静止、摄像机运动，如两个摇镜头组接、两个推拉镜头组接、两个横移镜头组接等，它们都是动接动剪辑。

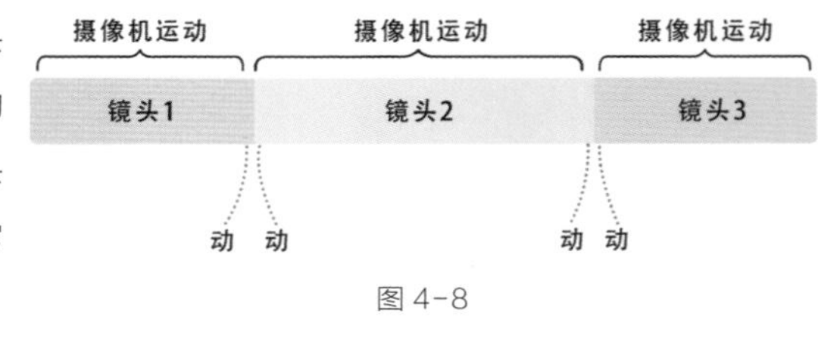

图 4-8

4.4.4 主体运动

动接动剪辑中的“动”可以是主体运动，而摄像机拍摄的角度不同。例如，使用两个镜头录制人物起身的连续动作，镜头1采用正面拍摄，镜头2采用侧面拍摄。剪辑时，在镜头1中的人物即将起身的时候切断，接镜头2中人物起身的后半段动作，如图4-9所示。

图 4-9

小提示

动接动剪辑几乎可用于表现所有运动的情况，如扭头、站起、走路、跑步、穿衣、脱帽、开关门窗等。前面讲到的“动作匹配”就是典型的动接动剪辑。

4.5 静接静

一个镜头的静态落幅接另一个镜头的静态起幅就是静接静。动接动、静接静是基础的剪辑技巧，它们的合理性来自观众的视觉心理。一个固定镜头接一个摇镜头，则摇镜头的起幅应静止，如图4-10所示。若一个摇镜头接一个固定镜头，那么摇镜头的落幅应静止，否则画面就会给人一种跳跃感。镜头1为人物走到车门前开门上车的过程，接拍摄车子发动开走的镜头2，如图4-11所示。其中，镜头1的落幅是静态的，镜头2的起幅也是静态的，这就是静接静剪辑。

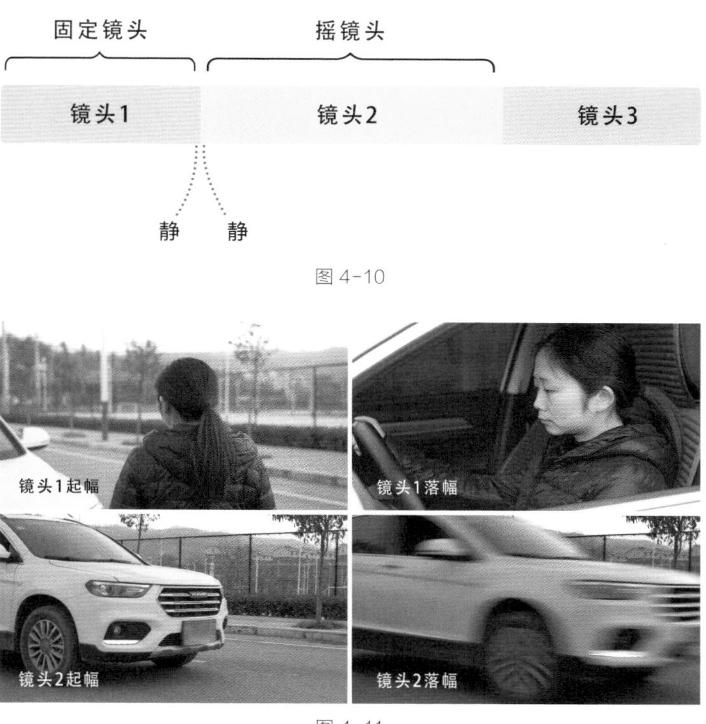

图 4-10

图 4-11

4.6 静接动

一个镜头的静态落幅接另一个镜头的动态起幅就是静接动，如图4-12所示。这种剪辑方式在两个镜头的连接处有明显的静动区分，会给人一种视觉上的跳跃感，让视频更有节奏感。静接动剪辑常用来表现震撼人心、猝不及防或引人注目的情况。

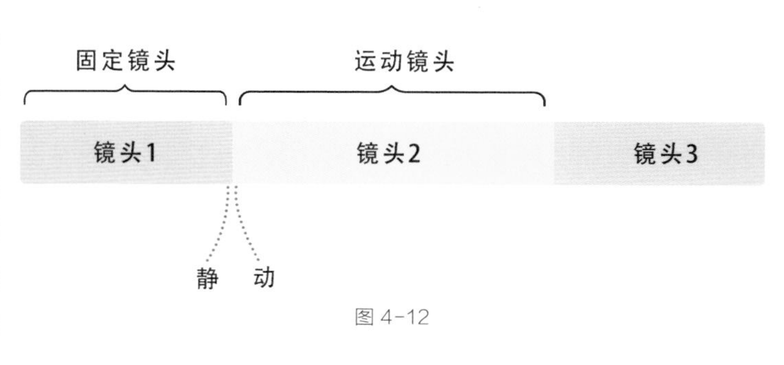

图 4-12

例如，镜头1是人物从左侧跑出画面的固定镜头，接人物运动的镜头2。这里的镜头1在人物跑出画面后的落幅是静态的，而镜头2的起幅是动态的，如图4-13所示。

图 4-13

又如，镜头1是一个人坐在行驶的车里看向车窗外的固定镜头，镜头2是窗外风景的主观移动镜头，如图4-14所示，这也属于静接动剪辑。

图 4-14

4.7 动接静

图 4-15

动接静指一个镜头的动态落幅接另一个镜头的静态起幅，如图4-15所示。

动接静常用于一个场景的结束或开始，可以营造一种紧张、刺激的氛围。例如，镜头1是一辆车高速运动的镜头，镜头2是一个门牌的固定特写镜头，画面从一个场景切换到另一个场景，如图4-16所示，这就是动接静剪辑。

图 4-16

4.8 动作顶点

动作顶点指的是画面中动作、表情的转折点。通常连贯的动作在到达顶点时都会有一个停留的瞬间。例如，把一个篮球抛向高空后，篮球在上升过程中速度会逐渐变慢，到达最高点时会有瞬间停留，然后就会往下落，这个最高点就是动作顶点。若这个镜头接不同景别和角度的镜头，就可以让动作变得干净利落。投掷玩具球时，手臂举起，向后蓄力，达到极限时准备向前抛，这个极限点就是动作顶点，如图4-17所示。

图 4-17

小提示

运动镜头中有很多动作顶点，这些点通常就是要选择的剪辑点。这样动作接动作就是常说的动接动剪辑。因为运动的东西通常比静止的东西更能吸引观众，运动越激烈，动接动剪辑就越自然、流畅。

4.9 黄金分割

黄金分割是指一个连续动作前后镜头帧的比例。简单来说就是剪辑点偏向整个动作的某一方向时，动作就会更生动，并且富有节奏感，一般按照7：3或3：7的比例来选择这个剪辑点。例如，拔刀的动作用3：7的比例会显得非常利落，打耳光的动作用7：3的比例就会显得威风凛凛。以打耳光为例，假设一个完整的打耳光的动作需要10帧，其中镜头A占7帧，镜头B占3帧，如图4-18所示。人物在动作开始前的对峙，以及动作结束后被打对象的反应镜头都不计入。

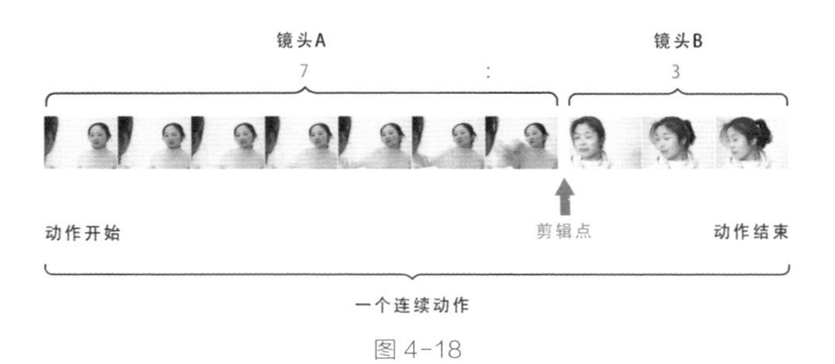

图 4-18

小提示

在对运动镜头进行剪接的过程中，如果希望动作流畅，后续镜头应尽量选用较小的景别，这样会让观众感觉动作更有力量。

4.10 多重抓取

多重抓取是指让一个单一的动作有目的地重复出现，具有强调作用。多重抓取常用于表现速度较快且非常重要的动作。采用多重抓取时，通常需要从不同的角度或距离多拍摄几次，剪辑时一般需要重复3次，即可强化视觉冲击。例如，对茶杯掉落的动作进行多重抓取，如图4-19所示。如果不采用多重抓取，这个重要的动作可能一眨眼就过去了。解决这个问题的另一种方法是将它拍摄成慢动作。

图 4-19

拓展训练

（1）录制两段不同角度、不同景别但动作相同的视频，寻找动作顶点，将它们剪辑在一起。

（2）采用连续动作剪辑方法，将两个镜头拼接成一个动作，测试不同的剪辑点对视频最终效果的影响。

声音剪辑技巧

本章概述

声音具有引导注意力的作用，这源于人的好奇心及人对未知的恐惧。例如，当一个人正在走路时，他身后突然响起“嘭”的一声，他会马上回头看，确认发生了什么事。声音的种类、音调、音量都能影响观众的反应。如果声音很小，人们可能会忽略它，并且人们的耳朵还会选择性地过滤一些声音。例如，一个人在专心看电视，沉浸在故事中的时候，他可能会忽略别人的说话声。所以，在视频有声音存在的情况下，剪辑的一些原则将不再起主要作用。本章将带领大家了解对白剪辑、音乐剪辑、音效剪辑等声音剪辑技巧。

知识索引

对白剪辑　　平剪技巧　　串位剪辑

音乐剪辑　　音效剪辑

5.1 对白剪辑

人们日常的沟通中，对白无处不在，而视频中对白是必不可少的一部分。

5.1.1 景别松紧

通常大景别的镜头被称为较松的镜头，小景别的镜头被称为较紧的镜头。景别的松紧对应着情绪的松紧。如果想要表现对话双方之间的冲突，可先用较松的景别拍摄，在冲突到达高潮时则用较紧的景别，如图5-1所示。景别由松变紧的同时，观众的情绪会被带动，变得越来越紧张。如果想要表现对话结束或人物退场，景别的排列顺序可以倒过来。

全景

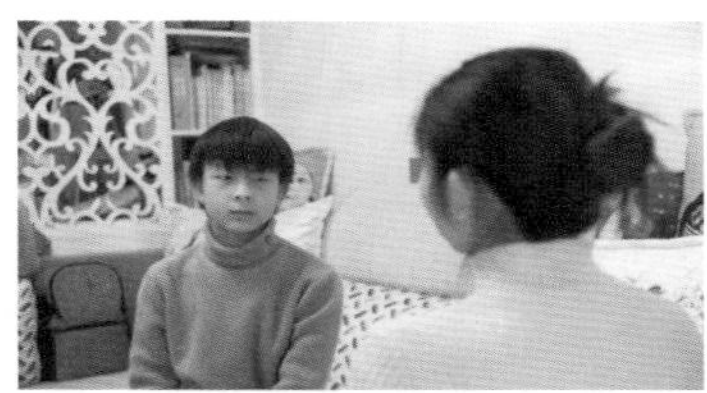

中景

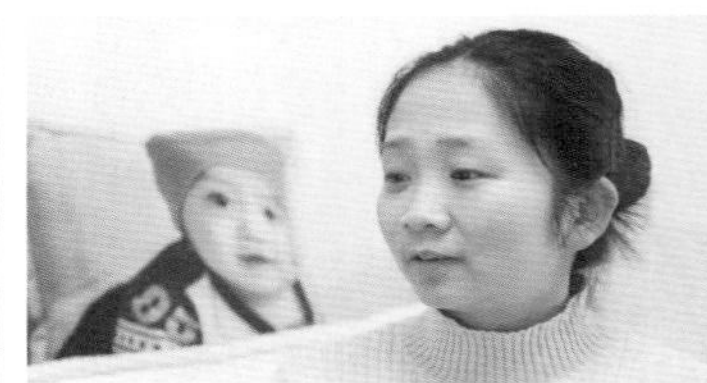

特写

图 5-1

小提示

剪辑一段对白时，要先删掉毫无意义的内容，观众没有耐心听一些废话。视频中的每一句台词、每一个镜头都应当是有用的，这样整个视频的节奏才不会变得拖沓。每一句台词中都会有重点和非重点，重点就是强台词，重点以外的话就是弱台词。强台词通常会搭配小景别的画面，小景别可以提醒观众注意看，相当于画重点；弱台词通常会搭配大景别的画面，这样可以让气氛得到放松。

5.1.2 反应镜头

对白剪辑中，聆听者的反应有时比对话内容更有表现力。例如，当两人正在对话时，人物A在说话，画面却切给了人物B，以观察其反应，这就是反应镜头，如图5-2所示。反应镜头通常是特写镜头，它可以是人物的面部特写，也可以是人物紧张时抠手的动作。

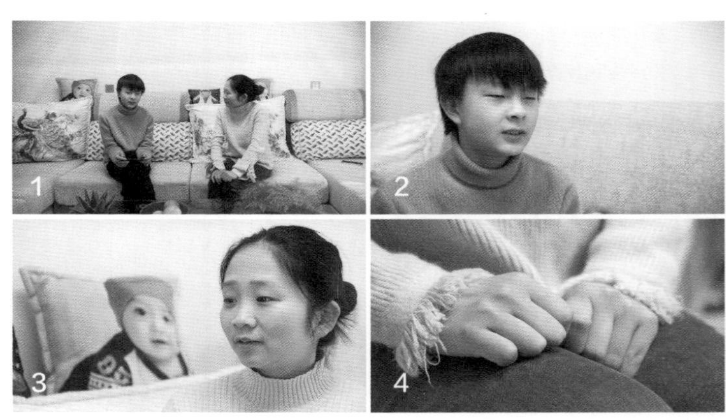

图 5-2

小提示

单纯的对白大部分时候是缺乏力量感的，反应镜头的使用可以让对白更具表现力。

5.2 平剪技巧

平剪指的是在对白剪辑中谁说话镜头就切给谁，说完就切出，声音与画面同时出现、同时切换。平剪是一种中规中矩的剪辑方式。在一段正常的对话中，一个人说完了，听的人通常会短暂地停顿一会儿，也许是一秒，也许是两秒，然后才会开始接话；而如果讲话的人被另一个人抢话了，那么被抢话人的说话声音就是被打断的状态，它和下一个说话声音之间的停顿就会很短，甚至几乎没有停顿；如果两个讲话的人都比较急躁，那么两个人的说话声音之间就几乎没有停顿。在剪辑时需要考虑剪辑点的不同给观众带来的不同感受。

5.2.1 心平气和

上个镜头中人物A的声音结束后，声音和画面都留有一定的时间间隙，而下个镜头中人物B的声音和画面出现前也留有一定的时间间隙，这表示两人在心平气和地交谈，如图5-3所示。

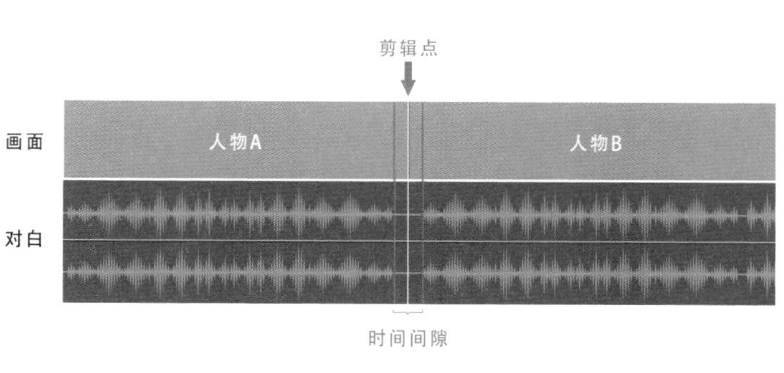

图 5-3

5.2.2 前紧后松

上个镜头中人物A的声音一结束，声音与画面立即切出，马上接下个镜头中人物B的声音与画面；人物B的声音与画面结束后留有一定的时间间隙，如图5-4所示。这表示人物B咄咄逼人，人物A从容作答。

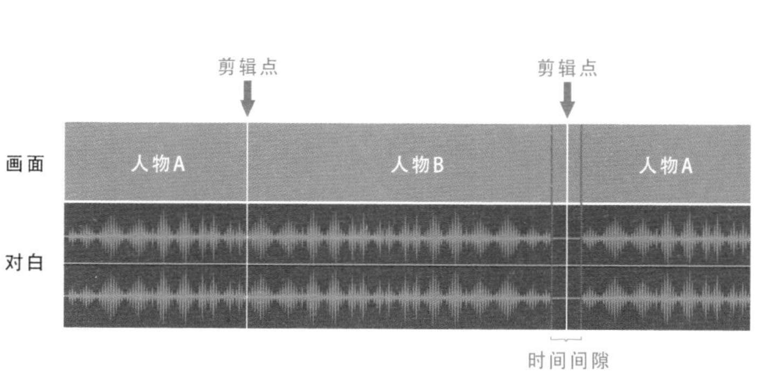

图 5-4

5.2.3 争吵/辩论

上个镜头中人物A的声音一结束，声音与画面立即切出；下个镜头一开始，声音与画面立即切入；再下个镜头一开始，声音与画面也立即切入，如图5-5所示。这表示人物A和人物B正在争吵或辩论。

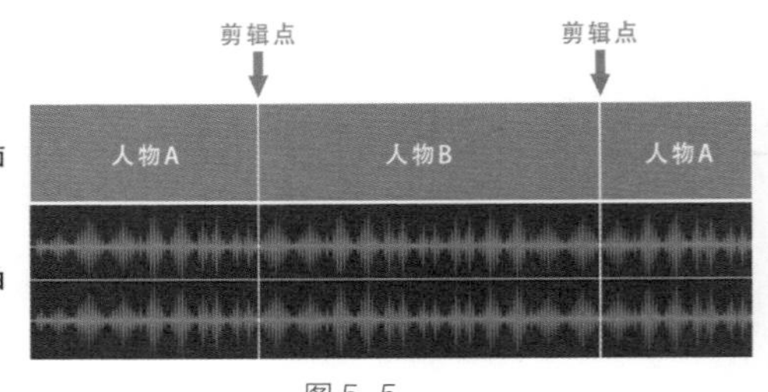

图 5-5

5.3 串位剪辑

串位剪辑指的是剪辑人物对话时声音与人物画面不同时切换，而是交错切换。简单来说，就是谁不说话镜头就给谁，因为有时观众在演员准备说话的时候根据剧情已经大概知道他要说些什么，所以这时观众更希望看到的是另一个人的反应，通常人物的反应镜头会比说台词的镜头更有表现力。

5.3.1 声音后置

声音后置即镜头1中人物A的画面切出以后，将其声音拖到镜头2中人物B的画面上，如图5-6所示，这时看不到说话人的表情。这种剪辑手法强调人物A说的内容对人物B的影响。

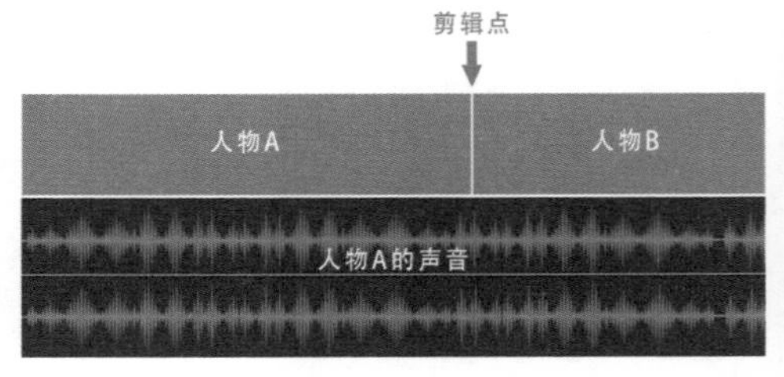

图 5-6

5.3.2 声音先行

声音先行即镜头1中人物A的声音切出后，其表情和动作仍在继续，这时将镜头2中人物B的声音接到镜头1中人物A的表情和动作中，如图5-7所示。这种剪辑手法通过声音引出下一个人物，可以让观众“未见其人，先闻其声”。

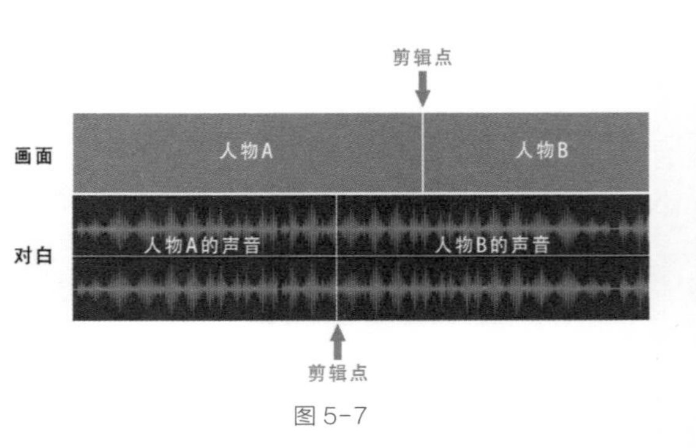

图 5-7

5.4 音乐剪辑

音乐剪辑就是音乐和画面的配合剪辑。音乐具有烘托气氛、带动情绪的作用。在音乐的配合下，几乎任何形式的画面都可以连接在一起，观众不会感到不适。但是，专业的剪辑师绝对不会随便导入一段与视频画面不匹配的音乐作为背景音乐。

5.4.1 节奏与波形

在剪辑音乐时，镜头的切换与音乐合拍才可以让观众感到舒适。多数情况下，音乐的剪辑点在乐句或者乐段的转换处，找准节奏很重要。剪辑师可以不懂深奥的乐理知识，但是一定要能把控音乐的节奏。把控音乐的节奏是剪辑师必修的功课，这需要一定的乐感。当然，剪辑师也可以以波形作为参考。用任意一款剪辑软件打开一首歌，都会显示波形。波形中上下浮动较大的地方是波峰，上下浮动较小的地方为波谷，如图5-8所示。剪辑师可以边听歌边看波形，以确定这首歌的节奏。

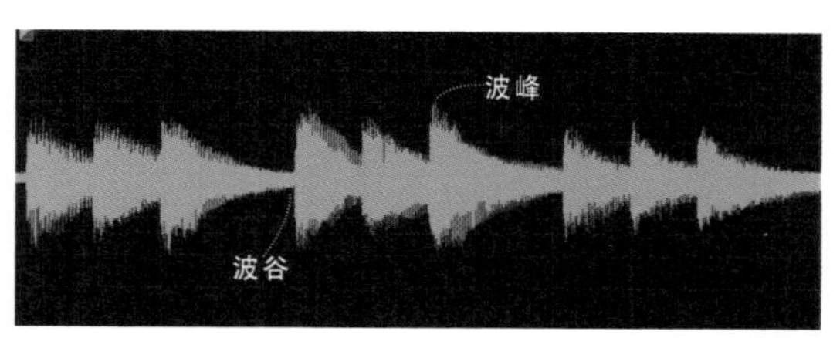

图 5-8

5.4.2 节奏与旋律

通常一首歌会有多个小节，每个小节又会分为多个节拍，每个节拍又是由不同的音符组成的。

常见的音乐节奏为4/4拍，代表4分音符为1拍，每小节有4拍。不管后面的旋律怎么变化，这首歌都会保持这个节奏。一般同一首歌中，1拍的时长是相等的，如图5-9所示。

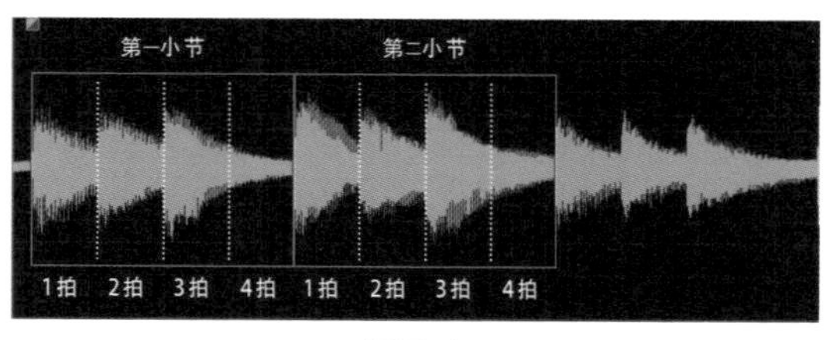

图 5-9

小提示

大部分歌曲从开始到结束都保持着一个节奏。所以在剪辑时，只要找准了一个小节，后面的小节基本就确定了。

剪辑时，可以在一个小节结束、下一个小节开始时剪切，如图5-10所示。但是假如每个镜头的切换都是这样，整个视频看上去就会有点呆板。所以在剪辑视频时，可以在一段4/4拍音乐小节中的第二或第三拍的波谷处剪切，这样也许会得到意想不到的效果，如图5-11所示。

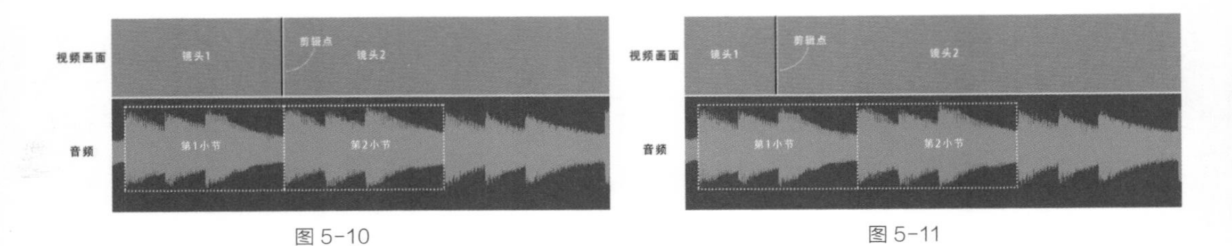

图 5-10　　图 5-11

除了4/4拍的音乐节奏，还有3/4拍、2/4拍、6/8拍等。节奏不同的音乐带给人的感受会不一样，这需要剪辑师不断增强对音乐的把控力。

除了音乐的节奏，剪辑师还需要注意音乐的旋律。旋律不同的音乐带给人的感受是不一样的，有些旋律非常欢快，而有些旋律就非常伤感。千万不要随便给视频配音乐。例如，一段打斗画面配上一段很甜美的音乐，就会让人感觉很不协调。

5.5 音效剪辑

音效剪辑就是通过一些声音效果营造画面的氛围感与真实感。综艺节目中常常会出现一些花字，其和音效配合就能得到特殊的效果，并可起到烘托气氛的作用。

5.5.1 音效

音效大致分为基本音效和表现音效。

基本音效是对自然声音的再现，其与视频画面同步，可以增强视频的真实感。例如，清晨小鸟的叫声可与图5-12所示的画面搭配。此外，夏天知了的叫声，风吹过树叶发出的沙沙声等也属于基本音效。基本音效有时能传递出画面以外的信息，有助于观众了解视频讲述了什么故事。

图 5-12

表现音效是指通过夸张的手法表现某种意图或给观众一种心理暗示，是吸引观众注意力的常用手段。例如，做Vlog或教学视频时常使用卡通音效、自然音效等。这样可以让视频更加炫酷，从而吸引观众的注意力。剪辑师可以根据视频内容改变音效的音量大小、播放速度或音色。音效组合使用可以让视频更有节奏感。

小提示

一些常用的音效在各个音效素材网站都能下载，部分手机端剪辑软件（如剪映、快影等）会自带音效。当需要转场时，使用音效进行配合可以让视频看起来更加流畅。

5.5.2 音调/音量

音调、音量都能影响观众的反应，如尖锐刺耳的高频声音会使人紧张或焦躁不安，如图5-13所示。厚重的低频声音会让人感觉庄严、肃穆。较低的音量常用来表现神秘或悬疑的场景，较高的音量则会让人感觉紧张或受到威胁。可以通过音调或音量的改变引导观众的情绪，以增强视频的吸引力。

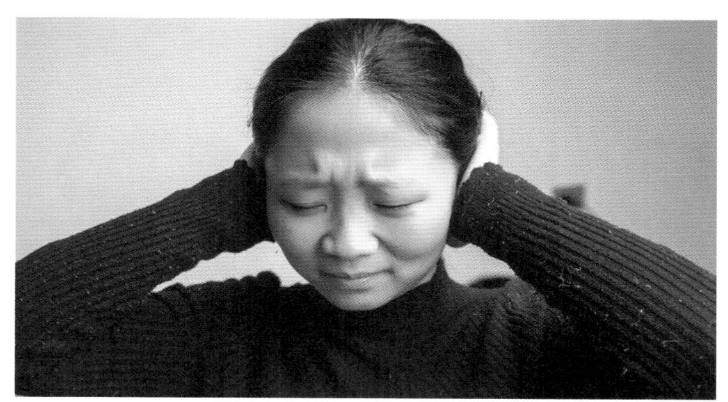

图5-13

拓展训练

（1）找一段自己喜欢的音乐，运用本章提到的剪辑方法，搭配几张静态的图片或几段视频，看一下效果是否协调。

（2）遇到有趣的声音可以录制下来，并对自己常用的音效进行整理，打造属于自己的音效库。

转场方式

本章概述

镜头之间的过渡就是转场。转场分为无技巧转场和有技巧转场。无技巧转场是指使镜头之间自然过渡，也就是“硬切”，强调视觉上的流畅和逻辑上的连贯。有技巧转场指的是使用一些技巧连接前后镜头，如叠化、淡入/淡出、虚化、划入/划出等技巧。有技巧转场通常是多种技巧的结合使用，能让剪辑变得自然、流畅。常见的剪辑软件中都有相应的转场功能。

知识索引

无技巧转场　　有技巧转场

6.1 无技巧转场

6.1.1 出入画转场

出入画转场是视频剪辑中一种常用的无技巧转场方式。剪辑时需要用两个或多个镜头表示一个持续的动作，前后镜头靠逻辑连接。一般在前一镜头的结尾，运动主体出画；在后一镜头的开始，运动主体入画。入画的方向要同前一镜头中出画的方向保持一致，也就是运动方向需匹配。出画和入画的主体可以是人、动物、车辆等。主体出画可以带给观众短暂的悬念，主体入画则回应了这一悬念。

右出左入、左出右入分别如图6-1和图6-2所示。

图 6-1

图 6-2

小提示

运动主体出画的时候没有必要一定要等到他完全离开画框才切镜头，也可以在他接近画框的时候切镜头，观众可以自行想象运动主体离开的画面。

除了横向运动的出入画转场，还有纵向运动的出入画转场，如上出下入、下出上入。这种情况常出现在上下楼梯或者从高处往低处跳、从低处往高处爬的时候。出入画转场还可用于表现纵深运动，如前出后入、后出前入。

6.1.2 遮挡转场

遮挡转场是指当一个物体遮挡镜头的时候，可以直接切到下一个镜头。在日常生活中，人眼如果在非睡眠状态下被遮住，人们会失去安全感，变得很烦躁，会迫切希望重新看到画面，这是切换镜头的好机会。

❶ 前出前入

纵深运动的出入画转场方式包括前出前入，因为纵深运动没有严格的方向要求，所以这种方式也是合理的。例如，先拍摄主体朝镜头走来，直到主体完全将镜头遮住，画面呈现出黑屏，然后接一个主体背对并远离镜头的镜头，如图6-3所示。

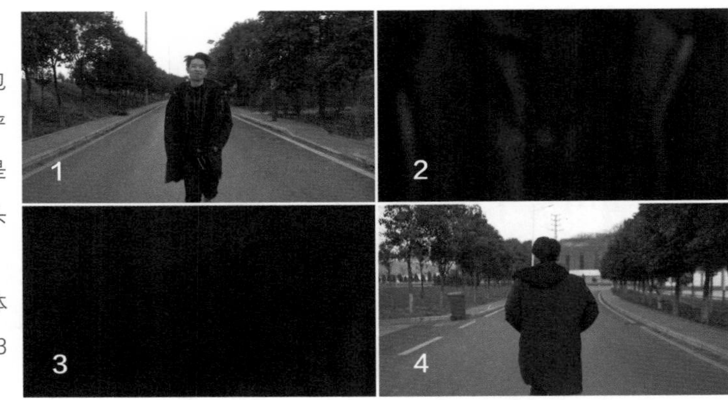

图 6-3

小提示

遮挡转场前后两个镜头中的主体可以是相同的，也可以是不同的。

❷ 借物遮挡

借物遮挡转场是指借助人物或其他事物遮挡镜头进行转场。例如，一个人坐着看电视，另一个人从镜头前穿过，再显示看电视的人。在另一个人从镜头前穿过的过程中剪切，前一个镜头中保留人物穿过镜头的前半部分动作，后一个镜头中保留人物穿过镜头的后半部分动作，这样就可以得到一个流畅的遮挡转场，如图6-4所示。

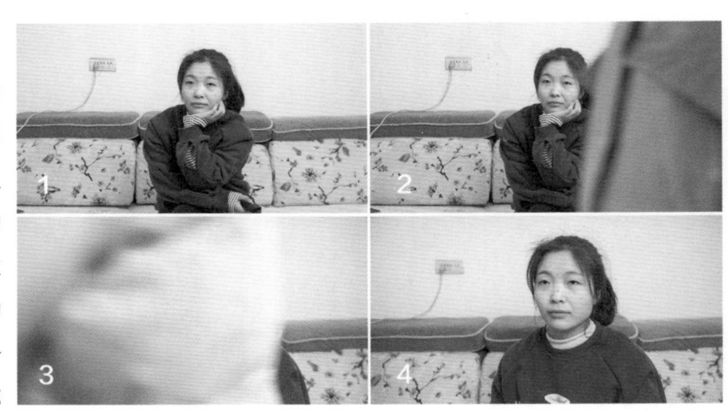

图 6-4

小提示

从镜头前穿过的可以是人、烟雾、车辆、动物等。

6.1.3 相似性转场

相似性转场是指利用两个画面主体的相似性进行转场。相似性包括形状的相似性、动作的相似性和声音的相似性。

❶ 形状的相似性

形状的相似性是指前后两个画面中有相似的形状，并且它们在画面中的位置相同，有时大小也相同。简单来说，就是圆形接圆形、方形接方形、三角形接三角形，或是一些不规则的其他相似形状相接。图6-5所示为圆形的眼珠接圆形的太阳。

图 6-5

❷ 动作的相似性

动作的相似性是指前后两个画面中的动作是相似的，或者通过一个完整的动作连接两个不同的场景。例如，洗完碗甩手的动作和弹吉他时扫弦的动作相似，这两个动作就可以连接在一起，如图6-6所示。如果在洗碗的时候播放着用吉他弹的歌，画面的衔接就会更加自然。拍摄时要注意，画面大小、人物位置应匹配。

图 6-6

❸ 声音的相似性

声音的相似性是指上个镜头中的声音和下个镜头中的声音相似。相似声音的淡入/淡出可实现无缝转场。这个声音可以是水声、口哨声、门铃声、开门声、刹车声等。例如，水龙头流水声与下雨声相似，连接在一起的时候会很自然，如图6-7所示。

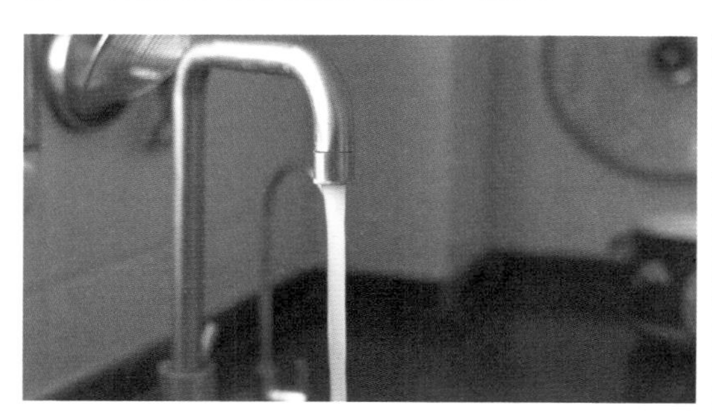 

图 6-7

6.1.4 声音转场

声音转场就是用音乐、音效、解说词、对白等声音元素与画面配合进行转场。

❶ 音乐转场

音乐转场通常是指把两个场景通过同一段音乐连接起来。例如，镜头中一个人正吹着口哨，下个镜头为街边音响播放着与口哨声相同的音乐，配合声音的淡入/淡出，口哨声转成了街边音响播放的音乐，如图6-8所示。

图 6-8

❷ 音效转场

手机铃声就是一种常用的转场音效。镜头1中手机响了，但是没有人接听；镜头2另外一个场景中手机响了，某个人拿起电话接听，如图6-9所示。利用手机铃声实现了两个场景的切换。

图 6-9

❸ 台词转场

拍摄旅游视频时，出门前喊完“出发”，就可以顺理成章地切换到坐车、坐飞机的镜头，如图6-10所示。转场时声音先入，通常声音比画面快2秒的效果会更好。先闻其声，再做出反应，这符合观众的认知。

图 6-10

小提示

台词转场可以是上个镜头说到谁，下个镜头就切到谁；也可以是上一个场景中人物说的话和下一个场景中另外一个人说的话一样。

6.1.5 特写转场

特写镜头具有强调细节的作用，一般用于强调人物的内心活动或情绪。特写转场指的是观众的注意力集中在某一人物的内心活动或某一物体上时转换场景，这样不会使观众产生不适感。例如，一个男生闭着眼的画面接弹琴的特写，再接女生回头看男生的画面，钢琴特写就将前后两个镜头和谐地连接在了一起，如图6-11所示。

图 6-11

小提示

在实际拍摄中，要有意识地拍摄一些场景内的特写镜头。这些镜头在后期剪辑中遇到转场不好处理的情况时可以使用。

6.1.6 道具转场

道具转场就是用一个道具连接前后镜头。这个道具可以是手机、水杯、帽子、衣服、行李箱等物品。以图6-12为例，镜头1是女生给男生看自己手机里的照片，通过手机中照片的特写转场到镜头2。镜头2是这个女生给其他人看自己手机里的照片。

图 6-12

小提示

可以用一个道具把多个不相干的人或事物连接起来。例如，学生们都收到了大学录取通知书，这里的录取通知书就是一个道具，它可以像一条线一样把多个学生收到录取通知书的镜头串起来。

6.1.7 空镜头转场

空镜头就是镜头中只有景或物，没有人，通常用于介绍背景、交代时间、抒发人物情绪、推进故事情节等。空镜头转场就是使用没有明确的人物形象的空镜头来衔接前后两个镜头。例如，人物下车的画面通过主体为房子的空镜头转场到房子内部，两人正在交谈，如图6-13所示。

图 6-13

小提示

为了满足后期剪辑的需要，一般在前期需有意识地拍摄一些空镜头备用。

6.1.8 主观镜头转场

主观镜头表现的是画面中人物看到的场景。主观镜头转场通常指上一个镜头是主体人物的观望动作，下一个镜头接他看到的人或物。这种转场方式可以让观众产生身临其境的感觉。剪接一些对话场景时一般会用到主观镜头转场，如谁说话镜头就给谁，这个人说完后会盯着对方看他的反应，然后下个镜头就切给对方，如图6-14所示。切给对方的这个镜头就是说话者的主观镜头，这样就很自然地实现了主观镜头转场。

图 6-14

6.2 有技巧转场

什么是有技巧转场？这要追溯到胶片时代。当时在做有技巧转场处理时，要通过电子特技切换台把两个不同场景的胶片连接到一起。现在很多剪辑软件自带常用的有技巧转场预设，简单摸索一下就能学会这些技巧，本节只对其进行简单介绍。

6.2.1 淡入/淡出

淡入/淡出也称渐显/渐隐，常见于视频的开头和结尾，如图6-15所示。

图 6-15

6.2.2 叠化转场

叠化转场即一个镜头融入另一个镜头，简单来说就是第一个镜头渐渐消失的同时第二个镜头渐渐显示，如图6-16所示，从而实现“你中有我，我中有你”。叠化的时间可长可短，使画面的转换更加流畅即可。

图 6-16

6.2.3 划入/划出

划入/划出即一个画面的一条边缘线划过另一个画面，如图6-17所示。这条边缘线有时是直线，有时是波浪线，有时是图形。如果是圆形，划入/划出就会变成圈入/圈出。

图 6-17

6.2.4 白/黑屏转场

白屏会伴随光等元素，让人不自觉地眨眼，在人眨眼的同时实现无缝转场。白屏通常用来表示梦境，如图6-18所示。黑屏是指画面渐渐变成黑色，可让观众对下一个镜头产生期待。

图 6-18

6.2.5 虚化转场

虚化转场即将上一个镜头慢慢调虚，直到完全模糊，下一个镜头则从虚像开始慢慢变实，好像一个人慢慢地闭上了眼睛，又慢慢地睁开了眼睛一样，如图6-19所示。

图 6-19

小提示

无论是有技巧转场还是无技巧转场，都应该尊重观众的习惯，考虑观众的心理接受能力，这样才能让镜头组接更加流畅、自然，让观众感到舒适。

拓展训练

（1）用遮挡转场制作一条视频。

（2）用形状的相似性转场制作一条视频。

第7章

时间剪辑技巧

本章概述

银幕时间指的是视频的时长，它可以与现实时间相同，如通过手机直接录制的视频不经剪辑直接发布，这样更具真实感；也可以通过慢动作、多重抓取等手段把银幕时间延长，以突出重点；或者通过延时摄影、分割画面等方式压缩时间，加快叙事节奏；还可以通过定格将时间停住，实现动静结合。采用时间剪辑技巧，剪辑师可以把现在、过去、未来交织在一起进行表现，并且可以控制视频的节奏。

知识索引

镜头时间	时间压缩	升格/降格
延时摄影	定格	分割画面
关键帧	坡度变速	剪辑节奏

7.1 镜头时间

镜头时间指的是单个镜头在画面中停留的时间，其会直接影响人的心理感受。

剪辑时，镜头时间的设置取决于大多数观众对于画面包含信息的理解时间。通常景别越大，画面中的信息量越大，观众理解画面的时间越长；景别越小，画面中的信息量越小，观众理解画面所需的时间越短，如图7-1所示。

图 7-1

7.2 时间压缩

随着人们生活节奏的加快及人们对影像理解能力的提高，观众越来越习惯于接收短而精的内容。这就需要创作者对视频的时长进行压缩，也就是说，创作者要使自己安排的每个镜头对观众来说都有意义。具体操作就是站在观众的角度去看待自己创作的视频，每个镜头播放完成，创作者都要思考观众在想什么，并时刻照顾他们的感受。例如，在观众感到无聊的前一秒，就要马上切换镜头；当观众迫切地想知道什么时，可以马上切镜头告诉他，以快速满足其好奇心；当观众知道会发生什么时，就要省略一些镜头。又如，坐电梯时，上个镜头为人物进入电梯后按下楼层按钮，下个镜头就可以直接切到电梯到达相应楼层，电梯门刚打开时电梯外的画面，如图7-2所示。这样就省略了电梯上升或下降的过程。

图 7-2

小提示

当前，人们对于节奏和视觉刺激的要求与过去相比有了很大的改变。在剪辑运动镜头的时候，展示完整的运动过程会让视频节奏变得拖沓，有时只展示其中一部分或者一个趋势即可，观众会通过潜意识或日常的生活经验补充缺失的部分过程。录制 Vlog 的时候，最忌讳啰唆，在将内容表达清楚的同时，内容一定要简明且紧凑。如果像记流水账一样拍摄视频，整个视频的节奏就会慢下来，观众会因此感到不耐烦，失去看下去的耐心。

除此之外，还可以利用字幕压缩时间，常见的字幕是画面中出现的“几个小时之后”“几天之后”等文字信息。也可以通过空镜头压缩时间。例如，上个镜头中窗外是白天，下个镜头中窗外的景象就变成了夜晚灯火通明的城市。压缩时间的方式还有很多，如通过人物对白、道具、声音、遮罩、降格、延时摄影、分割画面等压缩时间。

7.3 升格/降格

升格和降格分别是指慢动作和快动作，是常用的重要时间剪辑技巧。升格可以放慢原本一闪而过的动作细节，延长时间；降格可以加快原本冗长沉闷的片段，压缩时间。

7.3.1 升格

升格就是慢动作，可延长镜头时间，展示重要的信息，记录稍纵即逝的瞬间，具有较强的视觉冲击力。例如，一只装满水的气球被扎破的瞬间，气球爆裂、水迸出的慢动作如图7-3所示。

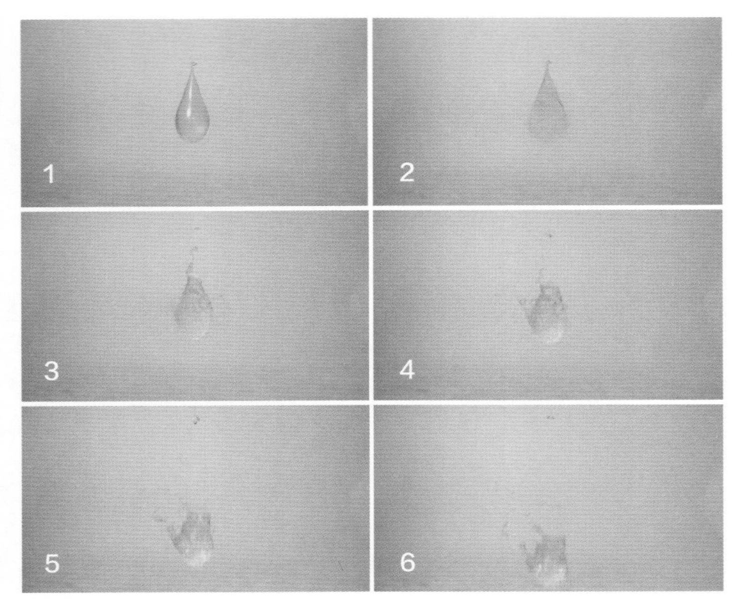

图 7-3

小提示

升格常用于表现运动场面，如跑步、跑酷、溜冰、滑滑板等。升格可以渲染氛围，营造优美的场景。例如，音乐视频中经常会出现升格镜头，有时还伴随着叠化、闪白等转场效果，这些效果与音乐的结合可以很容易地把观众带入设计好的情境中。尤其是拍摄与爱情相关的情节时，如初次见面时的回眸一笑、拥抱、想念、分手等，升格的使用可让这些画面更具感染力。

7.3.2 降格

降格就是快动作，与升格相反。快动作可压缩镜头时间，让人物的动作显得比较夸张，具有喜剧效果。例如，卓别林的影片都是以低帧率拍摄、以正常帧率播放的，如图7-4所示。

图 7-4

小提示

剪辑使用降格拍摄的镜头时，不同景别中的动作加快后给观众的心理感受不同。使用小景别的画面可以增强镜头的速度感，从而增强观众的紧张感；使用大景别的画面可以舒缓观众紧张的情绪。因为在大景别画面中，动作速度加快后变化的部分比小景别少，不用担心观众遗漏什么信息。

7.4 延时摄影

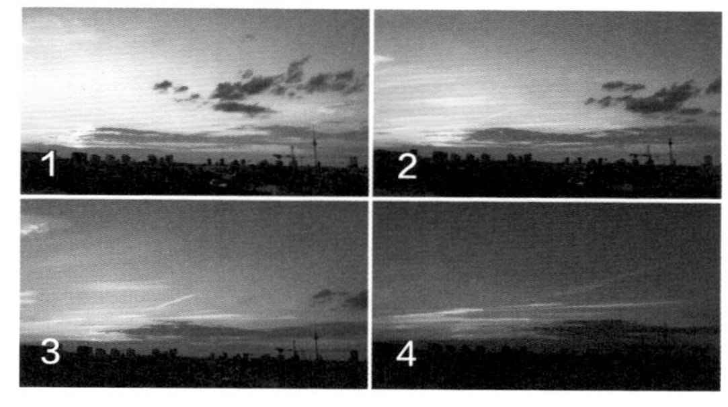

图 7-5

延时摄影指的是在较短的时间内呈现被摄对象在长时间内的变化，如斗转星移、生根发芽、花朵开放等过程。它是降格拍摄的一种特殊形式，比较简单的做法是将摄像机放在一个固定的地方不动，每隔一段时间拍摄一张静态图片，然后在剪辑软件中按照时间顺序把这些静态图片串联起来，得到一个连贯的动态视频，从而给观众带来一种独特的视觉体验。有的手机或相机自带延时摄影功能，不经过剪辑也能拍摄出流畅的延时视频。图7-5所示是表现太阳落山的延时视频。

创作者在拍摄前可以检查自己的相机是否具有延时摄影功能，如果没有，可以使用手机App拍摄，在手机应用市场搜索“延时摄影”就会出现很多相应的App，如图7-6所示。

图 7-6

小提示

除了采用固定机位的技巧，延时摄影还可以与运动镜头相结合，实现移动延时摄影。可使用滑轨，先确定一个范围，以便在滑轨中移动摄像机，或选定一个参照物，将摄像机固定在某个位置，然后移动摄像机持续拍摄。

7.5 定格

定格就是把视频中的某一帧画面冻结，制造出一种时间停滞的影像效果，使人产生瞬间的视觉停顿。定格常用于突出某个场景或某个细节，并暗示观众此时的画面内容需要注意。定格有时伴随着画面颜色的变化。例如，主人公正在打电话，突然得知自己的游戏装备被别人卖掉了，瞬间心情就不好了，画面变为黑白。这时定格主人公严肃的表情，再配合音效会让观众感同身受，产生代入感，如图7-7所示。在视频中使用定格效果，可以让画面动静相宜，节奏张弛有度。

图 7-7

小提示

定格也常用在视频结尾，这样可以给观众留下一个总结性的视觉画面。例如，《还珠格格》《三国演义》等影视剧的结尾都采用了定格手法。

7.6 分割画面

分割画面就是在同一画面中有两个单独的镜头同时出现。和交叉剪辑的效果一样，分割画面可以制造出动作或事件同时发生的效果。分割画面常用来表现相距较远的两人在给对方打电话，或面对面的两个人正在争论，画面从中间分开，使一个镜头出现在左边，另一个镜头出现在右边，如图7-8所示。有时也会在一个画面中展示一个主人公做的多件事。

画面除了竖着从中间分开，还可以横着从中间分开、按对角线分开或者分割成多个部分，如图7-9所示。

图 7-8

图 7-9

7.7 关键帧

关键帧是指运动或动画的起始点、转折点和终点，用来记录视频参数变化后形成动态效果的过程。

在剪辑软件中，将某一帧画面设置成关键帧，软件就会记录这一帧画面的位置、大小、旋转、透明度等参数信息；把播放指针往后移动，在时间线上确定某一帧，并改变相应的位置、大小等参数，软件就会自动在播放指针停留的地方再设置一个关键帧，如图7-10所示。播放视频时，软件会自动分析两个标记点之间路径、大小等参数的变化，形成动态效果。

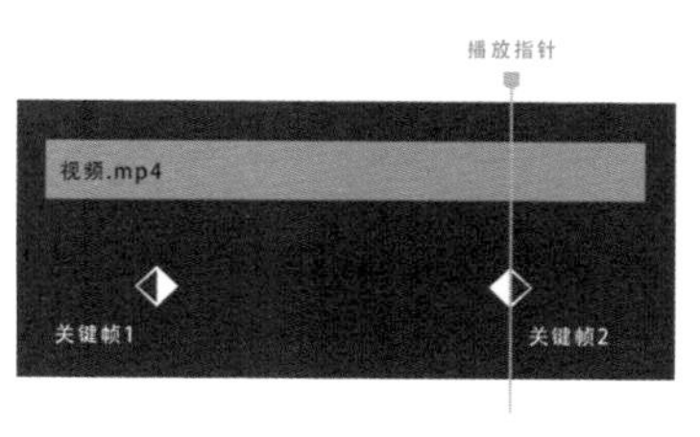

图 7-10

例如，在蓝天的背景下给云朵设置关键帧，可以让云朵从画面左边移动到右边，如图7-11所示。

图 7-11

画面分割常和关键帧配合使用，这样可使两个不同的画面拼接到同一个画面里，如图7-12所示，如果再加上一些转场音效，则会让视频转场更为流畅。

图 7-12

7.8 坡度变速

坡度变速其实就是慢镜头与快镜头的结合。后期接合慢镜头与快镜头时要形成一种坡度的变化，就是像上山、下山一样忽慢忽快的视频效果。两种镜头的连接处要保持平滑，不能太生硬。利用坡度变速形成的视频效果会给人一种独特的视觉体验，尤其在配合着音乐节奏播放视频的情况下。

手机或相机拍摄的高帧率素材可以用来做坡度变速效果，如用60帧/秒、120帧/秒、240帧/秒拍摄的素材。把这些高帧率素材导入视频剪辑软件，新建一个25帧/秒的序列，再把所有素材拖曳到该序列的时间线上，调慢视频的播放速度，就可以得到流畅的慢动作视频。也可以直接用手机、相机等拍摄设备录制25帧/秒或30帧/秒的慢动作视频，这样的素材也可以用于做坡度变速效果。如果用普通的低帧率素材做坡度变速效果，使用后期剪辑软件强行调慢其播放速度，视频看上去会卡顿，会让人感觉不舒服。

以Adobe Premiere为例，导入素材后把素材拖入时间线面板，再把鼠标指针放在画面轨道中的特效开关上，单击鼠标右键，就会出现“时间重映射”选项，然后选择“速度”选项，如图7-13所示，即可调出调节速度的线条。

图 7-13

小提示

调出调节速度的线条后，按住 Ctrl 键并在线条上单击即可添加关键帧。然后根据音乐的旋律选择需要加速的素材线段，单击并向上拖曳；选择需要减速的素材线段，单击并向下拖曳。关于操作的详细讲解，请参照配套视频。

7.9 剪辑节奏

有规律的变化形成节奏。短视频的节奏非常重要，一般分为内部节奏和外部节奏两种，是控制短视频风格的重要手段。内部节奏是指故事内在的发展规律，外部节奏主要是指镜头的组接规律。

不同的视频效果对节奏有不同的要求。如果需要营造激动或紧张的氛围，可以加快视频节奏，即通过压缩镜头时间，增加镜头数量，在观众能明白发生了什么事的情况下快速切换镜头，调动观众的情绪，营造紧张感；同时配合近景或特写可以使画面更具视觉冲击力。如果要使视频的节奏变得比较舒缓，可以延长镜头时间，并且配合使用大景别，如全景和远景。

小提示

节奏并不是越快越好或越慢越好，张弛有度才会使观众感到舒适。除此之外，音效的变化、光影的变化、色彩的变化、运动状态的变化等都会影响视频的节奏。

拓展训练

（1）拍摄一段天空中云彩变化的延时视频。

（2）拍摄一段高帧率的运动镜头，并用坡度变速配合音乐剪辑。

（3）观察你正在看的电影或电视剧的导演是如何为镜头分配时间的。

第8章 其他剪辑技巧

本章概述

在剪辑篇的前面几章，我们已经了解了镜头排列、声音剪辑、转场方式等非常重要的视频剪辑技巧。而在日常的剪辑工作中，需要注意的细节还有很多，如字幕的添加、画面色彩的处理，以及如何保持视频导出后的清晰度等。本章将讲解制作短视频时比较常用的基础技巧。

知识索引

添加字幕	遮罩技巧	绿屏抠像
美颜	色彩知识及调色	画面的清晰度

8.1 添加字幕

用计算机为视频添加字幕共两步：第一步是语音转文字，第二步是使用软件添加字幕。

8.1.1 语音转文字

如果视频时间较长，对话或旁白较多，手动输入字幕会很累。这时可以使用智能识别字幕软件，以提高工作效率。

❶ 手机端语音识别 App

多数手机剪辑App都配有语音识别功能，会自动识别视频中人物说的话，识别的正确率非常高，并且还会自动将字幕添加在合适的位置，使用起来非常方便。以剪映为例，导入视频后先点击文本，再点击“识别字幕”，字幕就会自动出现在合适的位置，如图8-1所示。如果识别有误或字幕的位置不合适，还可以手动修改。

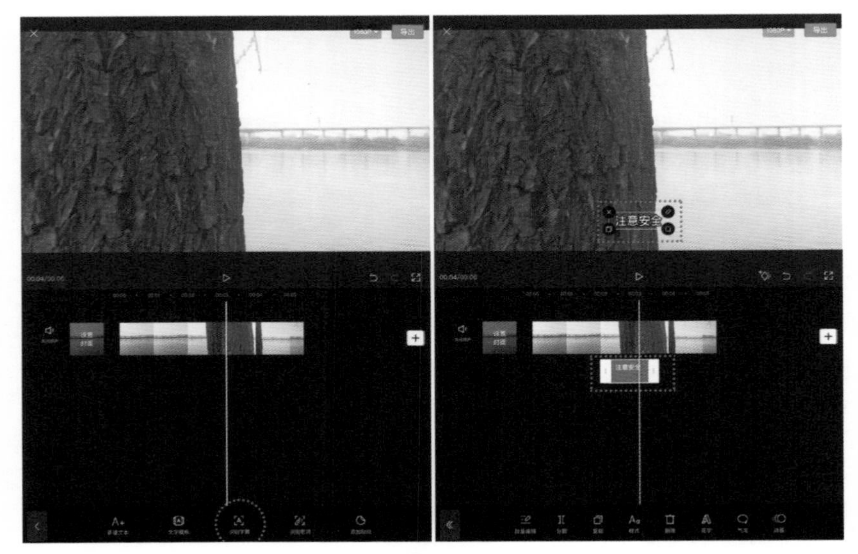

图 8-1

❷ 计算机端语音识别软件

用计算机剪辑完视频，可以先导出一个样片，然后打开讯飞听见字幕软件，即可将视频中的语音转换为文字。讯飞听见字幕软件是一款基于在线识别技术的视频字幕制作工具，具有语音转文字、视频加字幕、字幕时间码匹配等功能，语音识别的正确率可以达到95%以上，其官网首页如图8-2所示。

图 8-2

8.1.2 批量添加字幕

给视频添加字幕的软件非常多，我常用的软件是Arctime。Arctime可以将事先准备好的文本嵌入视频，使用起来非常方便。其官网首页和操作界面如图8-3所示。

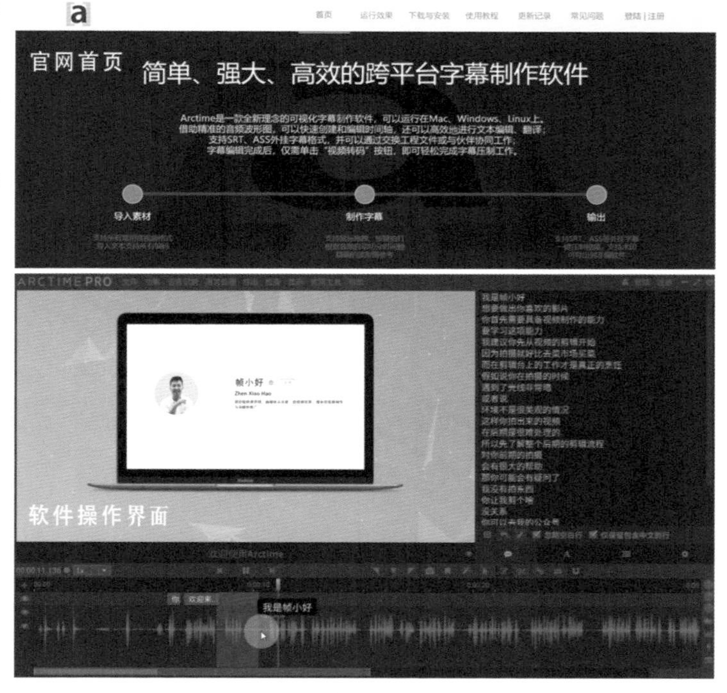

图 8-3

8.2 遮罩技巧

遮罩是视频制作中经常使用的技巧，常用于转场或特效制作。

8.2.1 分身效果

在视频剪辑软件中，图像是以时间线上轨道的方式呈现的，上一个轨道会遮住下一个轨道中的画面。例如，用遮罩技巧制作分身效果，可以用固定机位拍摄两段视频，一段视频中的人物在右边，剪辑时将它放在视频剪辑软件的轨道1中；另一段视频中的人物在左边，剪辑时将它放在视频剪辑软件的轨道2中。这时轨道1中的画面完全被轨道2中的画面遮住。然后新建一个遮罩图层，将轨道2中画面的右半部分调整为透明效果，使轨道1中画面的右半部分被显示出来，如图8-4所示。

图 8-4

小提示

手机剪辑软件剪映 App 中也可以使用遮罩技巧，只不过它叫另外一个名字——蒙版。

8.2.2 遮罩转场

遮罩的另一个用途就是转场，它可以让画面过渡得很自然。拍摄两个不同景别、不同场景的画面，这两个画面的摄像机运动和人物运动的方向是相同的。图8-5所示，镜头1为人物从左向右运动，途中经过一棵树，树会遮挡住画面；镜头2为另一个场景中人物从左向右运动。通过后期剪辑软件添加遮罩和关键帧动画功能，可实现两个镜头的转场。

图 8-5

8.3 绿屏抠像

拍摄视频时，在背景处放一块绿布，后期制作时将绿布去除，使之成为透明状态，只显示前景中的人物或道具，然后再为视频添加合适的背景，这个过程就叫绿屏抠像。相关案例如图8-6所示。

图 8-6

绿屏抠像在多数情况下使用的背景布是蓝色或绿色的，原因是摄像机对蓝色和绿色比较敏感，便于抠像。根据实际情况选择合适的背景布即可。

小提示

应该使用哪款软件抠图呢？手机剪辑 App 剪映，计算机剪辑软件 Premiere 和 After Effects 都带有抠图功能。Premiere 中，可以使用“超级键”效果抠图，具体步骤如下：先将“超级键”效果拖入带有绿色背景的视频轨道，打开“效果控件”面板，找到“超级键”效果，单击“吸管”工具；在画面中吸取主要颜色，直到绿色部分变成黑色或者透明状态；调节“超级键”效果的参数数值。

如果觉得 Premiere 抠得不干净，也可以使用 After Effects 抠图，具体步骤如下：新建合成，把带有绿色背景的素材拖曳到时间线中，将鼠标指针放在素材上，单击鼠标右键，在弹出的菜单中选择“效果 >keylight”，即可打开“效果控件”面板；在面板中单击第一个“吸管”工具，在画面中吸取绿色，即可抠除背景。

8.4 美颜

剪辑视频的时候，美颜是很多人比较关注的一件事。

8.4.1 手机美颜

使用手机剪辑App进行美颜非常简单。以剪映为例，导入素材，点击素材，选择“美颜”即可，如图8-7所示。剪映的优点是当人物运动的时候会自动跟踪人脸并进行美颜，缺点是有时候脸部边缘附近的物体会受瘦脸的影响而变得扭曲。

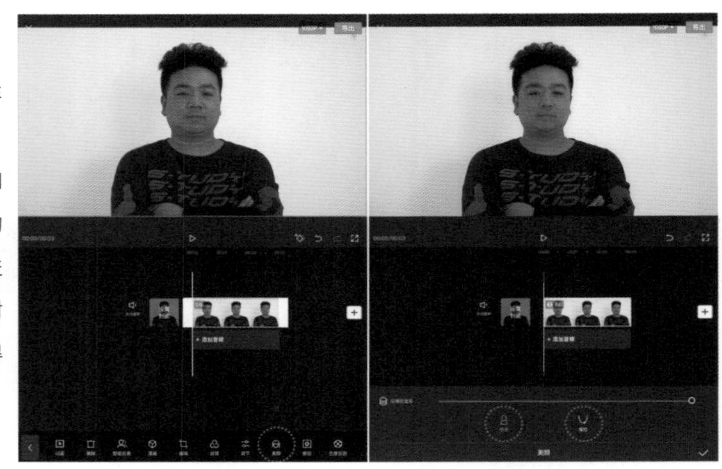

图 8-7

8.4.2 达芬奇

达芬奇是一款功能非常强大的图像剪辑、调色软件，在给人物美颜的同时还可以对人脸进行跟踪。其启动界面和操作界面及人物美颜前后的对比效果如图8-8所示。

图 8-8

小提示

达芬奇软件的使用可以参考配套的视频。建议做短视频的朋友一定要学会使用这款软件。如果使用达芬奇进行调色，创作者需要对色彩的基础知识有所了解。

8.5 色彩知识及调色

8.5.1 色彩三要素

当一束日光穿过一个三棱镜，就能看到一束彩色的光，其中的色彩按顺序排列依次是红、橙、黄、绿、蓝、靛、紫，由此产生了光谱，如图8-9所示。

色彩三要素是指色相、明度、饱和度。

图 8-9

❶ 色相

色相就是色彩的相貌，是色彩的首要特征。色环是指将在色彩光谱中所见的色彩序列用环形表示，如图8-10所示。

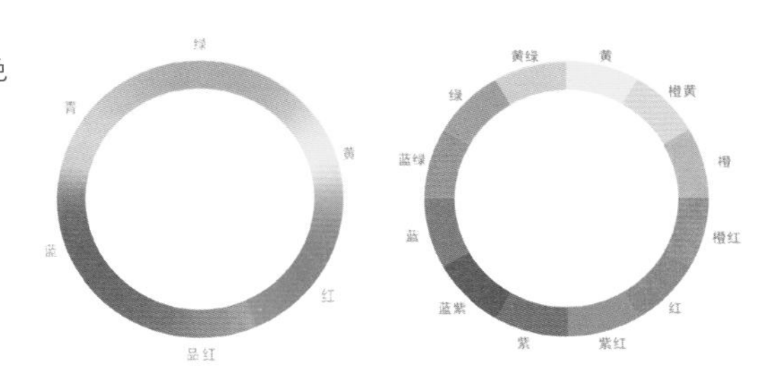

图 8-10

❷ 明度

明度指的是色彩的明暗程度。不同色彩会有明暗的差异，相同色彩也有明暗、深浅的变化。调节色环的亮度，色彩信息就会发生改变，如图8-11所示。

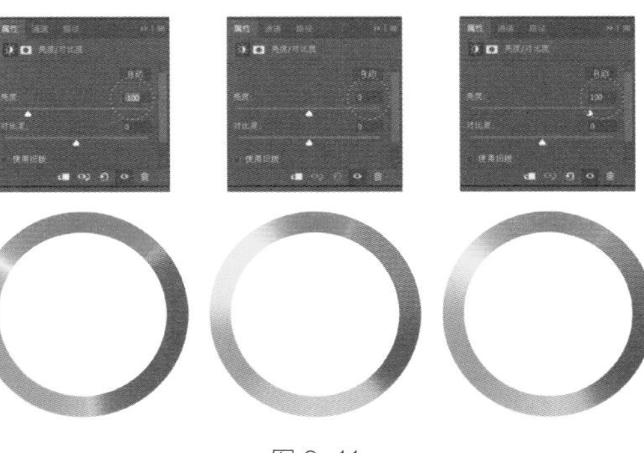

图 8-11

❸ 饱和度

饱和度是指色彩的鲜艳程度，也称色彩的纯度。饱和度越高，色彩越纯、越鲜艳；饱和度越低，色彩越暗淡。饱和度通常是根据色彩中掺杂其他色彩的比例确定的。在光谱中，各种单色就是最纯的色彩。当在一种色彩中掺入白色时，其纯度就会发生变化。如果掺入白色的比例很大，原色彩就会失去本来的光彩；而无限接近于0纯度，画面会变成灰阶图像，如图8-12所示。

图 8-12

8.5.2 RGB三原色

RGB三原色指的是红、绿、蓝3种光的颜色，通过它们的变化及它们相互之间的混合，可以得到各种各样的颜色。

R代表红色（Red），G代表绿色（Green），B代表蓝色（Blue），它们中每两种色彩混合在一起，就可以产生第三种色彩。

红+绿=黄，R+G=Y。

绿+蓝=青，G+B=C。

红+蓝=品红，B+R=M。

其中Y代表黄色（Yellow），C代表青色（Cyan），M代表品红色（Magenta）。三原色光叠加混合后，就会变成白色，如图8-13所示。

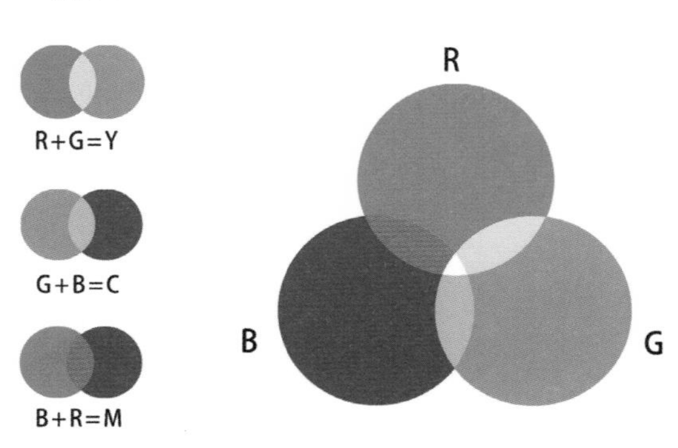

图 8-13

混合色环上位置相对的色彩，也会产生白色，一般认为这两种色彩互为补色，如图8-14所示。

三原色的互补色如下。

红色的互补色为青色，R—C。

绿色的互补色为品红，G—M。

蓝色的互补色为黄色，B—Y。

如果想让画面偏黄，可以先增加红色，再增加绿色；也可以利用互补色，因为黄色的互补色是蓝色，所以可以适当减少蓝色。

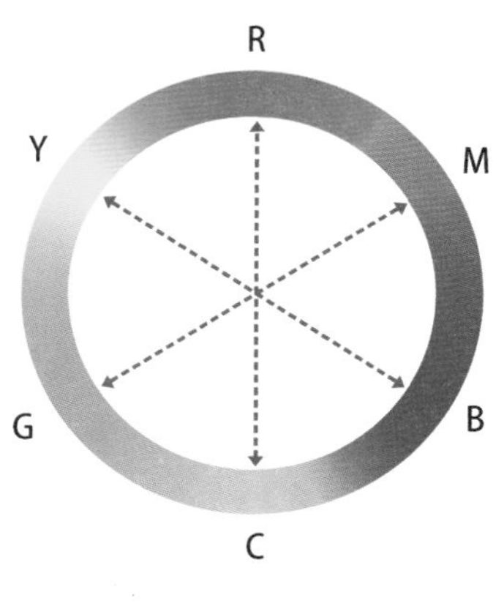

图 8-14

8.5.3 色彩与情绪

色彩具有极强的表现力，可以影响人的情绪，所以短视频中常用色彩表达情绪。

❶ 暖色系

暖色系通常包括红色、橙色、黄色等颜色，它们代表着不安、暴力、刺激，有时也表示温暖、活力。例如，红色是较为醒目的色彩，常用来表达温暖、热情、亢奋、激情等，如图8-15所示。又如，黄色的明度高，观众的注意力很容易被它吸引。黄色常用来表达热情、温暖、希望、鼓励等。

图 8-15

❷ 冷色系

冷色系通常包括绿色、青色、蓝色、蓝紫色等颜色。冷色系容易使人产生安静、孤独、抑郁的感觉，如图8-16所示。绿色常用来表示生机勃勃、宁静、安逸、舒适、温柔等。

图 8-16

❸ 黑白

白色常代表纯洁、和平、神圣、单纯，也有浪漫、梦幻的意味，所以常用来表现回忆和梦境中的内容。黑色可以产生神秘、阴郁的画面效果，也常用来表现庄严、肃穆等，如图8-17所示。

图 8-17

小提示

色彩会给人带来不同的心理感受，需根据画面要求选择合适的色彩。

8.5.4 调色

调色分为一级校色和二级调色。一级校色就是校正颜色，二级调色就是对色调进行风格化处理。

❶ 一级校色

校色是为了保证每个镜头的色调都是统一的。一个完整的视频可能由多个镜头组成，即使是使用同一款拍摄设备在同一场景拍摄的画面，其曝光和色温也可能不一样，而不同色调的镜头组接在一起就会让人感觉不适，所以我们需要对画面进行校色。

进行一级校色时主要调节3个参数：一是曝光，二是对比度，三是色温。我们在校色时通常需先调出剪辑软件的示波器，再使用色轮进行校色，如图8-18所示。

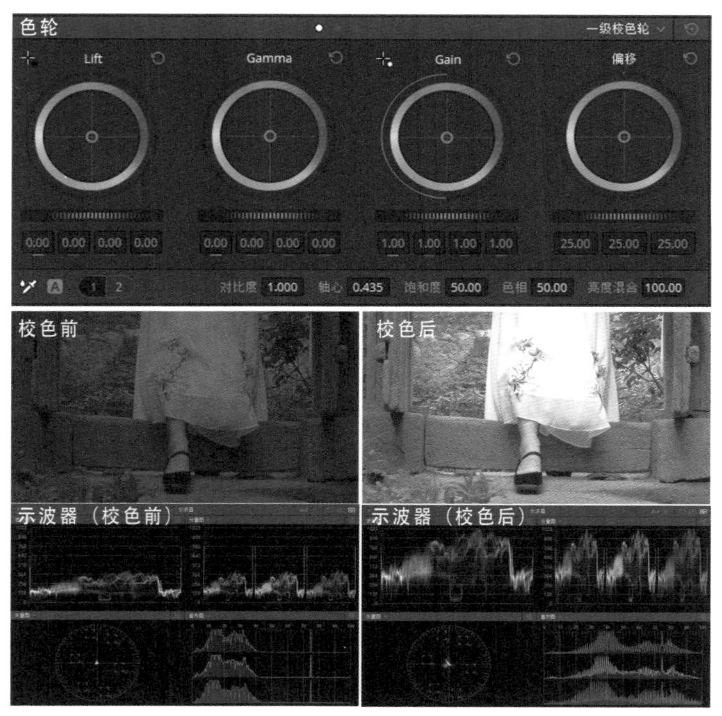

图 8-18

❷ 二级调色

二级调色主要是在一级校色的基础上对色调进行风格化处理，以及调整细节。合成一些具有电影感的颜色，调整亮度，抠像、遮罩，以及去除杂色等都属于二级调色的内容。二级调色也可调整人物肤色、衣服的色彩和场景里某个物品的细节等。画面调色效果如图8-19所示。

原片　　一级校色　　二级调色

图 8-19

8.6 画面的清晰度

如何调节画面的清晰度是很多初学视频制作的朋友会问到的问题。拍摄前的设置、传输方式、输出设置等都会对画面的清晰度产生影响。

8.6.1 拍摄环节

分辨率的设置会影响画面的清晰度。通常分辨率越大，一帧画面上的像素点就越多，画面所包含的色彩信息就越丰富。例如，对于同一段视频，分辨率为720 × 576时画面的清晰度低于1920 × 1080时画面的清晰度，尤其在计算机上放大观看时。不同的分辨率如图8-20所示。

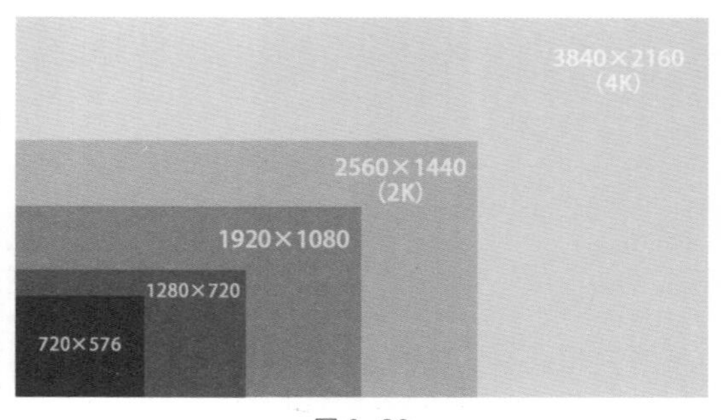

图 8-20

小提示

尽量保证场景光线充足，尤其是使用手机拍摄时。

8.6.2 传输环节

很多初学剪辑的朋友拍摄的视频很清晰，但传输到计算机上之后就变模糊了，这很可能是因为传输环节出了问题。如果使用单反或微单相机拍摄，可以直接将相机的内存卡插入读卡器，再将读卡器插入计算机的USB插口，将视频导出。

如果使用手机拍摄的视频，在将其传输到计算机上的时候应尽量使用数据线（图8-21）或者QQ中的“我的设备”，而不要使用微信传输，否则压缩会很严重。视频制作完成之后尽量使用各社交平台的计算机客户端或者网页上传。

图 8-21

8.6.3 输出环节

我们知道，影像的最小单位是帧，高清视频都是由一张张高清图片组成的序列，一个时长很短的视频文件也可能占用很大的内存空间。编码就是通过对帧与帧之间相似的部分进行压缩来节约存储空间，目前主流的编码格式是H.264和H.265。拍摄时视频会进行编码。不同的编码格式对视频的大小和清晰度会有影响。在Premiere“导出设置”窗口中的导出视频格式下拉列表中选择H.264，如图8-22所示。使用H.265编码格式可以在画质相同的情况下缩小视频的容量。使用手机拍摄分辨率为4K、帧数为60帧的视频时，通常用到的编码格式就是H.265。

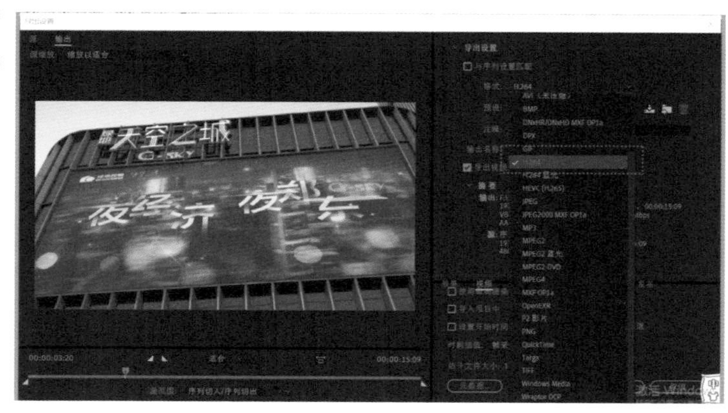

图 8-22

在输出环节，选择好编码格式之后还可以设置比特率，以保留更多的画面细节。在相同的分辨率下，比特率越小，视频的容量就越小，但是画面会丢失很多细节。例如，在使用微信传输视频时，画面容易变得不清晰，这其实就是比特率改变导致视频被压缩的结果。通常情况下，将比特率设置为视频剪辑软件的默认值即可，如图8-23所示。

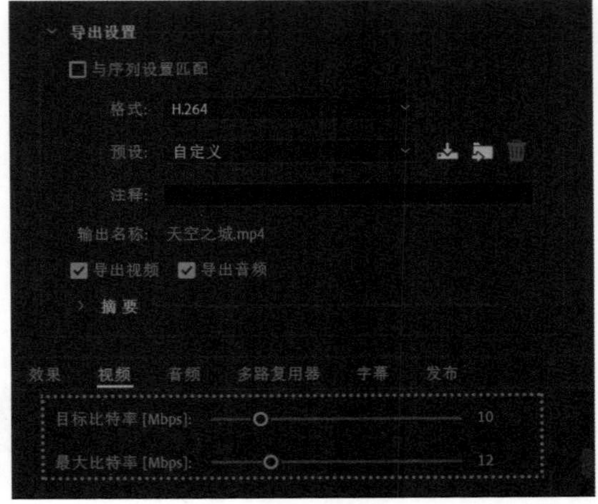

图 8-23

拓展训练

（1）给自己制作的视频批量添加字幕。

（2）用遮罩技巧制作一个包含分身效果的视频。

（3）学习使用达芬奇美颜功能。

拍摄篇

构图技巧

本章概述

大家拿起摄像机准备拍摄时，需要不断地对画面中的元素做取舍，这个过程就是构图。视频拍不好的主要原因之一就是不会构图。依托于画面的4条边框，好的构图要做到简洁、有主体、有主题，并且可以通过心理暗示让观众主动参与对画面内容的解码，减少对对白的依赖。一个好的构图通常是多种技巧组合使用的结果，这些技巧也是影视行业的前辈们在实战中总结出来的画面布局规律。本章将针对构图进行讲解。

知识索引

画面构成	基础法则	拍摄高度
拍摄方向	构图工具	视觉心理
其他构图方式	视觉连续	竖屏思维

9.1 画面构成

画面的基本构成元素有主体、陪体、前景、背景等。通常前景和背景被统称为环境。每个元素在画面中的位置和所占的面积不同，带给观众的心理感受也不同。

9.1.1 主体

主体就是画面主要表现的对象，它可以是人、景或者物，通常是视觉的焦点，是观众最先注意到的元素，具有统领全局的作用，如图9-1所示。

图 9-1

9.1.2 陪体

陪体就是用于凸显主体的绿叶，它可以是主体手中的道具，如图9-2所示，也可以是次要人物。陪体通常是对画面信息的补充，主要作用是帮助主体揭示画面主题。在多人镜头中，正面拍摄的人物一般是画面要表现的主体。如果拍摄角度发生改变，主体和陪体就会发生改变。

图 9-2

9.1.3 前景

前景就是离摄像机较近的人或物，位于摄像机镜头与被摄主体之间的区域内，如图9-3所示。它可以是一个人、一盆绿植、一片灌木丛等。前景可以是虚化的，也可以是实的。给一幅平淡的画面加上前景，不但可以起到装饰的作用，还可以突出主体，让二维的画面显得立体。如果没有前景，画面的表现力就会明显减弱。

图 9-3

9.1.4 背景

背景指的是离镜头较远的人或物等，也称后景。背景可以是实的，也可以是虚化的。实背景可以交代人物或事物所处的地点、时间、环境等信息，如图9-4所示。虚化的背景可以突出主体，减少关系信息对主体的干扰。当然，背景也可以是大面积的留白，这样更能体现画面的意境。

图 9-4

小提示

画面中的陪体和前景都可以不出现，但是背景不能去除。去除了背景会让人感到画面空洞、奇怪。

9.2 基础法则

构图的基础法则就是影视行业的前辈们总结的常规构图规律，即通过对画面中的视觉要素（如线条、形状、光线、色彩等）合理安排，以吸引观众的注意力，从而突出主体并影响观众的心理感受。

9.2.1 三分法则

三分法则也称九宫格规律，构图时需打开手机相机或者摄像机里面的网格线。网格线由两条水平线和两条垂直线组成，它们把画面横竖各分割成三等份，形成一个九宫格，像“井”字一样。通常，观众的关注点在这4条线上，或者在4条线的交会处，所以通常把主体放在这些位置，如图9-5所示。

图 9-5

因为人物的头部在画面中的位置非常重要，而头部最具表现力的器官是眼睛，所以在拍摄人物的近景或特写镜头时，通常将人物的眼睛放置在三等分线的交会处，如图9-6所示。

图 9-6

9.2.2 留白构图

留白构图就是在画面中留出一些空白的区域，这样不仅能让人感觉简洁、舒服，还能凸显主题。留白构图包括头顶留白、视线留白和大面积留白。

❶ 头顶留白

头顶留白是指在景别较大的镜头中，人物的头顶与画面的上边框之间要留有一些空间，这样构图会让人感觉舒适、不压抑，如图9-7所示。

在景别较小的镜头中，尽量不要在人物头顶上方留太多空白，否则不仅会浪费屏幕空间，还会让画面显得不美观。人物的特写镜头中经常让画面的上边框切到人物的头顶，如图9-8所示。

图 9-7

图 9-8

如果镜头再近一点，可以适当切掉人物的部分额头和嘴巴，以更好地凸显人物的眼睛，如图9-9所示。

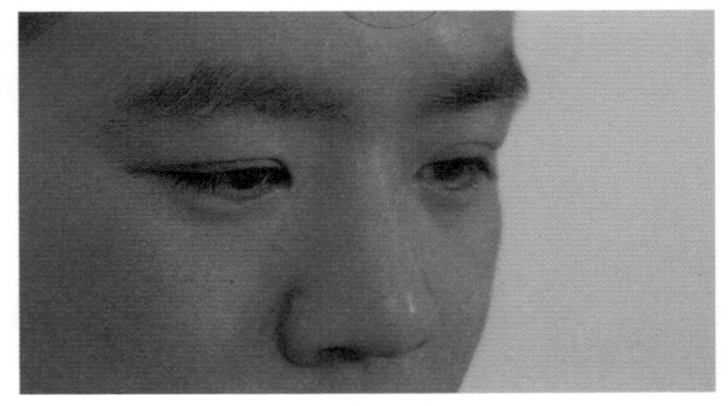

图 9-9

❷ 视线留白

视线留白是指人物的眼睛前方要留有一定的空间，这样观众会感到自然、舒适，如图9-10所示。

如果人物的眼睛前方没有留白，画面空间就会显得闭塞，会让观众失去安全感，产生一种随时都可能被袭击的感觉，如图9-11所示。视线不留白的构图常用来暗示失恋、被困、悬疑、恐惧等内容。

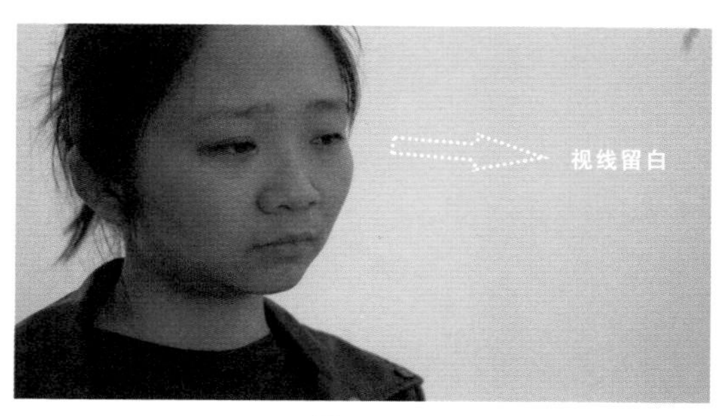

图 9-10

图 9-11

❸ 大面积留白

大面积留白指的是画面中留有大面积的单一色块，如图9-12所示。这样画面会更加简洁、有意境，同时更能激发观众的想象力。大面积留白构图常用来表现人物的孤单或其他独特的意境。

图 9-12

9.2.3 对比构图

对比构图就是通过对比的方式突出主体。有对比才会有冲突，才能更好地突出主体。常见的对比构图有虚实对比、大小对比、明暗对比、色彩对比、动静对比等。

❶ 虚实对比

虚实对比是指焦点在主体上，主体是实的、清晰的，焦点以外的环境是虚化的，如图9-13所示。观众第一眼看到画面时，视线会迅速聚焦在清晰的物体上，忽略被虚化的部分。

图 9-13

❷ 大小对比

改变拍摄角度和拍摄位置可以形成大小对比。物体在画面中的大小不同，给人的感觉是不同的。在画面中出现的人物或物体，其大小决定了它在画面中的重要程度。有时可以故意将人物和较大的物体放在一起，以表现人物的渺小、无力感，如图9-14所示。

图 9-14

❸ 明暗对比

人的眼睛总是习惯于看向较明亮的物体，如黑暗中闪闪发光的夜明珠、夜晚飞行的萤火虫、舞台上聚光灯下的演员等。较亮的地方通常能最先吸引观众的目光，并引导观众的视线，所以通过对光线强弱的控制来形成明暗对比，也可以突出主体，如图9-15所示。

图 9-15

❹ 色彩对比

主体颜色和环境颜色的区别明显，这样可以突出主体，产生强烈的视觉效果，如图9-16所示。

❺ 动静对比

动静对比是指主体运动而陪体或环境不动或陪体运动而主体不动，如驶离的地铁与静止的人，如图9-17所示。又如屋内的老人安静地坐着，屋外的孩子在开心地玩耍，二者也形成了动静对比。

图 9-16

图 9-17

9.2.4 对称构图

对称构图就是画面左右或上下对称，可以给人以稳定、庄严、和谐或呆板、压抑的感受。

❶ 左右对称

被摄主体处于画面中心，形成左右对称，如图9-18所示。许多古建筑在建造时都采用了对称构图，给人一种稳定、庄严、和谐的感受。

图 9-18

拍摄人物的正面近景时，也可以采用左右对称构图方式，但这样会让画面显得呆板，如图9-19所示。

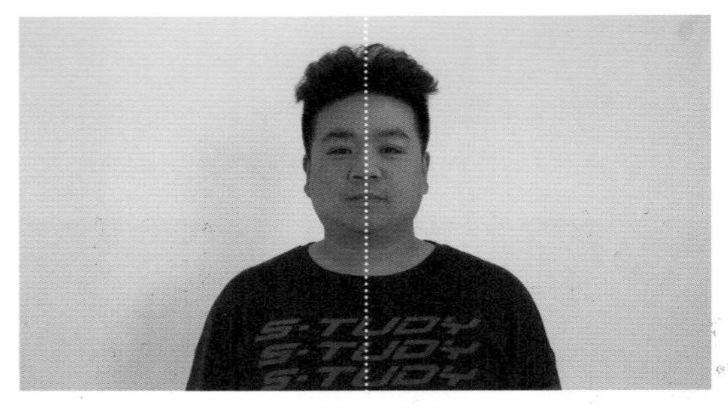

图 9-19

❷ 上下对称

以水面为前景拍摄人或建筑物时，画面下方通常会出现倒影，这样就形成了上下对称，由此得到的画面看上去干净、整洁，富有意境，如图9-20和图9-21所示。

图 9-20

图 9-21

9.2.5 线条构图

日常生活中的很多东西都是由线条组成的。线条可以指引方向，不同的线条会给人们带来不同的心理感受。

❶ 水平线构图

水平线构图指的是画面中有一条或多条与地面或水平面平行的线条，给人一种平衡、稳定、舒适的感觉，如图9-22所示。

图 9-22

❷ 垂直线构图

自然界中的很多物体都是垂直于地面的，如站着的人、森林中的树木、路边的建筑等。垂直的线条象征着挺拔、庄严、有力，如图9-23所示。在多个垂直物体的衬托下拍摄人物时，还可实现瘦身的效果。

图 9-23

❸ 曲线构图

曲线构图指的是被摄主体以曲线形式出现在画面中，其象征着柔和、浪漫、优雅，会给人一种非常美的感觉，如图9-24所示。

S形曲线构图指的是被摄主体以S形曲线出现在画面中，其作用是引导观众视线，突出主体。S形曲线构图如蜿蜒的小路、小溪等，可以给人带来优美、活泼的感觉，如图9-25所示。

图 9-24

图 9-25

❹ 斜线构图

把主体放在画面的对角线（这里说的对角线并不是严格意义上的对角线）上，可以最大化地利用画面空间，且会给人带来动感、活泼、延伸等感觉，如图9-26所示。

斜线构图常用来表现焦虑、紧张和被困的感觉，如图9-27所示。

图 9-26

图 9-27

❺ 辐射型构图

辐射型构图是向某个点聚拢或从某个点向外发散的构图方式。仰拍树林等，就可以得到聚拢的效果，如图9-28所示。

❻ 视线引导

视线引导就是通过画面内某些较长的物体，如一排栅栏、一条小路、一座小桥等，将观众的视线引向主体，如图9-29所示。这些物体可以引导观众从一个相对复杂的场景中找到主体。

引导线不一定是具体的线，也可以是一个有明显的方向性或延伸趋势的物体，如人物的视线。

图 9-28

图 9-29

9.2.6 形状构图

常见的基本形状有3种，即三角形、圆形、方形。可以通过这3种基本形状延伸出很多其他形状，这些形状可以通过很多方式形成。

❶ 三角形构图

三角形构图代表稳定，常用来表现建筑等，如图9-30所示。

图 9-30

在拍摄3人对话的场景时常用三角形构图，如一个人面对两个人，从两人之间过肩拍摄第三个人物，正面面对镜头的这个人好像被另外两个人从两侧包夹着一样。三角形构图常用来暗示一种侵略性，或者具有冲突的三角关系，如图9-31所示。

图 9-31

❷ 圆形构图

圆形构图也称环形构图，指的是画面中的主体呈圆形，具有移动、旋转、封闭、空洞的视觉效果，如图9-32所示。圆形构图常用来表现困惑、重复等。

❸ 方形构图

方形构图常用来表现门、窗等，给人一种庄严、稳定、固执的感觉，如图9-33所示。

图 9-32

图 9-33

9.2.7 框架式构图

框架式构图指的是在画面的4条边框里再增加一个内部框架，形成“框中框”的效果，让画面具有纵深感，如图9-34所示。这个内部框架可以放在前景，也可以置于后景。日常生活中随处可见各种方框、方格，如门、窗、隧道、走廊等，它们都可以作为内部框架，将观众的注意力迅速引向画面主体，并且还可以增加画面的深度。框架式构图常用来表现囚禁的主题，这里的“囚禁”可以是身体上的限制，还可以是精神上的束缚。

小提示

在实际拍摄中，切不可直接套用构图的基础法则，而应在熟练掌握这些基础法则的基础上，根据要表现的主体对画面元素进行创造性的安排，从而在服务内容的基础上让观众感到美好。

图 9-34

9.3 拍摄高度

根据拍摄高度，拍摄可分为平拍、仰拍、俯拍、顶拍、斜角拍摄。不同的拍摄高度会使被摄主体在画面中占的面积大小发生改变，或其与陪体、环境的关系发生改变，从而改变观众的心理感受。通常情况下，拍摄同一个人时，若从下往上拍，被摄主体就会显得很高大；若从上往下拍，被摄主体就会显得卑微、弱小。

9.3.1 平拍

平拍是指摄像机与被摄主体的眼睛在同一水平线上，与人们正常情况下观察世界的角度相同。平拍出的画面比较客观、稳定。另外，平拍人物时，可以表现一种平等的人物关系，如图9-35所示。

图 9-35

9.3.2 仰拍

仰拍指的是摄像机的位置低于被摄主体，朝上方拍摄。此时画面中被摄主体的大小和所占面积被放大，如图9-36所示。在这个拍摄高度观察到的人或物是非常有存在感或力量感的。

仰拍常用来表现一些英雄人物高大伟岸的形象。比较矮的人物可以通过仰拍拍摄出高个子、大长腿的感觉。此外，仰拍有时也用来表现反面角色。例如，可以采用极端一点的仰拍方式，把室外的天空或室内的天花板等后景简化，此时人物呈居高临下的状态，会给观众带来一定的心理压力，如图9-37所示。

图 9-36

图 9-37

小提示

仰拍运动的人物时，画面动感较为强烈，因为人物在画面中所占面积增大，所以画面内的动作幅度也会显大。

9.3.3 俯拍

俯拍指的是摄像机的位置高于被摄主体，朝下方拍摄。这时被摄主体在画面中所占面积缩小，就好像被“压”到地面上一样，被摄主体显得又矮又小，如图9-38所示。俯拍常用来表现被摄主体处于弱势或被攻击等情况，以及无助、绝望等情绪。

图 9-38

小提示

当然，有可能被摄主体被俯视仅仅是因为其所处的地理位置比摄像机低而已。另外，微微俯拍的方式会让人物鼻子和下巴的线条更好看。这种方式常用于自拍、直播、拍摄一些教学视频或 Vlog 等。

9.3.4 顶拍

顶拍是俯拍的极端形式，通常摄像机处于被摄主体的正上方，如图9-39所示。这种拍摄手法可以用来表现人物的弱小、无助。

图 9-39

小提示

顶拍能清楚地呈现人物的空间位置关系，具有极强的表现力。另外，由于这种视角不符合人们日常观察事物的习惯，所以其常用来表现一些重点或特殊事件，有时会用在视频的开头或结尾，以吸引观众注意，将观众带入或带出故事。

9.3.5 斜角拍摄

采用斜角拍摄手法时，一般会将摄像机向一边稍微倾斜，使其处于非水平的状态，然后通过环境的不稳定感给观众传达被摄主体紧张或不安的情绪，如图9-40所示。

图 9-40

小提示

斜角拍摄会让画面失去平衡感，使画面中的人物看起来像快要跌倒一样。因为不符合人们日常观察事物的习惯，所以这种镜头很容易吸引观众的注意力。斜角拍摄常用来表现醉酒、暴力、精神恍惚或丧失方向感等情境。

9.4 拍摄方向

拍摄方向可分为正面、前侧面、侧面、斜背面、背面。如果在画面中能清晰地看到人物的脸和眼睛，观众就会觉得亲密，反之观众就会觉得神秘。

9.4.1 正面

摄像机放在人物正面拍摄时，画面通常会显得很无趣，像新闻报道一样，但也会显得很真实，大多数Vlog或教学视频用的就是正面拍摄。人物面对观众，像在邀请观众进入他的世界一样，这样会使观众感觉自己与镜头中的人物比较亲密，如图9-41所示。

图 9-41

9.4.2 前侧面

摄像机放在与人物正面呈45°角的位置拍摄时，人物会显得更立体。这个角度通常是内反拍人物时最常用的拍摄角度，可以让观众清晰地看到人物的面部表情、动作，如图9-42所示。

图 9-42

9.4.3 侧面

摄像机放在与人物正面呈90°角的位置拍摄时，画面会缺乏空间透视感，通常观众只能看到人物的半边脸，如图9-43所示。眼睛是心灵的窗户，观众看不到人物的眼睛和完整的面部表情，就会与人物之间缺少亲密感。侧面拍摄常用来表示争吵、不信任、感情破裂等情况。

图 9-43

9.4.4 斜背面

摄像机放在与人物正面呈135°角的位置拍摄时，观众无法看到人物的面部表情，从而会产生一种神秘或窥视的感觉，如图9-44所示。如果把摄像机往人物所在的方向推，斜背面镜头看上去就是一个过肩镜头。

图 9-44

9.4.5 背面

摄像机放在人物背后拍摄时，观众完全看不到人物的脸和眼睛，因此也感受不到人物内心的真实想法或感受，如图9-45所示。这种镜头会给人以神秘或不友善的感觉。人物在走廊里朝前运动，摄影师手持摄像机在人物背后跟拍，呈现的效果是好像有人准备偷袭人物一样，这样会产生比较恐怖的视觉效果。

图 9-45

9.5 构图工具

构图工具可将某种情绪可视化。根据不同的画面内容，构图时使用一些道具可以得到意想不到的效果。

9.5.1 镜子

镜子是很多视频创作者常用到的构图工具。镜子可以让空间显得更为广阔，还能起到视觉隐喻的作用。

❶ 单人拍摄

一个人背靠镜子的构图方式，常用来表达忧郁、孤单等情绪，如图9-46所示。

一个人面对镜子时，若采用过肩拍摄方式就会得到一个外反拍镜头，人物像在和自己对话，观众透过镜子可以感受人物的内心世界，如图9-47所示。这种构图方式有时也用来表示人物具有双重人格，或人物内心与现实矛盾。

图 9-46

图 9-47

❷ 双人拍摄

当镜头中有两个人物时，人物一前一后面对着镜子，观众会更加注意前景中的人物。如果想让后景中的人物也引起观众的注意，可以将前景中的人物虚化，或者让后景中的人物处于画面中间，如图9-48所示。让前景中的人物出现在画面的两边，后景中的人物处于画面中间，这样的取景方式通常用于表现两人有争执或矛盾的情境。

两个人面对面，采用内反拍方式拍摄背对镜子的人，另一个人则从镜子里反映出来。这种取景方式常用来表现两人面和心不和或者将要发生肢体冲突等情景，如图9-49所示。

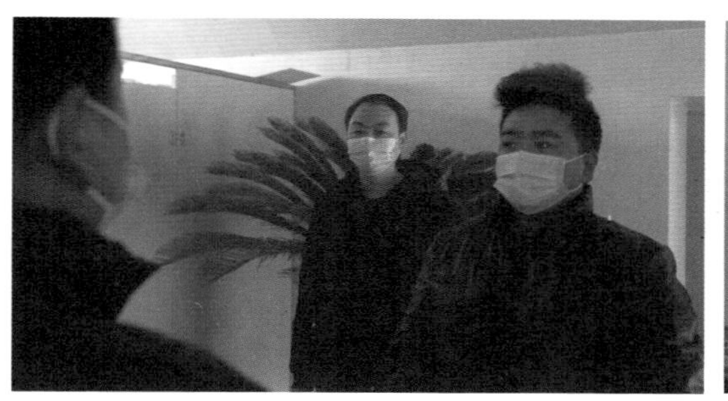

图 9-48

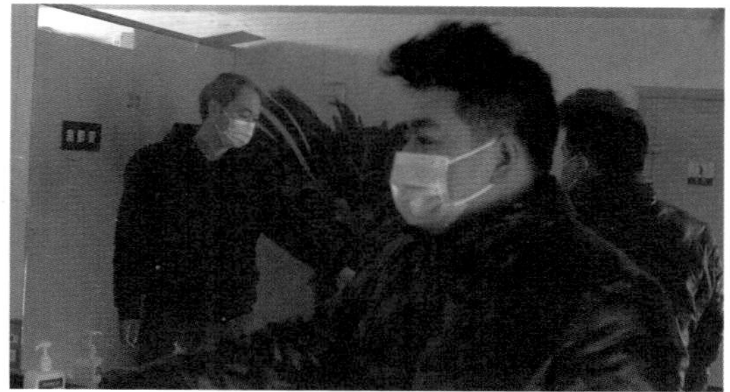

图 9-49

9.5.2 门窗

门窗通常被当作某种有待突破的障碍。视频创作者常用门窗框架表现封闭、围困或冲突等情景。在表现两人的关系时，尤其是在对话场景中，通常用一个人在门内，另一个人在门外，门框把两人隔开的取景方式，来表示两人之间存在矛盾，如图9-50所示。

设计镜头时有时会故意把窗户线条、门边、墙边等放在两人中间，以制造一种隔阂感，如图9-51所示。

图 9-50

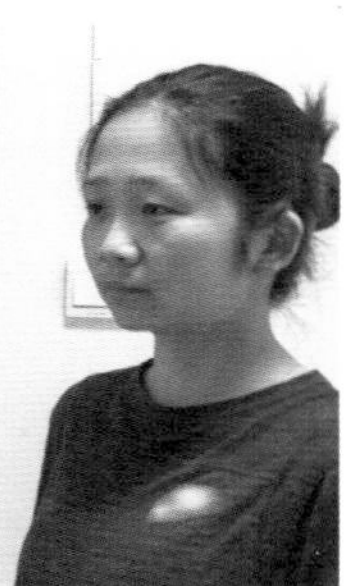

图 9-51

小提示

借助门、窗等道具有时还能营造一种恐怖的氛围，如夜晚风吹过门窗发出吱吱声，或者镜头缓缓地推向门后等。

9.5.3 玻璃

玻璃是视频创作者常用的构图工具，常用来表示某种隔阂。玻璃也常用来暗示人物陷入困境或面对现实情况时产生的无力感。透过玻璃拍摄外面的行人或雨滴，观众很容易被带入设计好的情境，如图9-52所示。

透过玻璃拍摄物体有时也给人以窥视的心理感受。透过玻璃拍摄人物时，玻璃会形成一个内部画框，观众透过玻璃看人物就像日常透过窗户望向窗外一样。玻璃在夜晚还具有反射影像的作用。一个人晚上在窗户前打电话时，摄像机从他的背面向前拍摄，他的正面会通过玻璃呈现出来，观众可以看到他的表情变化，尤其是当镜头缓缓地推向玻璃，景别越来越小的时候，观众会将注意力放在人物的面部，尝试进入他的内心世界，如图9-53所示。

图 9-52

图 9-53

9.5.4 障碍物

如果将人与人之间的隔阂具体化，就可以用一个真实的障碍物把两人隔开，如图9-54所示。这个障碍物可以是桌子、椅子、门、窗户、墙、柱子、书架、围栏等，从而凸显两人之间的矛盾。

图 9-54

小提示

有时障碍物可以用来提高观众的期望值，撩拨观众的心弦。例如，通过马路、车辆等障碍物让一对许久未见的恋人错过相见，这样能让观众的情绪得到积累，从而在两人相见时得到释放。

9.5.5 勘景软件

在拍摄前经常需要实地勘景，以确定场景是否适合、摄像机该放在哪个角度、使用什么镜头，以及取什么景别。如果带着各种拍摄设备去勘景比较麻烦，一款导演级的勘景软件Cadrage可以帮创作者解决这些问题，其下载界面如图9-55所示。

这款软件可以模拟任何相机、镜头的视觉效果。也就是说，创作者在这款软件里可以直接选择不同的相机和焦段，以预先确定精确的构图，拍摄所使用的参数会清晰记录在图片和视频中，如图9-56所示。目前这款软件只有苹果手机可以下载，并且是收费的。

图 9-55

图 9-56

9.6 视觉心理

构图是为了迎合人的视觉心理。影响视觉心理的主要因素有主体在画面中的位置、所占的面积等。好的构图可以让观众主动参与对画面内容的解码，减少对对白的依赖。

9.6.1 主体位置

构图基于画面的4条边框，主体会被安排在边框内部的中央、上部、下部、边缘等不同区域。不同区域具有不同的意义，并且会给观众带来不同的心理感受。

图 9-57

❶ 中央

很多人拍照时经常会把主体放在画面中央，这样看起来比较稳定、和谐。拍摄视频时同理，通常主体会被放在画面中央，使得观众在看到画面的一瞬间就可以注意到主体，如图9-57所示。

❷ 上部

画面上部一般象征着权力、威望、力量等，构图时被安排在这个位置的人物好像控制了画面中的一切。表现权威人物时常按这种布局拍摄。在塑造英雄人物形象时，画面上部常用来营造一种神圣的气氛。将主体安排在画面上部有时也可表示威胁，如图9-58所示。

图 9-58

❸ 下部

画面下部通常象征服从或软弱，被安排在这个位置的人物具有从属、脆弱等特点，如图9-59所示。

图 9-59

❹ 边缘

边缘远离画面中央，显得不重要，其常用于表现受到忽视、挤压、排斥等情景，处于边缘的人物也会显得渺小而无力，如图9-60所示。

图 9-60

9.6.2 空间区域

人和动物一样是具有领域性的。例如坐地铁时，空荡的车厢里只有A一个人，B上车后特意选择A的邻座，如果两人不认识，A就会感觉自己的领域受到了侵犯，这种感觉来源于人的本能反应。如果自己的领域被侵犯，人就会感到压抑、紧张，甚至会发生暴力行为。

根据人对不同空间的不同感受，在拍摄恐怖片时，选择的场景往往是比较狭小的厕所或者浴室，如图9-61所示。因为空间小，所以主角无处藏身，其恐惧情绪就会被放大，从而更容易让观众感同身受。

大小不同的空间具有不同的意义。强调两个人之间存在敌意时，可以将两个人分别放置在画面两侧，在画面中间留出很大的空间，从距离上表现冲突，如图9-62所示。

在双人或多人构图中，一个人所占空间的大小能体现其在画面中的重要性，一般越重要或越强势的人占据的画面空间就越大，如图9-63所示。有时一个强势的人侵入另一个人的空间后，其所占画面空间也会较大。

图 9-61

图 9-62

图 9-63

9.7 其他构图方式

封闭式构图比较舞台化，开放式构图比较写实，它们可以给观众提供不同程度的参与感，使观众与银幕中的人物建立亲密关系。平衡构图与不平衡构图给人的视觉心理感受不同。

9.7.1 封闭式构图

封闭式构图也称规则构图，是古典主义绘画所遵循的构图原则。在封闭式构图中，画面是一个整体，主体、陪体、背景等需一应俱全，且画面布局合理，具有美感。采用封闭式构图拍摄时需用一些东西把画面圈起来，不让它们与外界产生关联，这样将不会引发观众对画面外东西的联想。这时画面就如一个完整的小天地，所有的信息都被仔细地安排在画框内，如图9-64所示。封闭式构图通常会为了美感而牺牲真实性。

图 9-64

9.7.2 开放式构图

开放式构图也称不规则构图。在开放式构图中，画框所选取的内容通常是某个场景或事物的局部，让人感觉画面内容好像不是刻意安排的。开放式构图用这些场景或事物的局部暗示观众注意画面外的信息，以激发观众的想象力，如图9-65所示。

图 9-65

9.7.3 平衡构图

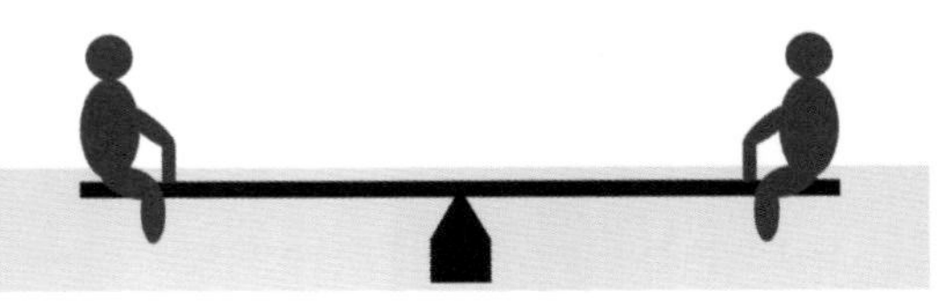

图 9-66

平衡构图中的“平衡”指的是视觉心理上的平衡，即以均衡为原则对画面中的景物，包括主体、陪体与背景等进行合理安排，传达稳定、有序、平等的感觉。这就好比玩跷跷板，当位于两端的人的重量差不多的时候，跷跷板就会达到平衡，如图9-66所示。

一个与平衡相关的词是重量，这里主要指事物在视觉上所占的重量。重量只有平均分配，才会让画面达到平衡。通常画面上部的重量要大于其他地方。视线聚焦的画面区域重量较大，人物看向右边，画面右边成为视线聚焦的区域，其在视觉上占的比重与画面左边的人物形成了一种平衡，如图9-67所示。

图 9-67

9.7.4 不平衡构图

不平衡构图是指画面中某个部分的视觉重量明显大于其他部分。这种构图会引起观众心理上的不适，常用来表现强烈的情绪、混乱的事件、故事中有一个偏执的人物等情况。例如，人物在画面右侧且看向右侧，画面左侧则留出一大块空白，这样的画面会使观众产生强烈的不平衡感，如图9-68所示。

图 9-68

小提示

不平衡构图会让观众的注意力集中在画面的一边或者一个角落。例如，一个人坐在一条长椅的一边（也在画面的一边），而长椅的另一边是空的，让人感觉这个人好像在等待另一个人，这就是画面中物体重量的不平衡。不平衡构图的画面中各事物的视觉重量往往是由其大小、位置、色彩、亮度等属性决定的。

9.8 视觉连续

视觉连续就是通过建立上下镜头之间的关系保证视觉的连续性。视频中的人物和摄像机在多数情况下都在不停地运动，构图会在运动中不断被打破并被重新安排。

9.8.1 单镜头叙事

单镜头叙事和拍照一样，需运用多种技巧表达一个主题。例如，用一个镜头表现暴力场面时，可以用“仰拍+特写+斜角拍摄+强烈的明暗对比+不平衡构图”的技巧组合，如图9-69所示。此外，再加上合适的音效、急速的对白更能凸显主题。

表现恐怖的场面时，可以用“俯拍+广角镜头+狭小的卫生间+斜角拍摄+昏暗的光线+不平衡构图”的技巧组合，如图9-70所示。此外，再加上恐怖音效、手持运镜等，画面所展现的效果更能直击人心。

图 9-69

图 9-70

9.8.2 多镜头组合

根据库里肖夫效应，多镜头组合可以产生新的含义、更好地表达主题。在运用多镜头组合时，为了让镜头的衔接更加流畅，在上个镜头的落幅处和下个镜头的起幅处要通过位置匹配、视线匹配、运动匹配等方式保证视觉的连续性，以形成一种构图连贯的配合关系，如图9-71所示。以位置匹配为例，在镜头1的落幅处人物在画面左边，在镜头2的起幅处人物也应在画面左边，这样镜头的转换会更流畅。

图 9-71

小提示

构图时尤其需要注意上下镜头中视觉中心的位置不宜变化过大。当镜头切换时，视觉中心得到快速确定或转移，可以优化观众的观看体验，使观众更容易理解画面主题。但如果画面混乱，我们就可以不用考虑视觉的连续性，反而可以利用视觉中心位置的不匹配更好地表达主题。例如，上个镜头中视觉中心在画面上部，下个镜头中可能在画面下部，在第 3 个镜头中可能在画面中央。这样的安排好像导演在观众耳边说：“快看这儿，看那儿，还有那儿。”我们需要根据具体内容合理安排构图形式。

9.9 竖屏思维

随着智能手机的普及和移动互联网的飞速发展，很多人已经习惯于用竖屏方式观看视频。视频创作者必须具备竖屏思维，这样才能更好地吸引观众。

9.9.1 竖屏的特点

在影像发明后的100多年中，其构图主要以横屏为基础，这是因为横屏更符合人们双眼对称排列的生理特点。而手机端的竖屏视频由于其高度大于宽度，所以比较适用于表现垂直方向上的运动和纵深运动，或者处于直立状态的人物。用竖屏拍摄人物正面时，相比于同等景别的横屏拍摄，人物在画面中占据的面积更大，容易给观众带来一定的视觉冲击。此外，竖屏构图时，人物头部多处于画面上部，其头部和眼睛更为突出，观众也更容易了解人物的内心世界，如图9-72所示。采用竖屏方式拍摄的画面会让观众感觉更为真实、更有代入感。竖屏构图适合用来拍摄记录性、直播式、生活化的镜头。

图 9-72

小提示

竖屏画面更适合在手机端观看。此外，由于竖屏画面较小、较窄，单幅画面可传达的信息量有限，所以其更适用于节奏快的短视频。

9.9.2 构图原则

横屏构图的一些原则也适用于竖屏构图，如三分法则，即将人物的眼睛放置在上面的线条处，画面会显得更加平衡，字幕则可以放置在下面的线条处，如图9-73所示。

如果视频需要在某个平台上发布，则一定要注意视频发布后的构图。如果在抖音上发布短视频，画面的视觉中心应尽量放置在画面中间稍微靠左上的位置。通常一个已经在抖音上发布的短视频的下边、右边会显示关注、点赞、用户名、标题等信息，如图9-74所示，设计内容时要防止画面的关键信息被这些信息遮挡。

采用“竖屏构图+广角镜头+仰拍”的方式拍摄人物全景时，由于屏幕较窄，可以起到挤压、塑形的作用，且广角镜头造成的边缘畸变会显得人物的腿更长，人物看起来会更高，如图9-75所示。

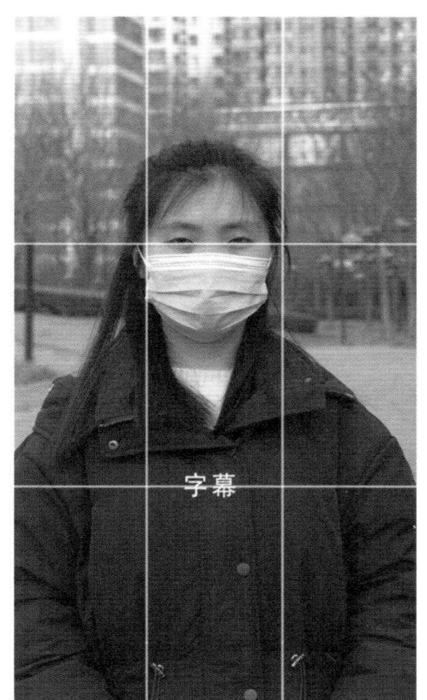

图 9-73

图 9-74

图 9-75

小提示

不管横屏构图还是竖屏构图，构图的原则都是简洁、有主体、有主题。

拓展训练

（1）尝试从不同角度拍摄同一物体。

（2）使用不同构图工具辅助构图。

（3）掌握单镜头叙事的方法。

（4）感受竖屏拍摄和横屏拍摄的不同。

工具使用技巧

本章概述

拍摄离不开各种工具，好的工具只有在懂它的人手中才能发挥应有的作用。例如，拍摄不同的内容要选择不同的镜头，不同的镜头对画面的透视关系、物体的运动速度、人物的内心情绪等会产生不同的影响。拍摄用的工具主要有三脚架、滑轨、稳定器、摄像设备等。这些工具通常需要相互配合才能使画面具有更好的视觉效果。本章将带大家了解拍摄视频时常用的工具及其使用技巧。

知识索引

三脚架　滑轨　稳定器
拍摄设备　镜头　正确曝光
参数设置　认识景深　广角镜头
长焦镜头

10.1 三脚架

如果一个视频的画面一直是摇晃的，很容易使观众产生视觉疲劳。三脚架能解决画面不稳定的问题，是视频拍摄必备的工具之一。

10.1.1 种类选择

三脚架的种类很多，如图10-1所示。在不同的拍摄情况下应选择不同的三脚架。拍摄角度极低的镜头或者放在桌子上拍摄时，高的三脚架可能就不太合适，而需要矮一点的三脚架，如图10-2所示。

有时相机的镜头很重，为了防止重心不稳，需要使用一个较重的三脚架，如果三脚架太轻就有可能摔坏相机。所以在选择三脚架时需注意它的材质、高度及稳定性。常见的材质有铝合金和碳纤维，尽量不要选择塑料的；至少要配备一高一低两种三脚架，两者可以相互配合使用，这样低角度仰拍、平拍、高角度俯拍都可以顾及。稳定性主要取决于3条支撑腿的粗细及重量。不建议选择重量过轻的，因为遇到大风天气或使用长焦镜头时，相机和镜头很容易摔倒。较高的三脚架如图10-3所示。

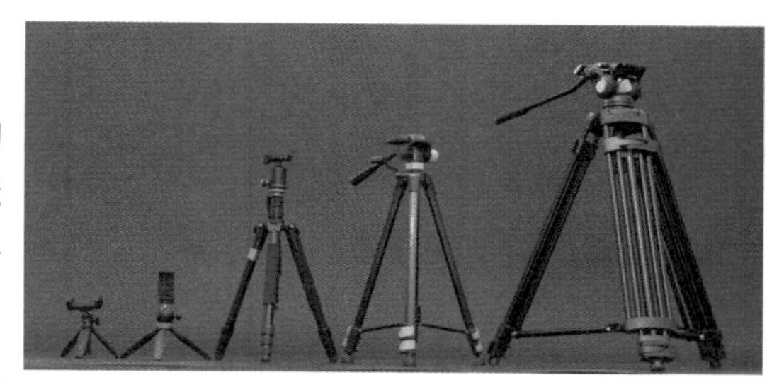

图 10-1

图 10-2

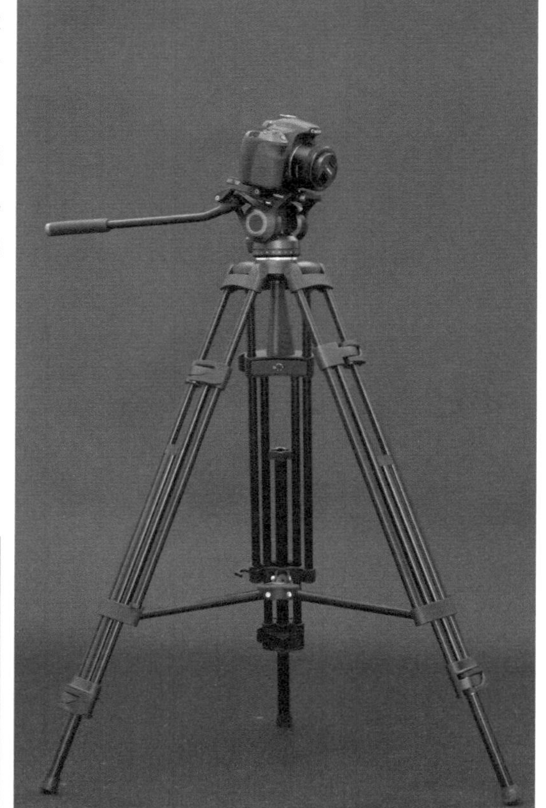

图 10-3

10.1.2 云台

云台是连接摄像机与三脚架的装置，一般在购买三脚架时都会配有云台。球形云台一般不适用于摄像，因为它在摇镜头的时候会不平稳。尽量选择液压云台。球形云台和液压云台如图10-4所示。液压云台带有一个手柄，手柄可以左右、上下摇动。购买时一定要测试手柄左右、上下摇动是否流畅、顺滑，否则在甩镜头的时候云台可能会出现故障。

云台上方连接摄像机的装置叫作快装板。有些云台不支持使用单反相机或微单相机拍摄竖屏视频，这时需增加一个L形竖拍板。先把单反相机或微单相机安装在L形竖拍板上，然后将L形竖拍板与快装板连接，再将快装板连接至云台，如图10-5所示。

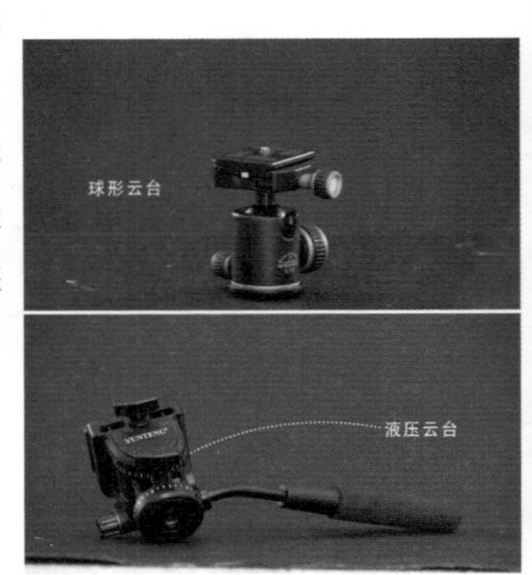

图 10-4

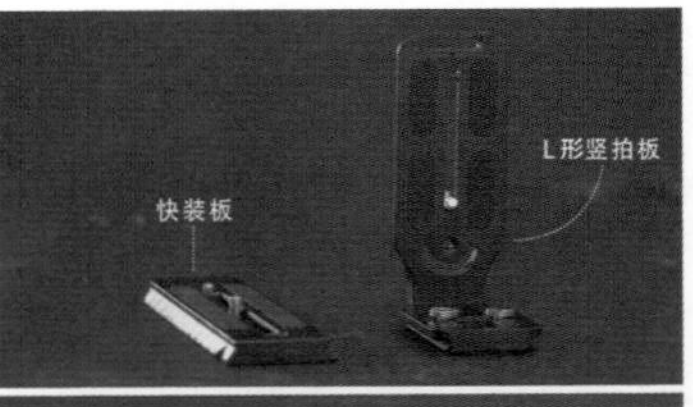

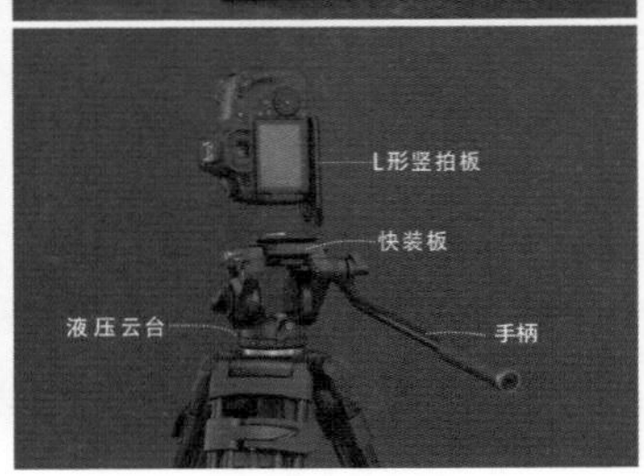

图 10-5

10.1.3 基础用法

拍摄时可以根据具体拍摄需求调节三脚架的高度。拍摄前一般会将三脚架调至水平状态。判断三脚架是否处于水平状态，可以看三脚架上的水平仪，水平仪里面装有液体，并有一个小气泡。当摄像机处于水平状态时，小气泡会位于水平仪的中心处。如果小气泡不在水平仪的中心处，则说明摄像机未处于水平状态。水平仪状态如图10-6所示。也可以直接通过摄像机中的水平线判断摄像机是否水平，如图10-7所示。如果摄像机不是水平的，可以调节三脚架的支撑腿，也可以微调云台。

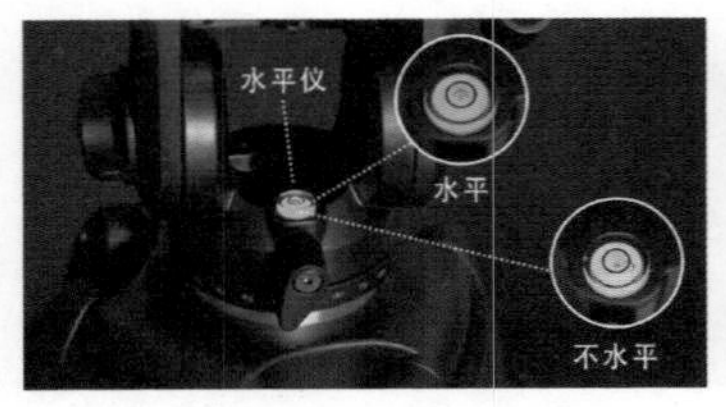

图 10-6

图 10-7

除了固定拍摄外，还有一种常用的拍摄方式是摇甩镜头。除此之外，还可以进行短距离的运镜，如收起三脚架的一条支撑腿或手握对焦环，就可以前推或后拉摄像机进行拍摄，如图10-8所示。

当把摄像机和快装板朝同一个方向安装时，扭动云台手柄可以进行一些斜角镜头的拍摄。但是如果摄像机和快装板的安装方向是垂直的，则不能进行斜角镜头的拍摄。

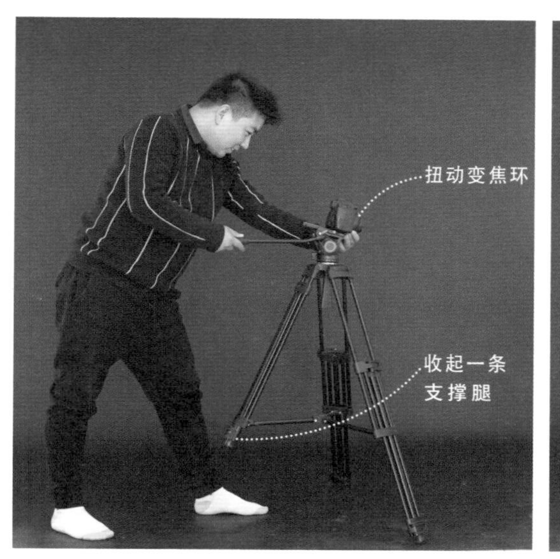

图 10-8

10.2 滑轨

滑轨是低成本拍摄中稳定地移动摄像机时比较常用的工具。滑轨越长，摄像机的可移动范围就越大，常见的滑轨长度有60cm、80cm、100cm、120cm、150cm等。

10.2.1 横向移动

将滑轨放置在和被摄主体等高的位置，打开滑轨上的锁扣，手扶滑轨上的云台即可平稳地移动摄像机；当被摄主体的位置较高时，滑轨常和三脚架配合使用，如图10-9所示。

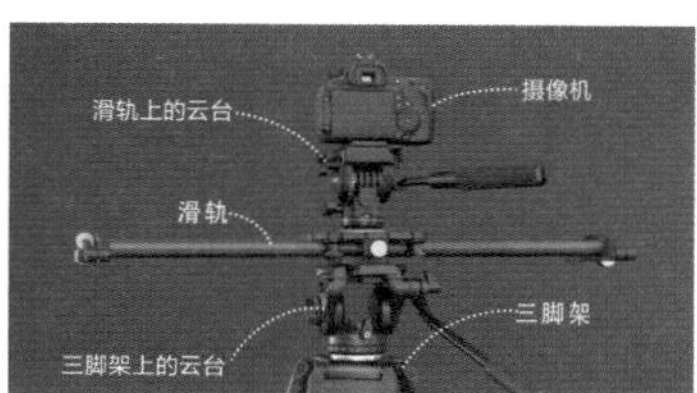

图 10-9

10.2.2 前后推拉

将滑轨一端朝着被摄主体放置，可以推拉摄像机进行拍摄，如图10-10所示。

图 10-10

10.2.3 倾斜拍摄

倾斜并锁定三脚架上的云台，滑轨就可以形成一个坡度。这时可以配合球形云台进行倾斜拍摄，如图10-11所示。

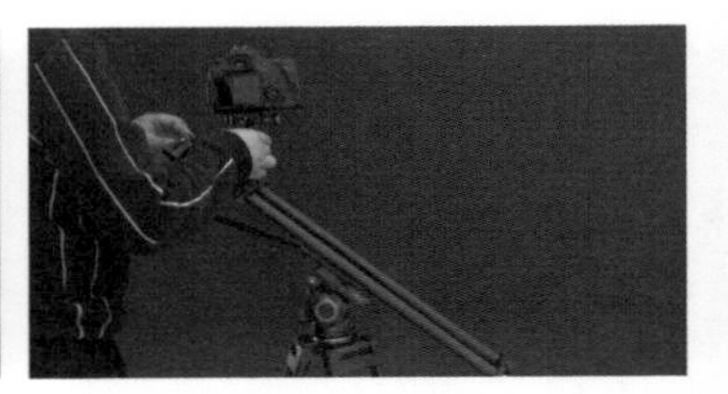

图 10-11

10.2.4 垂直升降

通常把三脚架上的云台垂直降到最低，然后锁定，并且使云台一侧三脚架的一只支撑脚微微降低，就可以垂直拍摄一些升降镜头，如图10-12所示。

图 10-12

10.2.5 摇臂效果

将摄像机锁定在滑轨的一端，一只手扶着滑轨上的云台手柄，另一只手扶着滑轨的另一端，配合三脚架可模拟采用摇臂拍摄升降镜头的效果，如图10-13所示。

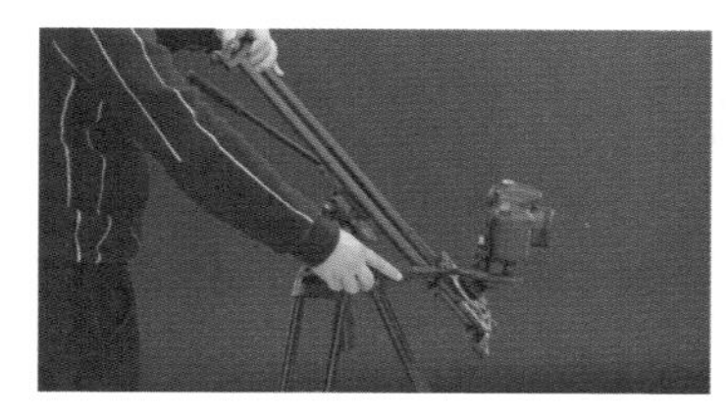

图 10-13

10.3 稳定器

稳定器的作用是提高画面的稳定性，因为平稳的画面才会让观众在视觉上感到舒适。

10.3.1 手机稳定器

在使用稳定器拍摄之前，通常需要先调节稳定器的平衡，以减小稳定器上的俯仰轴电机和横滚轴电机的功率，从而减少电消耗。通常还需要下载一个App连接手机和稳定器，如智云稳定器的ZY Play。图10-14所示为ZY Play的操作界面，具体的操作方法可以观看本书配套的视频课程。

图 10-14

智云SMOOTH 4稳定器的结构如图10-15所示。

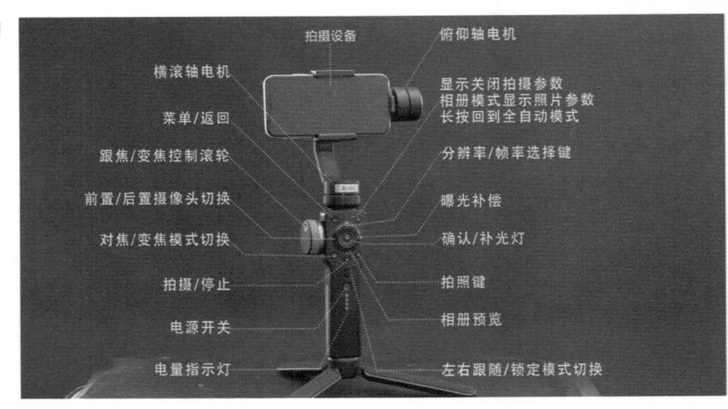

图 10-15

10.3.2 相机稳定器

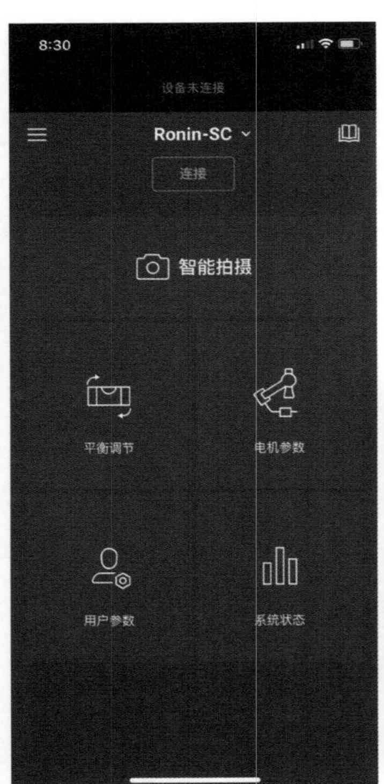

图 10-16

相机稳定器的调节方法比手机稳定器要复杂一些，不过同样要先在手机上下载一个App。以大疆如影SC为例，可先下载Ronin App，选择稳定器型号，点击连接，然后根据Ronin App的提示进行操作，如图10-16所示。

大疆如影SC稳定器的结构如图10-17所示。

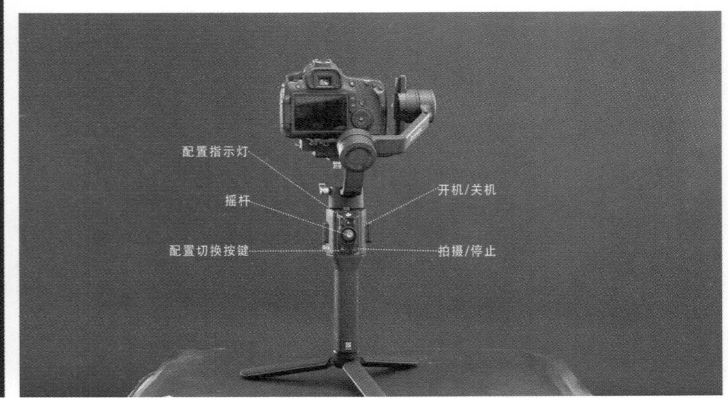

图 10-17

10.3.3 使用姿势

使用时尽量双手握住稳定器的手柄，并且双臂收拢，如图10-18所示，这样可以减轻走动时颠簸造成的晃动。

双腿微微弯曲，将重心放低，小步慢移。向前走时脚跟先缓缓落地，向后退时脚尖先缓缓落地，如图10-19所示。另外，无论拍摄什么镜头，都要尽量保证手腕不晃，尤其是在稳定器较重时，手腕晃动容易造成机器的抖动，所以尽量用手臂控制拍摄角度。

图 10-18

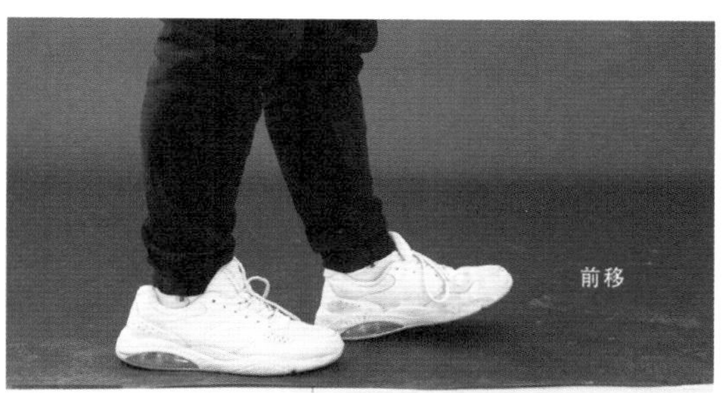

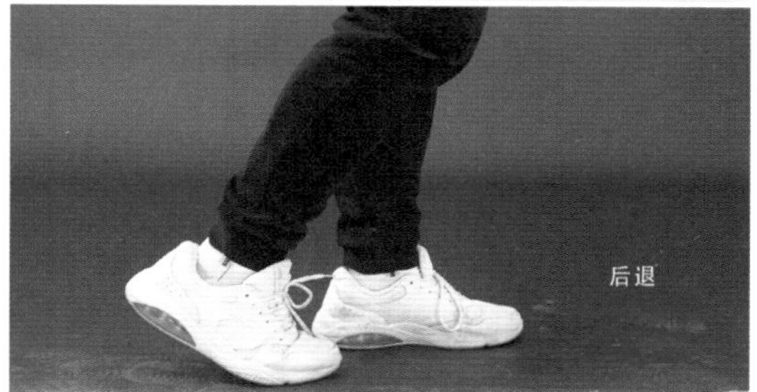

图 10-19

小提示

推拉跟拍是常用的拍摄手法。拍摄时应尽量保证镜头在一条水平线上移动，不可忽高忽低；并且应尽量匀速拍摄，不要忽快忽慢。如需要快速或慢速的效果，可以后期在软件中调节。

10.3.4 练习技巧

稳定器的使用是需要勤加练习的，只有经过大量的练习，真正拍摄的时候才能运用自如。

❶ 推拉和横移

找一根绳子，把绳子拉直放在地上，顺着绳子进行前推或者后拉练习，拍摄时将绳子置于画面中间，不得偏左或偏右。熟练之后，可以横移拍摄绳子，绳子与稳定器运动路径均为一条水平线，拍摄时绳子稳定地处于画面中间，不偏上或偏下。横移和推拉拍摄的画面效果如图10-20所示。

图 10-20

❷ 环绕拍摄

在三脚架上放一个物体，然后手持稳定器围绕三脚架进行拍摄，如图10-21所示。拍摄时该物体一直处于画面中心，且镜头移动速度均匀。

图 10-21

小提示

稳定器还可以用于升降拍摄、旋转拍摄等，这在本书配套的教学视频中有详细讲解。

10.4 拍摄设备

随着时代的发展，拍摄设备更加轻便，更加多样化。大家可以根据自己的需求和经济情况选择合适的拍摄设备。常见的拍摄设备有手机、运动相机、单反相机、微单相机等。

10.4.1 手机

手机可能是大家平时用起来较为方便的拍摄设备。如果对画质要求不高，完全可以用手机拍摄。拍摄视频时可以使用手机自带的相机或者使用第三方App辅助拍摄。

❶ 自带相机

手机一般自带相机，基本可以满足大多数拍摄需求，如拍摄高清视频、延时摄影、拍摄慢动作等。再配合稳定器、手机外置镜头等设备，也能达到不错的拍摄效果。手机与手机外置镜头及自带相机的操作界面如图10-22所示。

图 10-22

❷ 第三方 App

Filmic Pro是一款可以用来拍电影的App，同时支持Android和iOS系统。它需付费使用，可以像单反相机一样调节一些参数，如图10-23所示。

小提示

各平台上的很多微电影都是使用这款 App 拍摄的，创作者在拍摄时需锁定焦点，调节好参数，配合稳定器使用。这款 App 的具体使用方法请看本书配套的教学视频。

图 10-23

10.4.2 运动相机

运动相机一般小且轻，在拍摄一些运动镜头（如滑雪、滑冰、跑步等）时使用，其优势是方便携带。运动相机及其与单反相机的大小对比如图10-24所示。

图 10-24

10.4.3 单反相机和微单相机

单反相机和微单相机的机身和镜头是可以分离的，机身在很大程度上决定了成像质量。单反相机的机身偏厚、偏大，微单相机的机身更小、更轻，如图10-25所示。

感光元件是相机的重要组成部分，它是将光信号转换成电信号的一种装置，决定着成像质量。感光元件上有成千上万个成像单元，这些成像单元被称为像素。像素越高，成像质量越好。手机也有感光元件，但是相对于相机来说，手机的感光元件较小。购买单反相机或微单相机时，关键要考虑感光元件的尺寸。高端的专业相机通常使用全画幅CMOS，入门级的相机多使用APS-C画幅CMOS，它们的主要区别就是感光元件的尺寸不同。感光元件在相机内部的位置及全画幅CMOS与APS-C画幅CMOS的对比如图10-26所示。

图10-25

图10-26

小提示

大家应根据自己的经济情况选择相机。如果为选择什么品牌而犹豫，建议参考自己朋友购买的相机品牌，可以和朋友购买相同品牌的相机，以便互借镜头。

拍摄设备只是一个工具，拍摄视频的好坏主要取决于创作者通过动态视角讲述故事的能力。

除机身外，内存卡的选择也很重要。内存卡通常大约每3分钟会产生1GB的数据量，所以需要用传输速度较快的内存卡。质量不好的内存卡在拍摄长镜头时容易导致镜头中断，或者导致视频断断续续的，出现掉帧的情况。两款常用的内存卡如图10-27所示。

图10-27

10.5 镜头

镜头是相机的重要组成部分，它对视频的氛围和最终呈现的效果有很大的影响。镜头的种类很多，如广角、定焦、长焦等。我们应该如何选择一只最适合自己的镜头呢？

10.5.1 认识焦距

一束平行的光线穿过镜片后会聚集到一个焦点上，从这个焦点到镜片中心的距离就是焦距，如图10-28所示。焦距的单位为mm。焦距的长度直接决定了镜头的视野、画面的景深和透视关系。通常焦距越小，拍摄范围越宽；焦距越大，拍摄范围越窄，如图10-29所示。

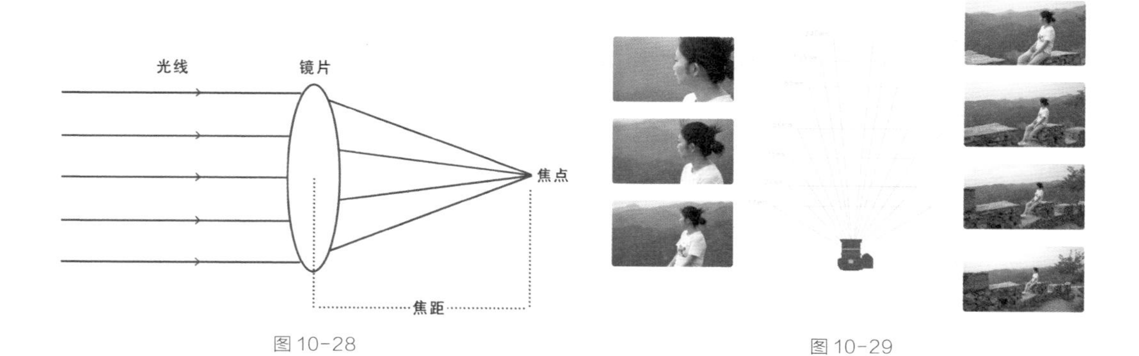

图 10-28

图 10-29

保持人物站立不动且景别相同，改变焦距，画面的透视关系及人物与背景之间的距离会发生变化，如图10-30所示。

根据焦距是否可变，镜头可分为定焦镜头和变焦镜头两类。根据焦距所处的范围，镜头可分为广角镜头、标准镜头、中焦镜头、长焦镜头，但这些镜头的焦段并不固定。

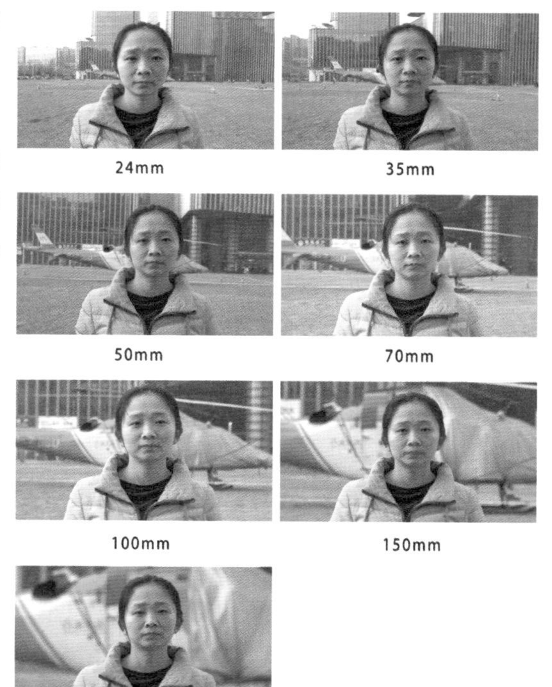

图 10-30

10.5.2 定焦镜头

定焦镜头指焦距固定的镜头。一般镜头上会有一个对焦环，如图10-31所示，扭动它可以让焦点变得清晰或虚化。定焦镜头的优点是便宜、光圈大。光圈大意味着可以在光线较暗的环境中使用，或者用来拍摄背景、前景较为模糊的画面。

图 10-31

50mm的定焦镜头是标准镜头，用标准镜头拍摄的画面自然、不夸张，最接近人们在日常生活中用肉眼看到的画面。初学拍摄的朋友应准备一只标准的定焦镜头。

相机的感光元件大小不同，导致标准镜头放在不同的机身上会有不同的视角。例如，将一只50mm的定焦镜头放在一台全画幅相机上，用它拍摄的画面就是用50mm的焦距拍摄的画面；如果将其放在半画幅相机上，用它拍摄的画面相当于焦距为85mm左右的镜头在全画幅相机上拍摄的画面。同样的场景、拍摄距离、镜头，用APS-C画幅的相机拍摄的画面和用全画幅的相机拍摄的画面是不一样的，如图10-32所示。

图 10-32

10.5.3 变焦镜头

变焦镜头指焦距可以在一定范围内自由变化的镜头。变焦镜头具有很好的灵活性。购买相机时配备的标准配置的镜头通常会涵盖广角、标准及长焦部分。变焦镜头上有一个变焦环和一个对焦环，如图10-33所示。调节变焦环可以改变焦距，微调对焦环可以使画面变得清晰或模糊。

图 10-33

10.5.4 光圈

光圈是镜头内控制光线进入相机量的一种装置，就像窗帘一样，拉开得多，进入房间的光线就多，拉开得少，进入房间的光线就少。常用的光圈值有F/1.4、F/2、F/2.8、F/4、F/5.6、F/8等。最大的光圈值往往会标注在镜头前端，如图10-34所示。

在焦距固定的情况下，光圈值越小，实际进光量越多，画面越亮。光圈值越小的镜头价格通常越高，尤其是变焦镜头，并且变焦镜头的光圈会随着焦距的变化而变化。而大光圈的定焦镜头则相对较便宜。光圈值和光圈大小的关系如图10-35所示。

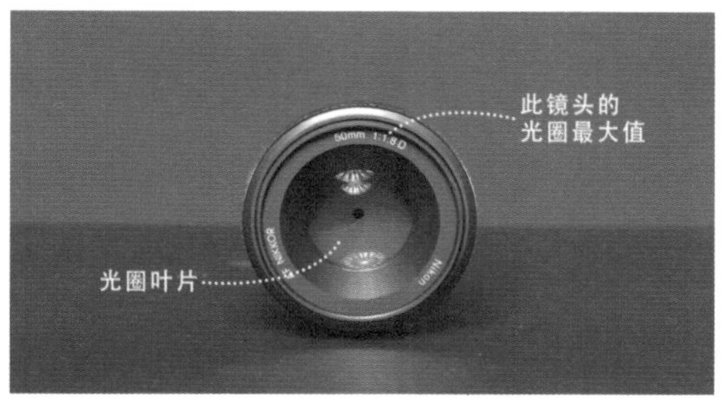

图 10-34

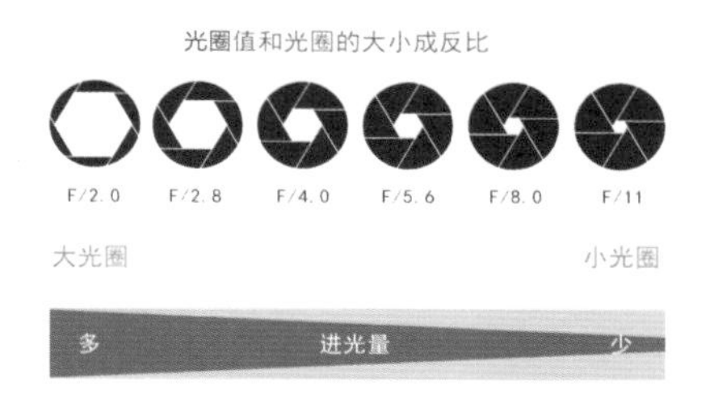

图 10-35

大光圈适合在弱光环境下使用。光圈越大，背景越模糊，景深越浅。当用F/1.4的镜头拍摄人脸时，人物的鼻子很清晰，耳朵却很模糊。拍摄背景比较杂乱的房间时，可以使用大光圈使背景虚化。两个例子的效果如图10-36所示。大光圈非常适合在低成本拍摄时使用。

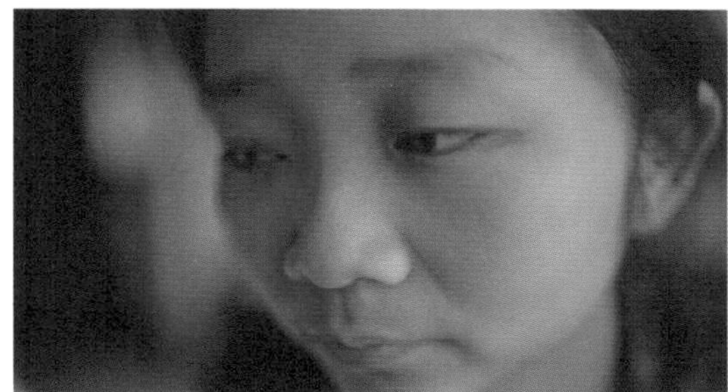

图 10-36

光圈值越大，实际进光量越少，画面越暗，同时背景越清晰。光圈值为5.6的画面比光圈值为20的画面更亮，如图10-37所示。

图 10-37

小提示

大家应根据自己常拍摄的内容选择不同的镜头。常拍摄风景，可以选择广角镜头；常拍摄人像，可以选择标准镜头。如果想要背景模糊，可选择大光圈的定焦镜头。需注意，不同品牌相机的镜头卡口不同，购买时一定要了解清楚。

10.6 正确曝光

正确曝光可以获得清晰的画面细节，还可以实现一些风格化的拍摄。开拍前，环境变化及具体拍摄需求的不同通常需要我们对各项参数做出调整。

10.6.1 曝光三要素

曝光三要素是指光圈、快门速度、感光度，这3个要素共同影响画面的曝光程度，如图10-38所示。光圈控制进光量，快门速度控制曝光时间，感光度决定感光元件对光线的敏感程度。

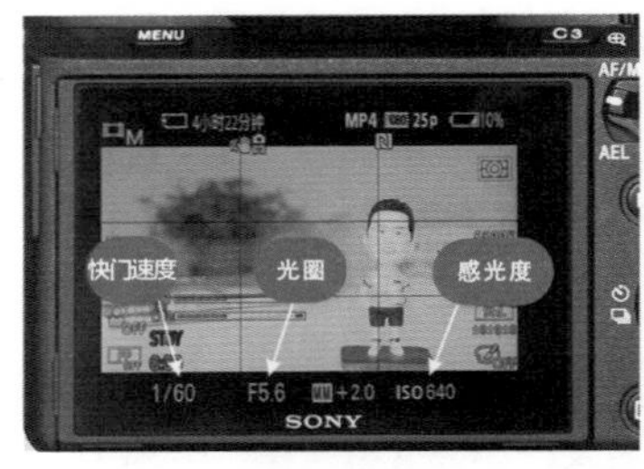

图 10-38

曝光三要素没有设置好，拍摄时就会出现曝光不足或曝光过度的情况，如图10-39所示。

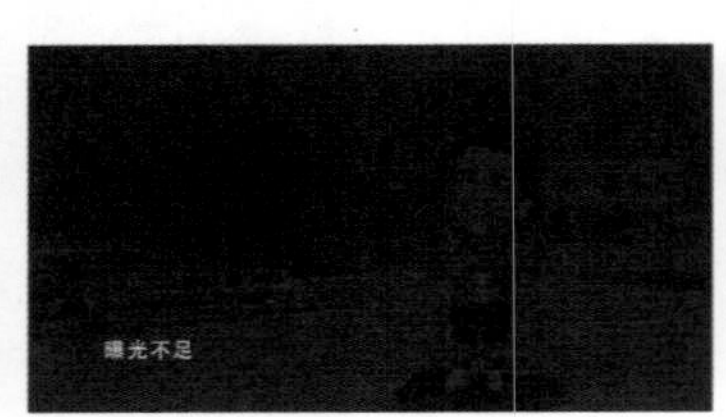

图 10-39

10.6.2 快门速度

快门速度可控制曝光时间，常用的快门速度是1/50s、1/60s等。分母越小，曝光时间越长。一般快门速度的计算公式是快门速度=1s/（帧速率 × 2）。帧速率设定为25，应该把快门速度设置为1/50s；帧速率设定为30，应该把快门速度设置为1/60s，如图10-40所示。这种操作方法可以确保相机产生的模糊感看起来比较自然。

$$\text{快门速度} = \frac{1s}{(\text{帧速率}\times 2)} = \frac{1s}{(30\times 2)} = \frac{1s}{60}$$

图 10-40

当然，快门速度也可以根据拍摄需求做出改变。较慢的快门速度可以使画面变亮，同时运动的画面会变得模糊，会有运动拖影，如图10-41所示。

快门速度1/5s

快门速度1/50s

图 10-41

小提示

较快的快门速度会导致画面变暗。当用相机拍摄手机或计算机屏幕时，可以提高快门速度，这样可以有效避免画面出现频闪现象。

10.6.3 感光度

感光度会影响相机感光元件对光线的敏感程度。感光度越低，感光元件的敏感程度就越低，如ISO 100就适合在光线充足的情况下使用。感光度越低，画面越清晰。在光线不足的情况下可以调高感光度，这样画面就会变亮，如图10-42所示。感光度越高，感光元件对光线的敏感程度越高，画面的清晰度就会下降，画面中的噪点会随之增多，如图10-43所示。

光圈和快门速度不变，只调节感光度

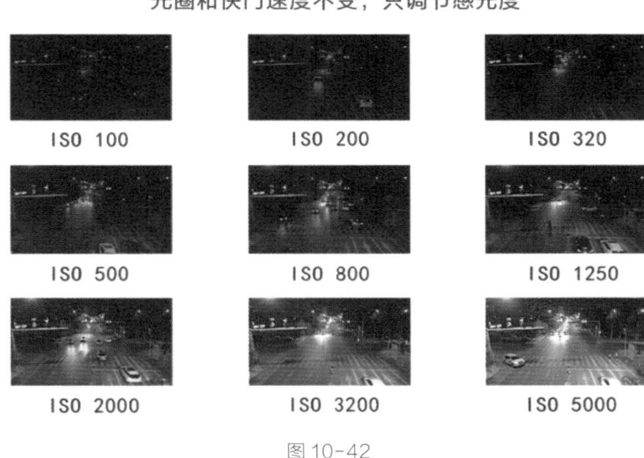

图 10-42

图 10-43

小提示

光圈、快门速度、感光度通常需要根据不同的拍摄环境、光线或者拍摄需求决定。

10.6.4 曝光检测

光圈、快门速度、感光度调节完成之后，我们可以通过拍摄一张照片来查看曝光是否正常，或者通过曝光量指示标志查看曝光程度。不同相机的显示方式有所不同，通常数值为+0.0表示曝光正常，数值为负数表示曝光不足，数值为正数表示曝光过度，如图10-44所示。

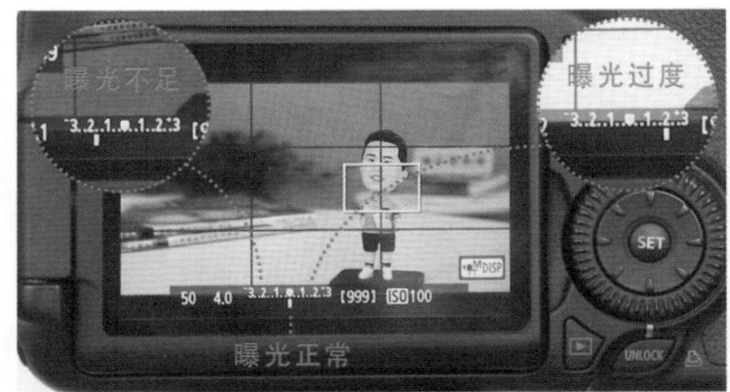

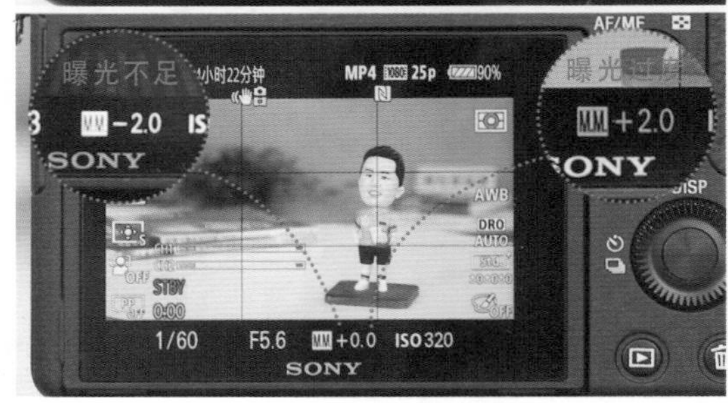

图 10-44

10.6.5 手动对焦

聚焦能使被摄主体在画面中更清晰。视频拍摄多采用手动对焦模式，调节方式是把手动对焦的开关打开，将AF模式切换成MF模式。机型不同，手动对焦开关所在的位置可能会不同，有的在镜头上，有的在机身上，如图10-45所示。改为手动对焦模式之后，点击放大按钮，在画面变大后扭动镜头上的对焦环，即可使被摄主体变得清晰或模糊。

图 10-45

10.7 参数设置

参数设置会直接影响画面的清晰度及画面的风格。

10.7.1 拍摄模式

单反相机或微单相机提供了多种拍摄模式，拍摄前一定要先选好拍摄模式。这里以索尼A7S2微单相机为例进行讲解。AUTO挡是全自动模式，在这种模式下，光圈、快门速度、感光度都是自动调节的。P挡是智能自动模式，也可以称为半自动模式，在这种模式下，设置好感光度参数，相机会自动调节光圈和快门速度，以使照片曝光正常。A挡是光圈优先模式，在这种模式下可以手动调节光圈和感光度，相机会自动调节快门速度，以使照片曝光正常。S挡是快门优先模式，在这种模式下可以手动调节快门速度和感光度，相机会自动调节光圈。M挡是手动曝光模式，快门速度、光圈和感光度都需要手动调节才能使照片曝光正常。视频拍摄模式常用于拍摄视频。全景模式可用来拍摄全景照片。SCN挡是场景模式，在这种模式下可以选择风景、夜景、人像、微距等拍摄模式。拍摄模式转盘如图10-46所示。

拍摄模式转盘处于任何挡位的时候都可以按下视频录制键直接拍摄视频，但是视频会裁幅，如果从拍摄静态照片直接转换为录制视频可能会影响相机的预判，所以拍摄视频时通常选择视频拍摄模式。不同相机的参数设置有所不同，所以通常在拨动转盘将拍摄模式调节为视频拍摄模式之后，有些相机（如索尼A7S2）还要在内部设置手动曝光模式，然后在设置中找到动态影像选项，并再次选择手动曝光模式，如图10-47所示。

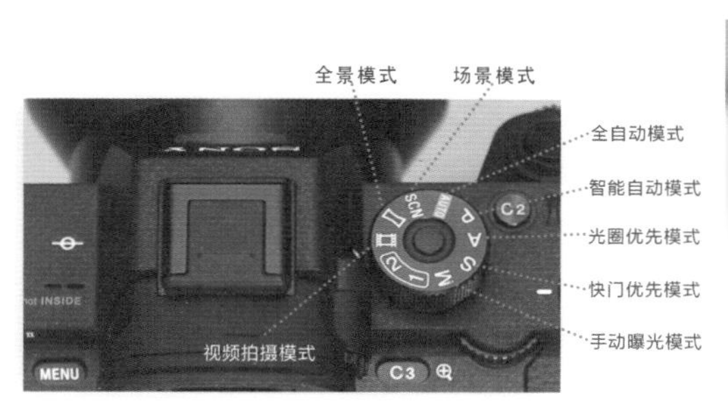

图10-46

图10-47

10.7.2 画面尺寸

画面尺寸就是拍摄视频时一帧画面的大小，也就是分辨率。横屏视频比较常用的画面尺寸是1920像素×1080像素或1280像素×720像素，有些相机可以拍摄出分辨率为2K或者4K的画面，如图10-48所示。通常画面尺寸越大，一帧画面上的像素点越多，画面所包含的色彩信息就越丰富。

在Photoshop中放大一张图片后，会看到一个个小方格，如图10-49所示，一个小方格就是一个像素点。

图10-48

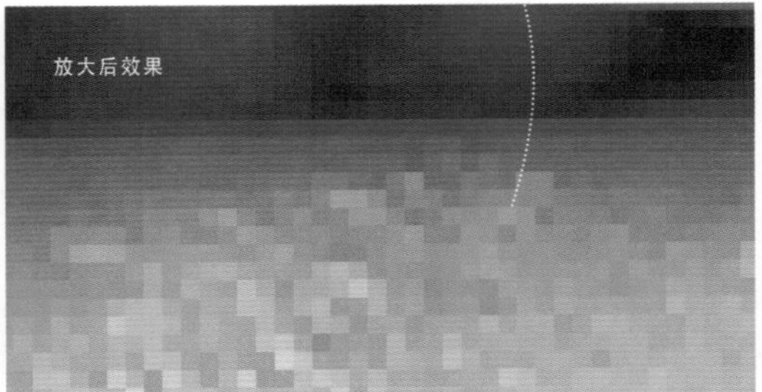

图10-49

10.7.3 帧速率

帧速率指的是每秒播放的画面的数量，如图10-50所示。常用的帧速率有25帧/秒、30帧/秒、50帧/秒、60帧/秒等。拍摄时帧速率越高，所显示的动作就会越流畅。并且较高的帧速率有利于后期进行变速处理。但使用高帧速率拍摄时，视频的容量会增大，同时对场景中亮度的要求会变高。

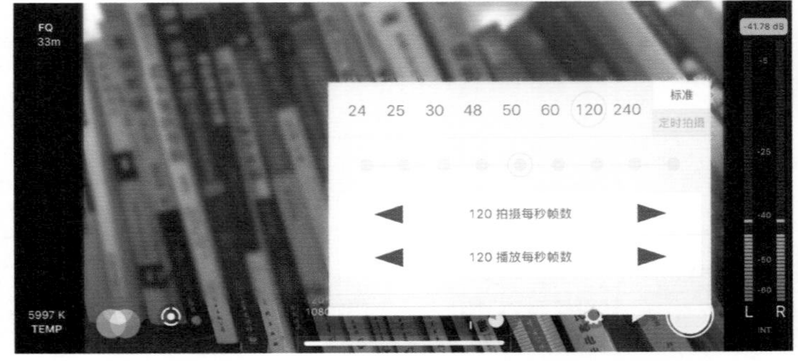

图10-50

10.7.4 画幅宽高比

常见的画幅宽高比有4：3、16：9、2.39：1、1.85：1等，如图10-51所示。宽高比不同的画面尺寸不同，构图方式也有差异。短视频常见的画面尺寸为1920×1080，相应的宽高比为16：9，另外画面尺寸1280×720对应的宽高比也是16：9。宽高比16：9主要是电视或计算机显示器遵循的标准，宽高比9：16通常是手机上播放的竖屏视频遵循的标准。

4：3

3：4

16：9

9：16

2.39：1

1.85：1

图10-51

10.7.5 白平衡

白平衡的作用是保证色彩还原，简单来说就是让画面中的白色变成白色。如果画面中的白色能得到还原，那么画面中的其他色彩一般不会出现偏色。通常有3种调节白平衡的方式：一是自动调节白平衡，二是使用相机中的白平衡预设，三是手动调节白平衡。自动调节白平衡非常简单，在相机中将白平衡模式设置为自动即可，如图10-52所示。自动调节白平衡的优点是简单、易操作，缺点是无法实现风格化，不利于创作者表达关于色彩的想法。

图10-52

相机一般会有一些白平衡预设，如日光、阴天、白炽灯、荧光灯等。图10-53所示是同一画面在不同白平衡预设下的效果。而不同的白平衡预设可以让不同拍摄环境中的色彩得到还原。

日光

阴影

阴天

白炽灯

荧光灯：日光白色

荧光灯：日光

荧光灯：暖白色

荧光灯：冷白色

将色温设为5500K

图10-53

有光线的存在拍摄的画面才会清晰，光线不同，拍摄出的画面的色彩会不同。不同类型的光具有不同的色温，色温的单位是K。通常色温值越低，色彩越暖；色温值越高，色彩越冷，如图10-54所示。正午室外光线的平均色温值一般在5500K左右。

如果想得到一种风格化的效果，可以手动调节相机中的色温值。但通常相机内设置的色温值效果与真实环境中光线的色温值效果是相反的，如图10-55所示二者之间具有一种互补关系，调节时需要注意。

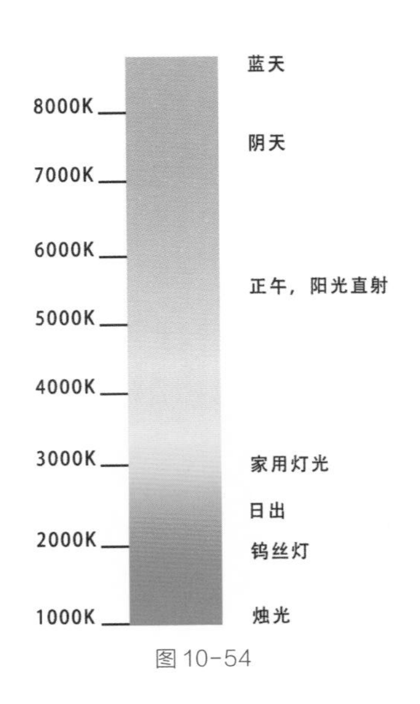

图 10-54

小提示

手动调节白平衡时还可以自定义白平衡，方法是在正常曝光的情况下，拍摄一张带有大面积白色区域的画面，如一张白纸或白色的墙壁，然后在菜单中选择“自定义白平衡”，再选择之前拍摄的白色画面，相机就可以自动校准色彩。

图 10-55

10.8 认识景深

景深指的是摄像机对焦后画面中形成清晰图像的纵深范围。

10.8.1 景深大小

前景和后景比较模糊的画面的景深称浅景深或小景深。浅景深的画面清晰部分的范围小，通常用来突出主体，如图10-56所示。

深景深也称大景深。深景深的画面清晰部分的范围大，前景和后景都比较清晰，适合用来加强画面的纵深感，如图10-57所示。

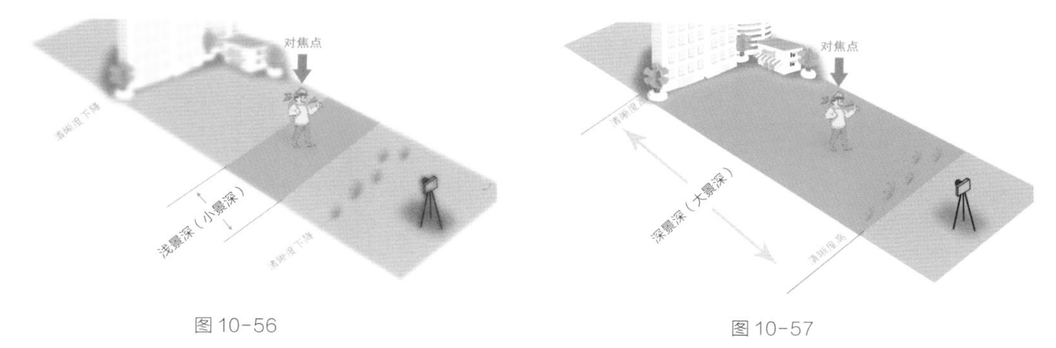

图 10-56　　图 10-57

同一被摄主体的浅景深画面与深景深画面的对比效果如图10-58所示。

图 10-58

10.8.2 影响景深的因素

影响景深的主要因素有焦距、光圈和摄像机与被摄主体之间的距离。

焦距越长景深越浅，焦距越短景深越深，如图10-59所示。

图 10-59

光圈越大，光圈值越小，景深越浅；光圈越小，光圈值越大，景深越深，如图10-60所示。

在焦距和光圈值不变的情况下，摄像机离被摄主体越近，景深越浅；摄像机离被摄主体越远，景深越深。拍摄情况如图10-61所示。

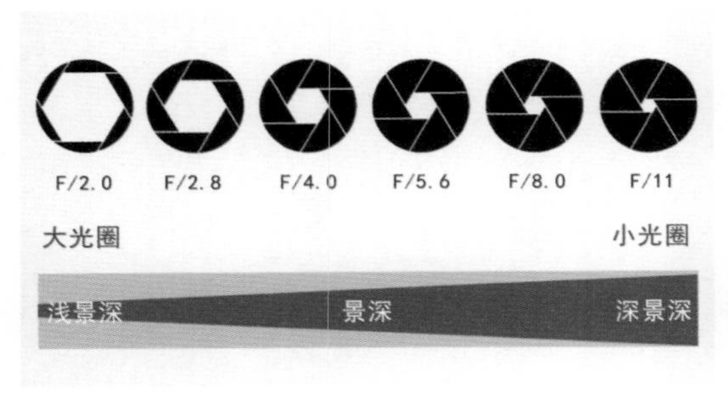

图10-60

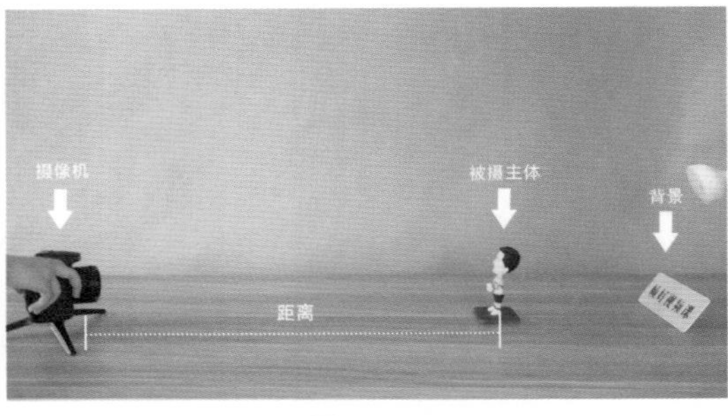

图10-61

10.9 广角镜头

广角镜头拍摄的画面视角比一般镜头广，且其焦距较短。智能手机基本都配有广角镜头。用广角镜头拍摄的画面景深比较深。当光圈和拍摄距离不变时，焦距越短，景深越深。

10.9.1 广角近拍

用广角镜头拍摄距离镜头较近的物体会使画面边缘产生明显的畸变效果，近大远小的透视效果会更明显。

❶ 画面边缘畸变

在拍摄景别较小的画面（如人物面部）时，广角镜头会把脸拍大，造成明显的变形。使用极端一点的广角镜头拍摄人物面部，像从门上的猫眼里看人一样，给人以滑稽、恐怖的感觉，如图10-62所示。

小提示

在低角度的竖屏情况下用广角镜头拍摄人物的全景画面时，受边缘畸变的影响，人物的腿会被拉长，产生大长腿的效果。

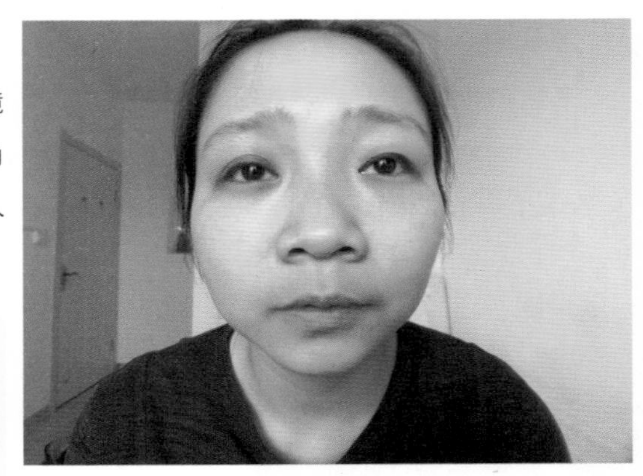

图10-62

❷ 近大远小的透视效果

广角镜头能造成明显的近大远小的透视效果。当某一物体接近镜头的时候，这个物体的体积看起来比实际体积要大。例如，在吃饭时把碗放得离镜头很近，由于画面边缘的畸变，碗会显得很大，如图10-63所示。

图 10-63

10.9.2 广角远拍

广角镜头具有较宽的视角，适用于拍摄一些大场面。前景和后景的对比明显，所以广角镜头会夸大纵深距离。

❶ 成像范围较宽

广角镜头由于成像范围较宽，常用于拍摄宏大的场面，如风景、演唱会等，它可以让场面显得更加宽广，如图10-64所示。由于广角镜头的成像范围较宽，拍摄时手部的晃动对画面造成的影响不会很明显。

图 10-64

❷ 夸大纵深距离

近大远小的透视规律使广角镜头夸大了画面里前景和后景之间的距离，让人感觉两者之间的距离比实际距离更远。主体位置不动且在相同的景别下拍摄，使用广角镜头拍摄的画面背景距离主体更远，如图10-65所示。

图 10-65

10.9.3 运动广角

使用广角镜头拍摄运动画面时，纵深运动看起来速度更快，而横向运动看起来速度更慢。

❶ 纵深运动速度加快

当摄像机与被摄主体离得足够近，且被摄主体在场景中进行纵深运动时，被摄主体可以迅速放大或缩小，营造出强烈的动感。例如，正面拍摄人物时，人物伸出拳头打向镜头，由于镜头的扭曲放大了镜头前的物体，所以人物即使稍微向前出拳，观众也会感觉其出拳幅度很大。由于广角镜头夸大了场景在纵深方向上的距离，加上近大远小的透视规律，观众很容易注意到前景中的物体。使用广角镜头拍摄的画面比使用标准镜头更具紧张感。另外，人物在纵深方向上远离或接近镜头时，稍微移动两步就会让人感觉其步子迈得很大，如图10-66所示。

图 10-66

在狭窄的走廊或室内用广角镜头跟拍一个人的运动时，在墙壁或其他人的参照下，他的运动速度看起来要比实际运动速度快，从而形成一种紧迫感，如图10-67所示。

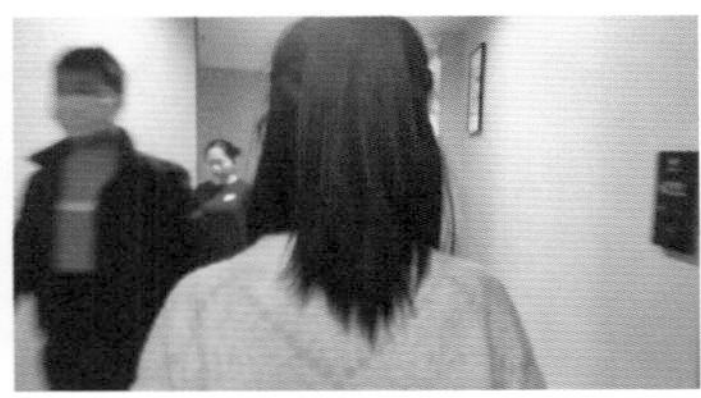

图 10-67

❷ 横向运动速度减慢

相比于实际运动速度，用广角镜头拍摄的横向运动的速度会减慢。广角镜头的拍摄范围较宽，被摄主体如果横向运动，就相当于一个较小的物体在一个较宽广的范围内运动，如图10-68所示。

图 10-68

10.9.4 鱼眼镜头

使用极端广角镜头拍摄的画面会有更加明显的畸变，这种镜头被称作鱼眼镜头。使用鱼眼镜头拍摄的画面就好像透过一个水晶球看到的画面，如图10-69所示。鱼眼镜头通常用来表现幻觉、噩梦等场景，有时也用来拍摄某种动物的主观镜头。

图 10-69

10.10 长焦镜头

长焦镜头拍摄的画面视角比一般镜头窄，其焦距较长。使用长焦镜头拍摄较远的物体时，可以清晰捕捉到物体的细节。使用长焦镜头拍摄实际上是在放大广角镜头的一部分，得到的就是一个景别较小的镜头，可以看到画面被放大的细节。

10.10.1 长焦近拍

长焦镜头具有成像范围窄、近距离拍摄时可虚化背景的特点，常用来拍摄特写镜头或者对话场面。使用长焦镜头拍摄较近的物体时，其具有突出主体、简化背景的作用，如图10-70所示。使用长焦镜头近距离拍摄人物的面部时，面部以外的其他部分会被虚化，这样可以让观众专注于人物的表情或人物说的话，进而拉近观众与人物的关系。在光圈和拍摄距离不变的情况下，焦距越长，景深越浅。

图 10-70

10.10.2 长焦远拍

使用长焦镜头拍摄一个完整的主体，摄像机须距离主体较远才能把主体全都拍入画面。另外，长焦镜头具有压缩纵深距离的作用，所以画面中主体与背景之间的距离看起来比实际距离更近，如图10-71所示。如果在比较宽广的地方进行长焦远拍，如在沙漠里，背景的山其实离拍摄地很远，长焦镜头可以把山压缩得离前景物体很近，会显得很大气。

图 10-71

小提示

这种压缩纵深距离的作用通常对特技表演很有利，如拍摄爆炸场面或飞车追逐戏时，使用长焦镜头拍摄会让演员看上去更危险。在拍摄吻戏的时候也可以使用长焦镜头，让两人错位拍摄，以达到两人在接吻的效果。这种压缩作用也可以暗示一种压抑、单调的氛围，尤其是在被摄主体周围的背景或环境也非常小和封闭的时候。

10.10.3 运动长焦

使用长焦镜头拍摄运动画面时，被摄主体横向运动的速度显得比实际运动速度要快，纵向运动的速度显得比实际运动速度要慢。

❶ 横向运动速度加快

因为长焦镜头的视野比较窄，所以画面中的主体可以在很短的时间内横穿镜头，相比于实际运动速度，观众会感觉其运动速度更快，如图10-72所示。

图 10-72

❷ 纵深运动速度减慢

因为长焦镜头压缩了纵深距离，所以主体进行纵深运动时，相比于实际运动速度，观众会感觉主体的运动速度较慢，如图10-73所示。

图 10-73

拓展训练

（1）熟练使用三脚架和稳定器，尤其是使用稳定器进行横移和推拉跟拍。

（2）根据与曝光相关的三角关系，用单反相机或微单相机拍摄带有拖影的运动画面。

布光技巧

本章概述

拍摄离不开光线，光线具有照亮主体和吸引观众注意力的作用。此外，光线还可以用来营造气氛、渲染情绪和刻画细节。本章将带大家了解一些拍摄短视频时常用的灯光设备与基础的打光技巧。

知识索引

认识光线　照明器材　单灯布光
三点布光　双人布光　眼神光

11.1 认识光线

对视频画面影响最大的元素之一就是光线，没有光线就无法拍摄。光源可分为自然光源和人造光源。自然光源有太阳、月亮、闪电、萤火虫等。人造光源有火把、手电筒、蜡烛、篝火、霓虹灯等。不同性质的光线会直接影响观众的心理感受。

11.1.1 光的软硬

光线有软硬之分。硬光适用于表现旷野、皮肤的颗粒感等内容；软光也称柔光，打在人物面部可以让皮肤看起来更加细腻。

图 11-1

❶ 硬光

硬光就是直射光。用硬光拍摄就好比在没有云彩遮挡的太阳底下拍摄，此时被摄主体有明显的影子，且影子的边界十分清晰，但明暗反差较大，各部分之间过渡生硬，如图11-1所示。

在硬光环境下拍摄，被摄主体显得很有立体感和颗粒感。拍摄橘子时就可以使用硬光，以表现其表面的凹凸感，如图11-2所示。

图 11-2

除此之外，硬光环境下较大的明暗反差还适合用来营造恐怖、危险或神秘的氛围；有时也常用来塑造有力量感的人物形象，如硬汉形象，如图11-3所示。

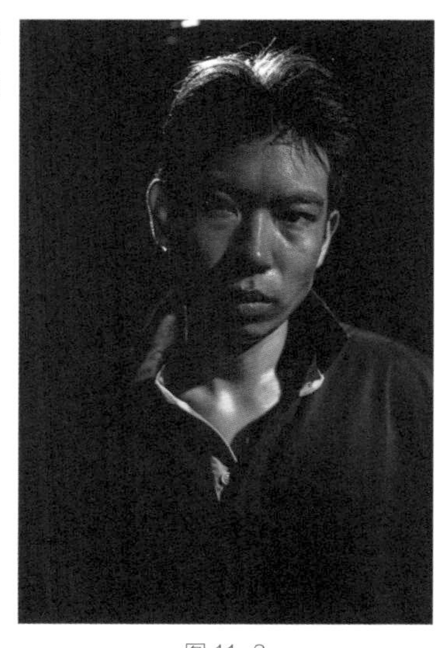

图 11-3

小提示

在同一盏灯的照射下，灯距离被摄主体越近，光线越硬；灯距离被摄主体越远，光线的硬度和亮度都会减弱。

❷ 软光

软光又称散射光，如在阴天或多云天气拍摄时，天上的云会使太阳发出的光线变得非常柔和。此时被摄主体的影子不明显，明暗边界较模糊，各部分之间过渡自然，如图11-4所示。另外，太阳刚出来时或者太阳快下山时的光线也是非常柔和的，这个时间段是一天中外出拍摄视频的黄金时间段。

图 11-4

如果在室内拍摄，可以给灯具装上柔光箱或反光板，或者用白色的泡沫板把光线反射到被摄主体上，这样也能制造出柔光效果。柔光箱和白色泡沫板如图11-5所示。

图 11-5

使用软光拍摄会让皮肤显得光滑、细腻。软光常用来塑造温柔、善良的人物形象，如图11-6所示，或者表现温暖、友善、浪漫、柔和的氛围。

图 11-6

11.1.2 光的方向

光线从不同的方向照射在被摄主体身上，画面呈现出来的艺术效果和给观众带来的心理感受会不同。

❶ 顺光

顺光也称正面光，是指光源和摄像机位于同一侧。它可以均匀地照亮画面。顺光下，被摄主体面部的阴影面积小，整体显得平淡、呆板。顺光的光源位置俯视图和效果图如图11-7所示。

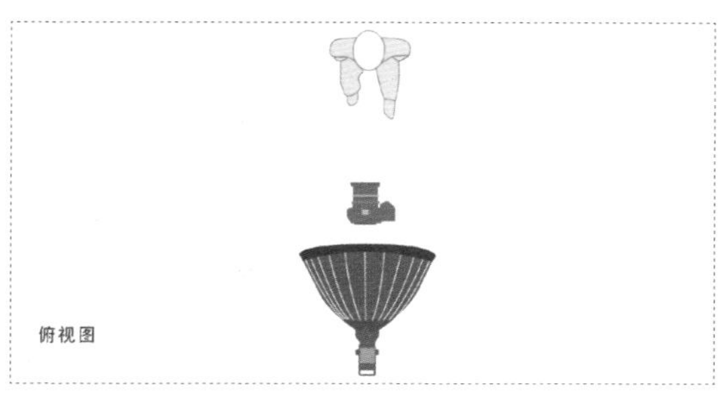

图 11-7

❷ 顺侧光

顺侧光又称前侧光，是指光源处于被摄主体的侧前方。顺侧光下，被摄主体有明显的明暗过渡，且具有立体感。顺侧光是拍摄人物时常用的光线。顺侧光的光源位置俯视图及效果图如图11-8所示。

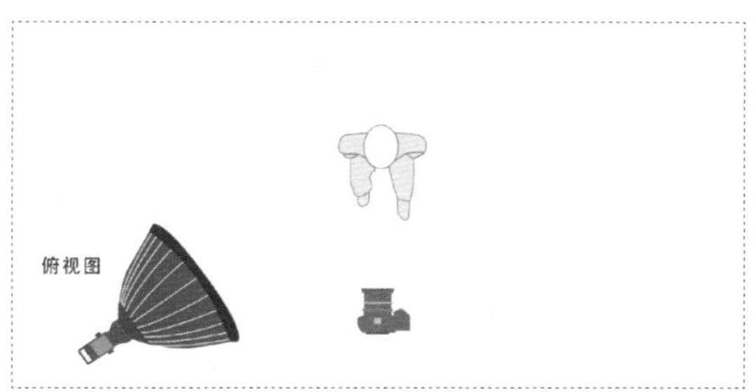

图 11-8

❸ 侧光

侧光又称侧面光，是指光源位于被摄主体的正侧方。侧光下，被摄主体面部一边亮，一边暗，对比明显，具有强烈的戏剧效果。侧光常用来营造阴郁、诡异、悬疑的气氛。侧光的光源位置俯视图及效果图如图11-9所示。

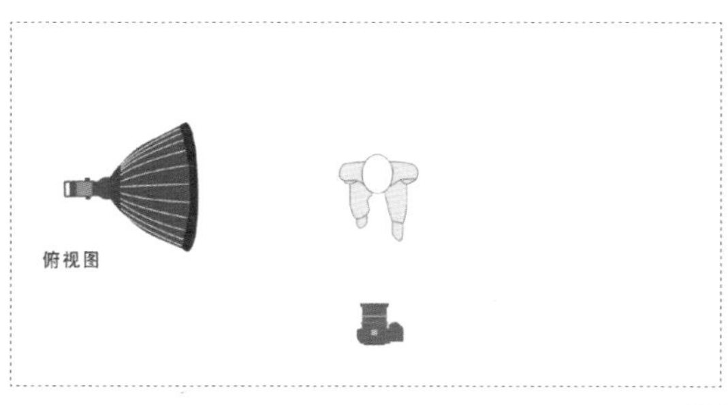

图 11-9

❹ 侧逆光

侧逆光是指光源位于被摄主体的侧后方，常用来突出被摄主体的轮廓和形态，使被摄主体与背景分离。侧逆光的光源位置俯视图及效果图如图11-10所示。

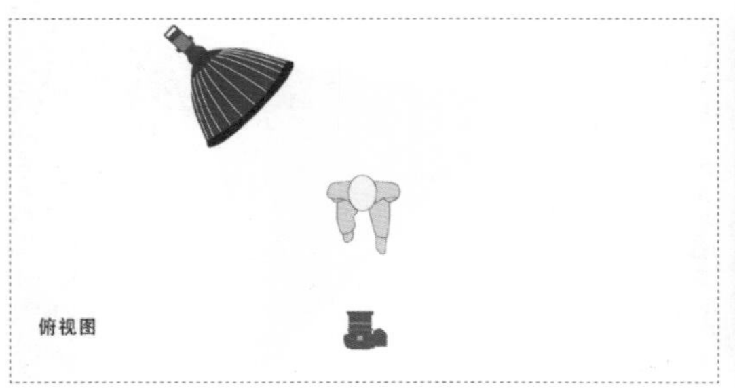

图 11-10

❺ 逆光

逆光又称背面光，是指光源位于被摄主体的正后方，可以形成轮廓清晰的剪影效果。逆光下，看不清被摄主体的五官和表情，所以逆光常用来营造孤独或神秘的氛围。逆光的光源位置俯视图及效果图如图11-11所示。

图 11-11

❻ 顶光

顶光是指光源位于被摄主体的正上方。顶光下，被摄主体的眼窝里、鼻子下方、脖子处都会形成明显的阴影，尤其是在表现眉骨突出且头发很少的被摄主体时，其头部会呈现为类似骷髅的样子。顶光常用于表现人物的凶狠、冷酷、阴险等特点。顶光的光源位置俯视图及效果图如图11-12所示。

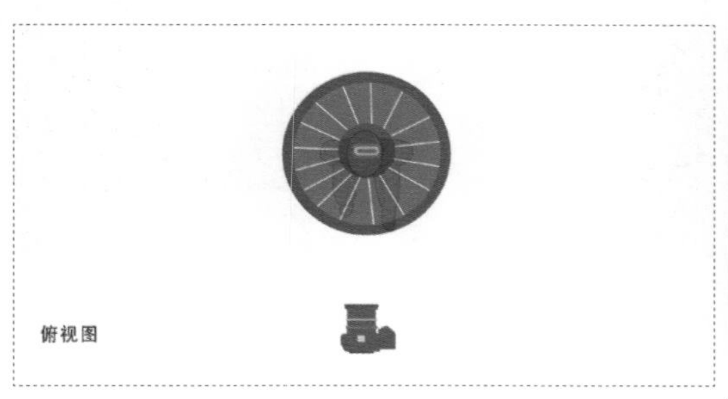

图 11-12

❼ 脚光

脚光又称底光，是从被摄主体下方发出的光线。这种光线在日常生活中比较少见，常用来表现特定的光源特征。脚光有时也作为恐怖之光，用来制造恐怖、神秘的气氛。脚光的光源位置俯视图及效果图如图11-13所示。

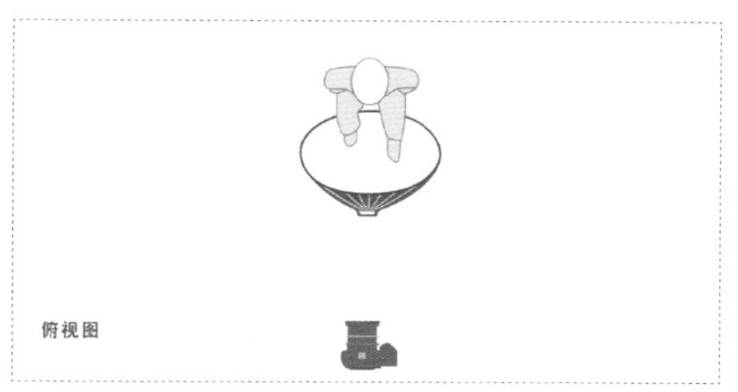

图 11-13

11.2 照明器材

照明器材的选择是一件让人头疼的事情，大家在选择时需根据自己的拍摄需求和预算综合考量。

11.2.1 LED灯

LED灯是比较受欢迎的照明器材之一，如图11-14所示。其优点是功率小、重量轻，不发热、不频闪。在没有柔光罩的时候，LED灯发出的光线相对较硬，加上柔光罩会变成软光。较好的LED灯可以满足绝大部分日常拍摄需求。

图 11-14

11.2.2 柔光箱/柔光球

柔光箱由反光布、柔光布、钢丝架、卡口等部分组成，如图11-15所示。它可以让光线的照射范围变得更广，且光线更加柔和、不伤眼。柔光箱内部的材料具有反光的作用，可以把光线聚集起来，通过柔光布照射在主体上。柔光箱的照射区域较小，常用来拍摄人物。

比较常用的工具还有柔光球，如图11-16所示。柔光球的照射区域要比柔光箱大得多，它常放置在场景上方，用来照亮环境。

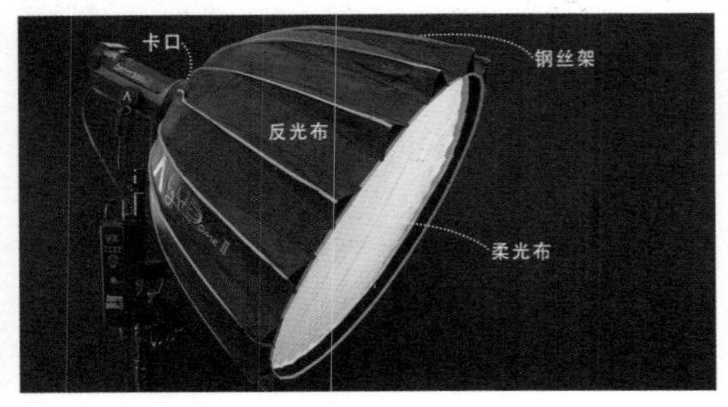

图 11-15

图 11-16

11.2.3 反光板

反光板如图11-17所示，可以作为一个移动光源使用，其价格比较低，是摄影、摄像的必备工具。反光板可以被折叠成很小的尺寸，外出拍摄时方便携带。反光板的作用是改变光线的方向，同时它还有柔化光线的作用，常用来给人物补光，以提升画面整体的质感。通过上下移动反光板反射其他光源发出的光线，可以消除脸部或脖子下方的阴影。没有反光板的时候，可以用白色的硬纸板或泡沫板代替。

反光板的正面为银色面，反面为黑色面。拉开反光板上的拉链，可以看到白色面和金色面，中间还有一层柔光布，如图11-18所示。白色面具有反光的作用，黑色面具有吸光的作用，柔光布具有柔化光线的作用。

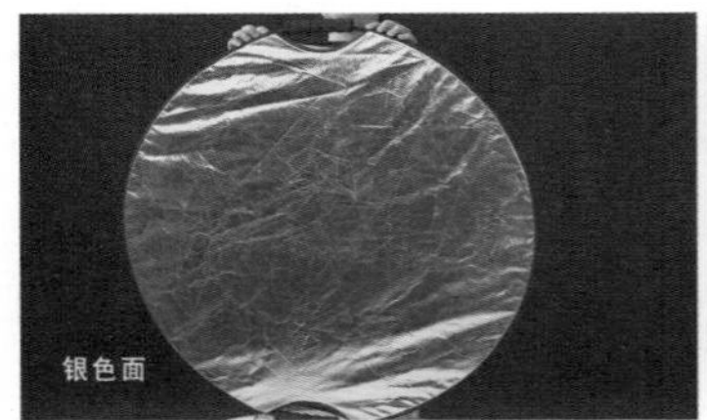

图 11-17

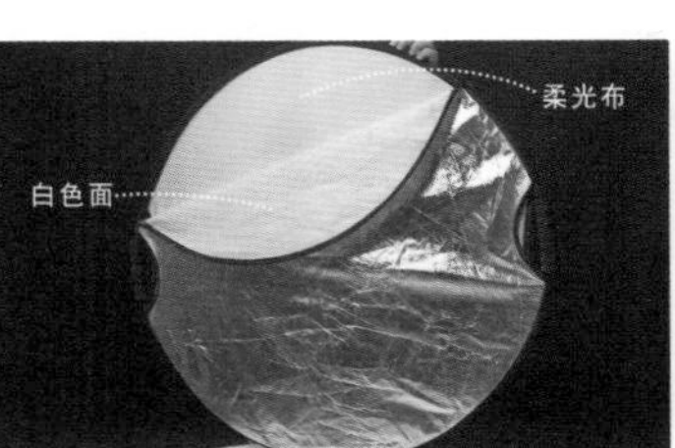

图 11-18

11.2.4 其他光源

除了LED灯，还有其他照明设备可以选择，如荧光灯、白炽灯、蜡烛等，如图11-19所示。一般荧光灯比LED灯的光线柔和，LED灯比白炽灯的光线柔和。

除此之外，根据拍摄内容及环境的需求，还可以选择手持的补光灯。这种灯适合在室外拍摄时用来给人物补光。也可以选择环形的美颜灯，它适合在直播时使用。如果想让背景呈现不同的颜色，可以选择一些彩色的小灯进行点缀。如果是拍摄音乐视频或者比较梦幻的场面，还可以选择一些闪闪发光的装饰灯来点缀场景。这些灯如图11-20所示。当只有一个灯具的时候，还可以将台灯、计算机屏幕或白炽灯放置在被摄主体后面，以便更好地分离背景与被摄主体。

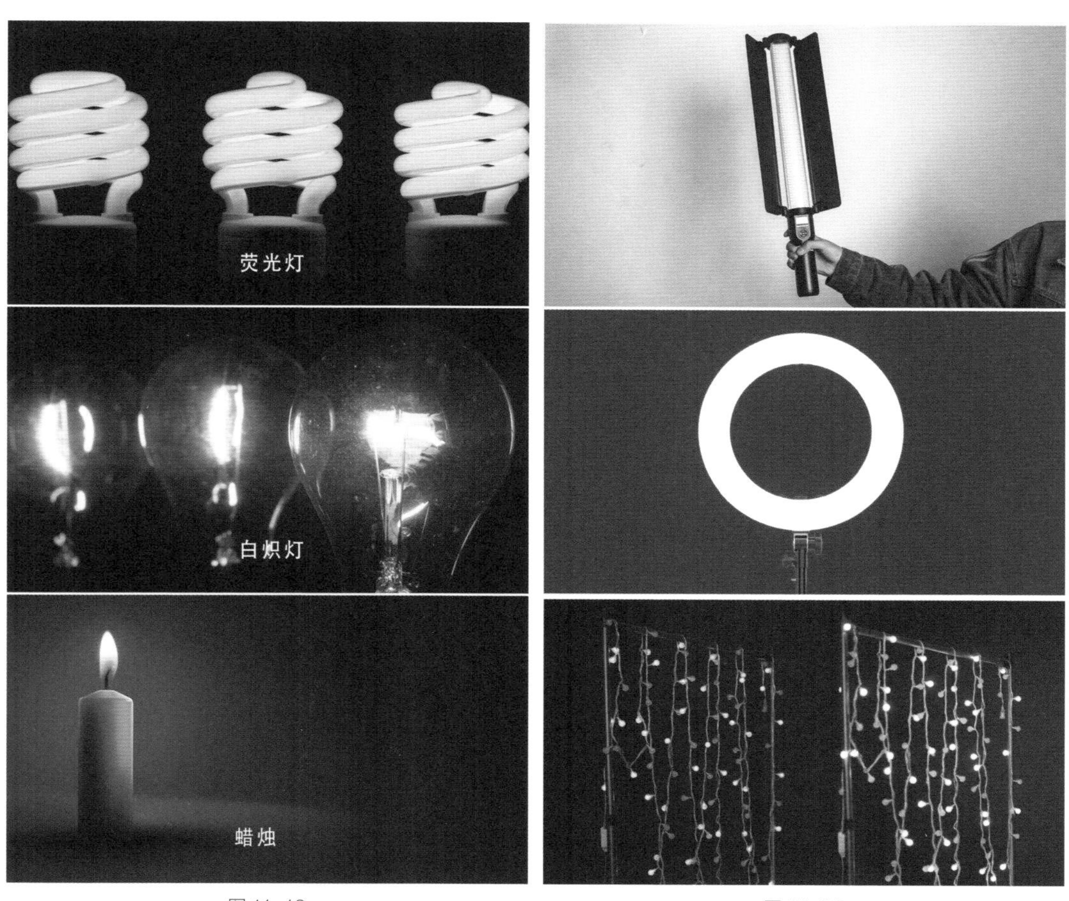

图 11-19　　图 11-20

小提示

如果在灯光前放置不同颜色的滤色纸，会使光线呈现出不同的颜色；也可以直接使用彩灯来获得不同颜色的光线。不同的颜色可以表达不同的情绪，如红色会让人联想到血、火等内容，有时也可用来表现温暖、热烈、激情等内容，而蓝色常用来表示忧郁，绿色常用来表示宁静、安逸等。

11.3 单灯布光

如果只有一盏灯，应如何布光？我们常用3种布光方法——平光布光、派拉蒙光、伦布朗光。有时还可以将台灯等光源放置在被摄主体的后面，从而让场景看起来更有层次感。

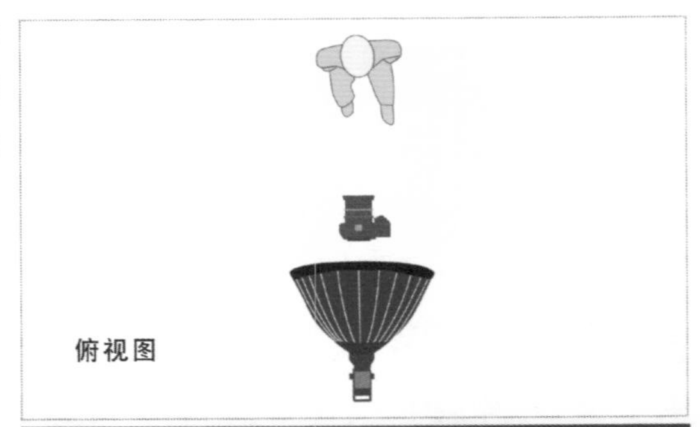

图 11-21

11.3.1 平光布光

平光布光是指灯光为顺光，朝被摄主体打光。采用这种方法打出来的光非常均匀，适用于采访、直播及拍摄景深较浅的场景。这种布光方法较简单，但效果也比较平淡，如图11-21所示。

11.3.2 派拉蒙光

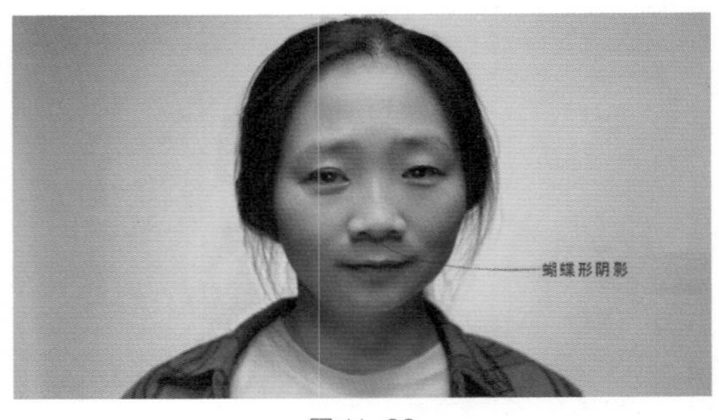

图 11-22

派拉蒙光也称蝴蝶光或者美人光，尤其适用于拍摄女生，是美国好莱坞派拉蒙影业公司常用的布光方法。这种布光方法会让人物的皮肤看起来非常细腻，并且有瘦脸效果。具体操作方法是将较硬的灯光作为顺光使用，然后将灯调高，使其向下打光，灯光强烈且均匀地照在人物脸上，使人物的鼻子下方形成一个蝴蝶形状的阴影区域，这也是派拉蒙光又叫蝴蝶光的原因。光线由上而下照射，人脸两侧的光线较暗，所以人脸就会显瘦，如图11-22所示。如果脖子下方的阴影区域太大，可以用泡沫板或反光板在人物前方或者下方给人物补光，这样明暗反差就会小很多，人物脸部看起来会更舒服。

11.3.3 伦布朗光

伦布朗光在绘画、摄影和电影领域最为知名，其主要特点是明暗对比较强。这种布光方法会使人物的鼻子侧面与眼下形成一块明显的三角形区域，从而让人物看起来具有立体感和真实感，如图11-23所示。

伦布朗光一般以聚光灯为光源，让灯光位于人物侧前方，高于人物并且与人物成45°~60°的夹角，如图11-24所示。伦布朗光也常用来拍摄惊悚片或具有侵略性的画面。如果觉得伦布朗光使人脸一侧的阴影太重，也可以使用反光板减弱阴影。

图 11-23

图 11-24

11.4 三点布光

三点布光是拍摄人物时常用的基础布光方法，是指使3种光源从不同方向同时照射在主体上。这种方法在照亮主体的同时还能让画面显得有立体感。

11.4.1 主光

主光的位置通常在主体的侧前方，最完美的位置是在与主体和摄像机之间的连线成45°角左右的位置，并略微高于主体，这样人物的脸部会非常具有立体感，如图11-25所示。通常主光是场景中亮度最强的光线。

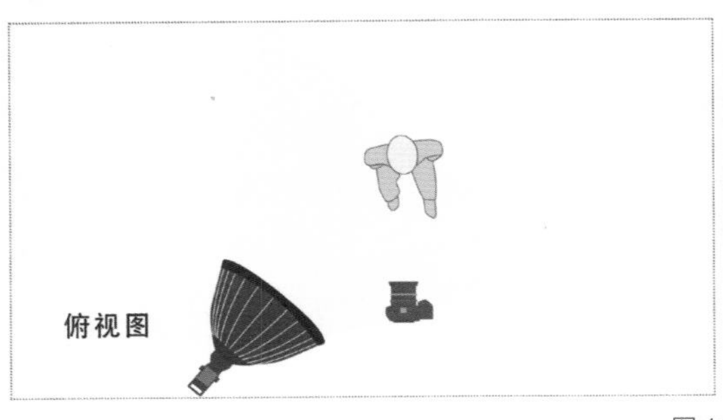

图 11-25

11.4.2 辅光

辅光位于主体的另一侧前方，强度要弱于主光。其作用是修饰主光照射在主体身上形成的阴影，因为人的眼睛习惯了阴影不明显的视觉环境，所以辅光能够辅助呈现较真实的视觉效果，如图11-26所示。

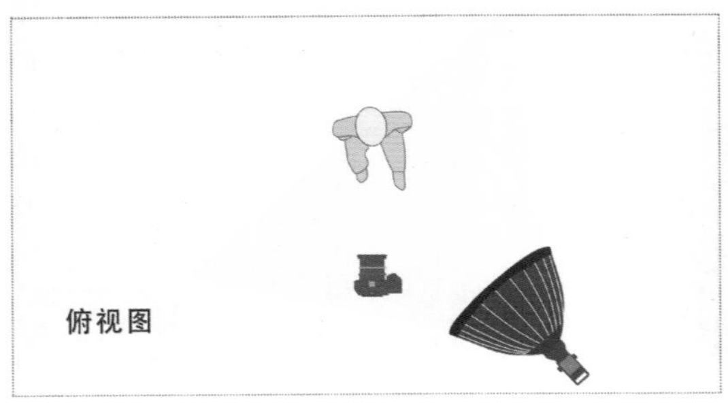

图 11-26

11.4.3 轮廓光

轮廓光通常位于主体的后侧方，与主光的位置大致相对，并略高于主体，如图11-27所示。轮廓光通过照亮主体的边缘，将人物与背景分离，在突出主体的同时，可增强画面的层次感和纵深感。通常使用柔光作为轮廓光，这样效果会比较自然，不会显得很刻意。轮廓光适合在采访、访谈等纪实类的拍摄中使用。若使用硬光作为轮廓光，通常主体的轮廓会偏亮，这种光具有艺术化的修饰效果，在音乐视频或需渲染氛围的剧情片中经常见到。

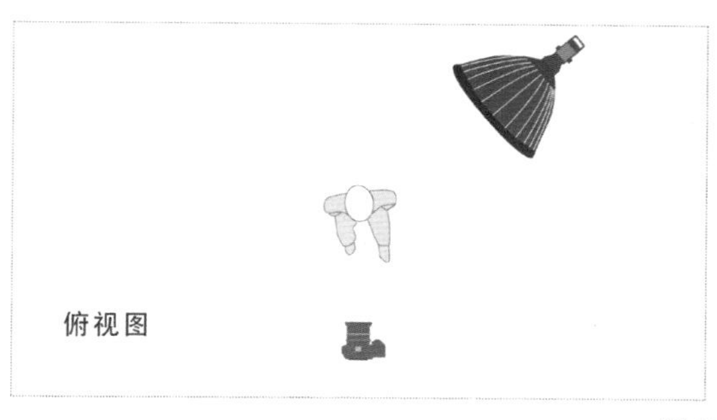

图 11-27

11.4.4 三点布光效果

三点布光的俯视图和效果图如图11-28所示。多数情况下，三点布光法中的主光、辅光和轮廓光都要尽量选择柔和的光线。布好光后，可以使用多机位同时从不同角度拍摄主体，且不需要重新布光。

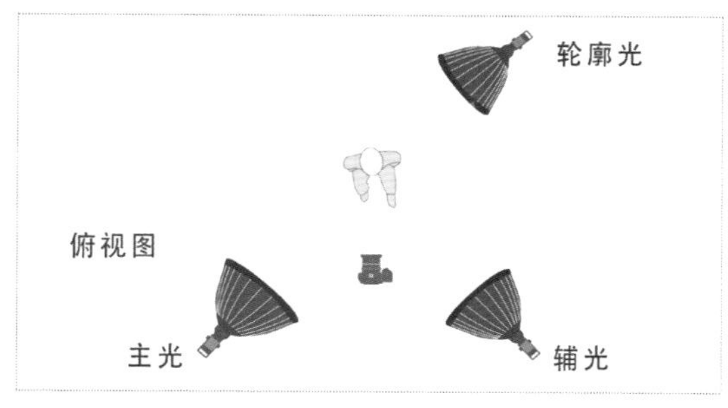

图 11-28

11.5 双人布光

在拍摄大部分对话场景时，一般会使用反打镜头组接画面。因为景别较近，所以通常使用交叉照明的方法，使观众可以清楚看到人物的面部表情。

11.5.1 前交叉

两人面对面交谈时，会形成一条关系轴线，灯光与摄像机在轴线的同一侧。和摄像机的外反拍机位一样，灯1照亮人物B，灯2照亮人物A，两道主光交叉照在人物脸上，从而在人物脸上形成顺侧光的照明效果，如图11-29所示。顺侧光照明的特点是人脸的正面较亮，侧面较暗，且人脸具有立体感。

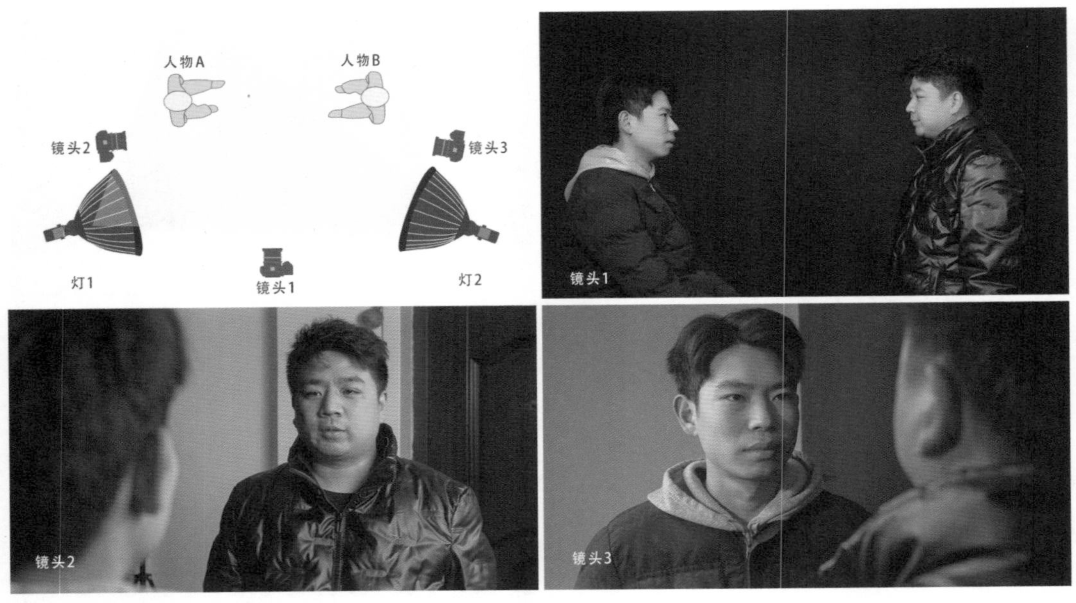

图 11-29

11.5.2 后交叉

两人面对面交谈时，两道主光与摄像机在关系轴线的不同侧，灯1在人物A身后照亮人物B，灯2在人物B身后照亮人物A，人物的面部看起来非常有立体感，如图11-30所示。

图 11-30

11.5.3 前后交叉

两人面对面交谈时，一道主光与摄像机在关系轴线的不同侧，另一道光与摄像机在关系轴线的同一侧。当使用外反拍机位拍摄时，人物A的脸部较亮，阴影较少；人物B的脸部较暗，阴影较多，如图11-31所示。前后交叉布光利用光线形成一种对立，常用来表现存在冲突的对话场面。

图 11-31

11.6 眼神光

眼神光是指反射到人物眼睛里的光线，常用于拍摄近景和特写镜头。打眼神光的目的是在镜头切换时将观众的注意力吸引到人物的眼睛上。漂亮的眼神光可以让眼睛看起来炯炯有神，使人物显得很自信。不同光源性质、不同位置和角度、不同大小和数量的眼神光可以表现人物不同的状态。

11.6.1 光源性质

眼神光的光源常使用点光源或面光源，不同光源的应用场景不同。点光源指从一个点向周围空间均匀发出光线的光源，发出的光线主要为硬光。点光源的特点是小、亮度较高，它可以在眼睛上形成一个明亮的高光点，人物会显得具有轻微攻击性。面光源比较柔和，与点光源相比打在眼睛上显得比较暗淡，它会让眼神光变得更加柔和，可以用来表现人物的情感波动，如拍摄泪眼婆娑的状态。面光源有不同的形状，如圆形、圆环形、方形、长条形等。除此之外，根据人物的站位，窗户、门外的光线都可以作为眼神光的光源，如图11-32所示。

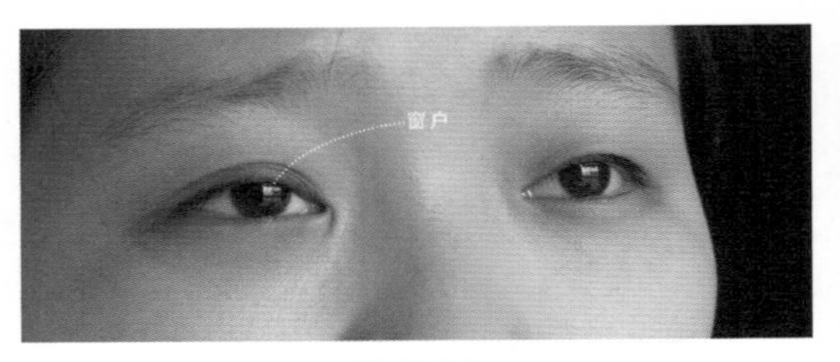

图 11-32

11.6.2 位置和角度

以点光源为例，眼神光位于人的眼球上时，人物就会显得很精神、自信。如果眼神光在眼球上处于10点、12点、2点方向，那么其会显得更为自然；如果处于眼球下方，眼神光就会显得不自然，如图11-33所示。

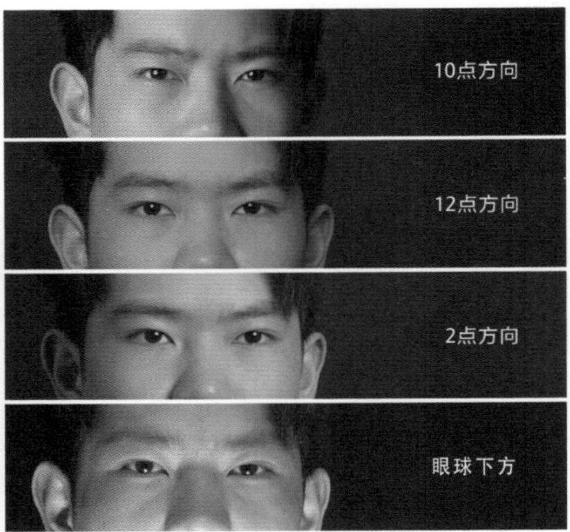

图 11-33

眼神光如果打在眼白上，人物就会显得精神异常或神态恍惚，如图11-34所示。

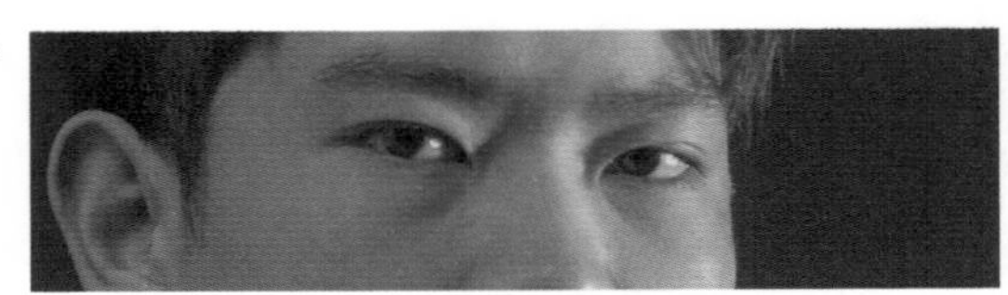

图 11-34

光源的位置决定了眼神光在眼睛中所处的位置，如图11-35所示。通常情况下，如果光源与人物正面的夹角在45°之内，光线将投射到眼球上。略微改变光源的角度，即可得到不同位置的眼神光。如果光源与人物正面的夹角为45°~90°，光线就很容易投射到眼白上。

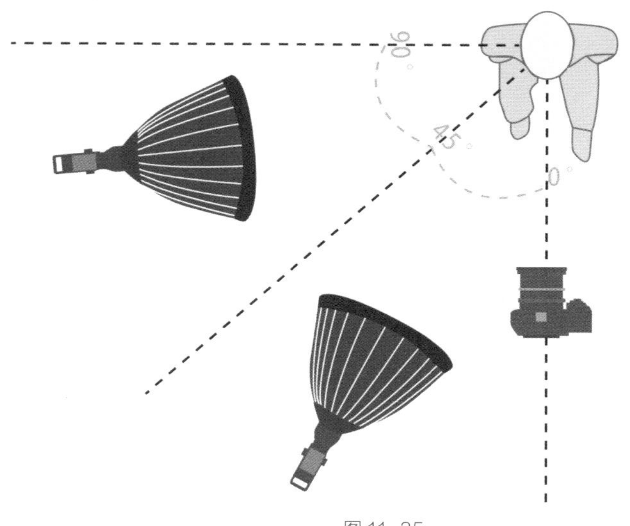

图 11-35

11.6.3 大小和数量

眼神光的大小和创作者对视频中人物状态的理解有一定关系。如果没有眼神光，人物就会显得没有精神、内心封闭，好像在拒绝沟通或者在传递一种紧张、不安的情绪，如图11-36所示。

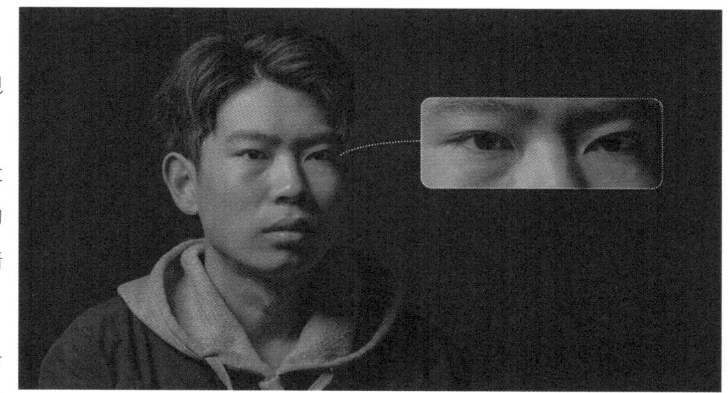
图 11-36

眼神光过大会使人物看上去无神、不自然，尤其在将大面积的柔光投射到瞳孔中时，人物看起来就像一个盲人或者机器人，如图11-37所示。

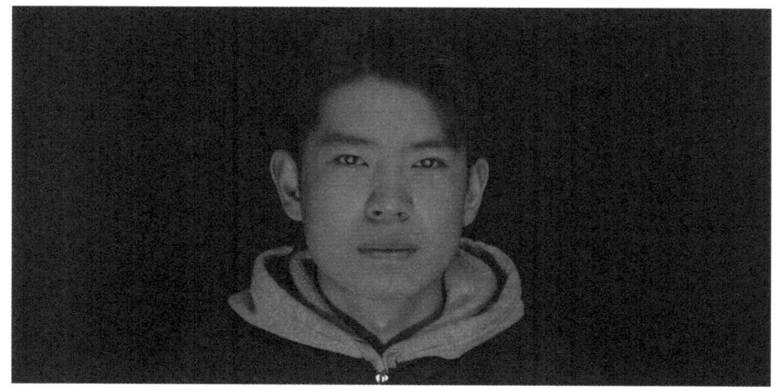
图 11-37

过小的眼神光会使人物显得特别“贼”，尤其在使用点光源照射瞳孔时，常给人一种阴险的感觉，如图11-38所示。

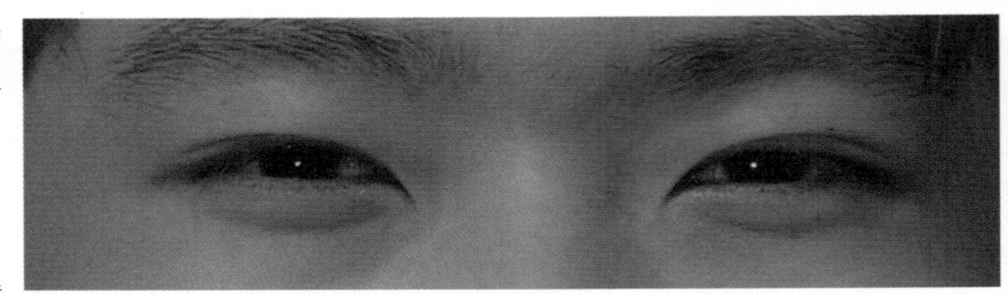

图 11-38

多个眼神光可以让人物显得非常好看，更加神采奕奕，如图11-39所示。眼神光的位置通常在瞳孔的左右两侧或上下方。

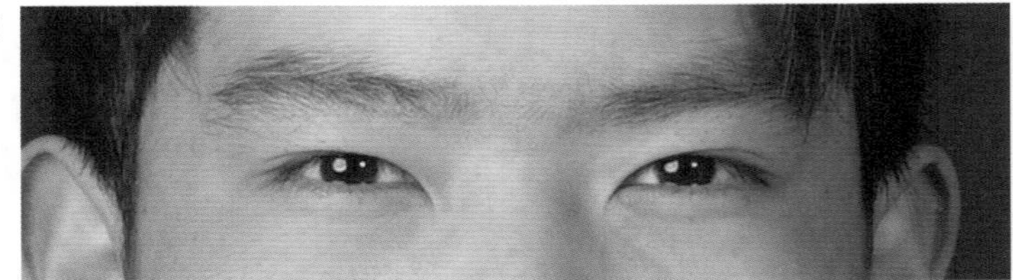

图 11-39

拓展训练

（1）选择一套自己心仪的照明器材。

（2）用三点布光法拍摄一组画面。

（3）在窗口拍摄一张有眼神光的人物的照片。

录音技巧

本章概述

声音看不见摸不着，但非常重要，干净、贴耳的音频会让观众感觉很专业。制作专业音频的方式也很简单，就是使用好的录音设备并用对方法。本章将分别介绍话筒的选择、手机录音、计算机录音、现场实录及后期修音的基础技巧，希望视频创作者无论面对什么样的拍摄情况，都能找到合适的录音方案。

知识索引

话筒的选择　　手机录音　　计算机录音
现场实录　　后期修音

12.1 话筒的选择

话筒是录音时使用的很重要的设备，不同的话筒适用于不同的场景。话筒的种类和拾音模式在话筒的说明书上都有说明。话筒需要根据自己的经济情况和录制环境选择。

12.1.1 话筒的种类

日常生活中大家会接触到各种各样的话筒。话筒大致分为两类，即动圈麦和电容麦。

❶ 动圈麦

动圈麦结构简单，价格低廉，可以过滤掉嘈杂的环境噪声，且低频响应好，录制的人声会显得很有磁性。舒尔的SM57、SM58是录制乐器声或人声的“神器”，如图12-1所示，但其缺点是录制时声源需离话筒很近，否则录制出来的声音音量太小。

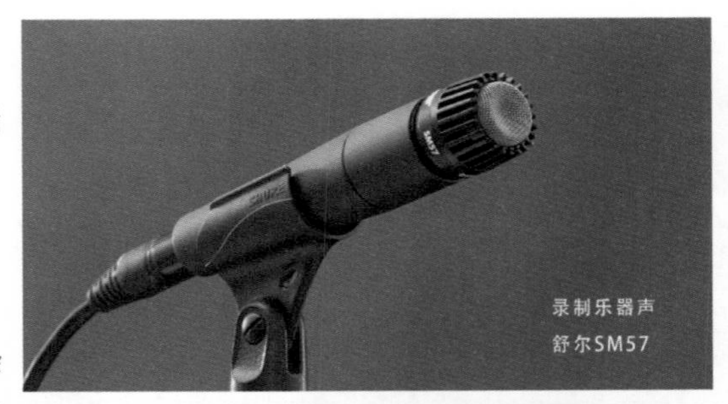

图 12-1

❷ 电容麦

电容麦内置电容传感器，它的灵敏度高，录制频率较宽，对环境中的噪声非常敏感，如图12-2所示。电容麦常用来配音或录制歌曲，声音还原度高，适合在安静的环境中录音，如在贴有专业隔音棉的录音棚中录音。专业电容麦的价格通常比较高，如纽曼U87。

图 12-2

12.1.2 拾音模式

拾音模式主要指话筒的拾音区域，不同的拾音模式适用于不同的场景。

❶ 全向形拾音

全向形拾音话筒的拾音区域是一个圆形，它对来自各个方向的声音都很敏感，如图12-3所示。如果录制合唱、会议等，最好选择全向形拾音话筒。但它对录制环境的要求较高，不适合在嘈杂的环境中使用。

❷ 心形拾音

心形拾音话筒的拾音区域类似心形，如图12-4所示。这类话筒可以更好地拾取来自话筒前方的声音，而过滤后方的声音，能够有效减弱环境中的噪声对录音的影响。心形拾音话筒非常适用于个人录制，常用于演唱或主持。

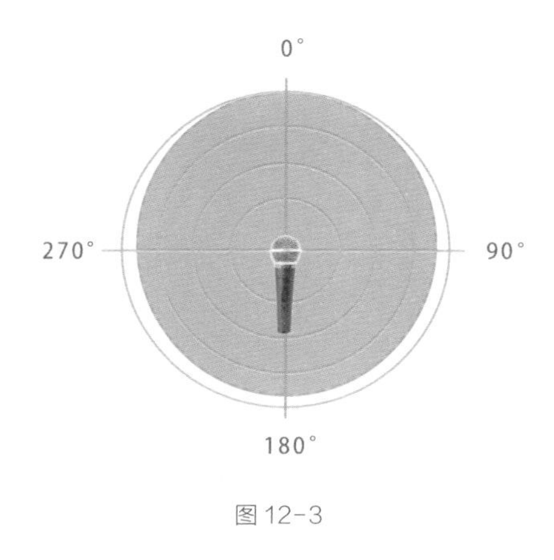

图 12-3

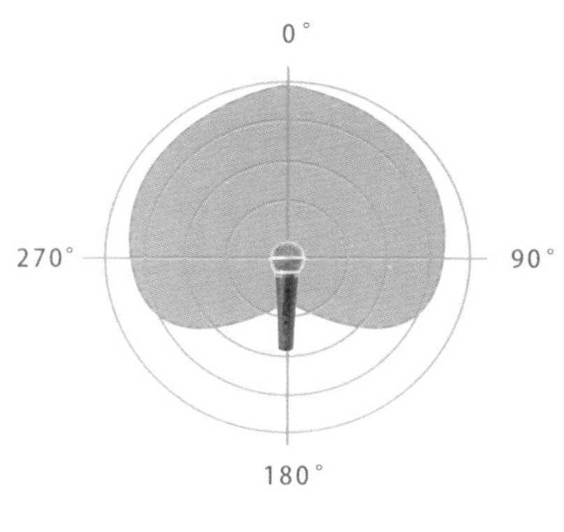

图 12-4

❸ 双向拾音

双向拾音话筒在它的前方和后方都有较小的拾音区域，如图12-5所示，常用于录制两人的谈话。它能很好地过滤来自其他方向的声音。

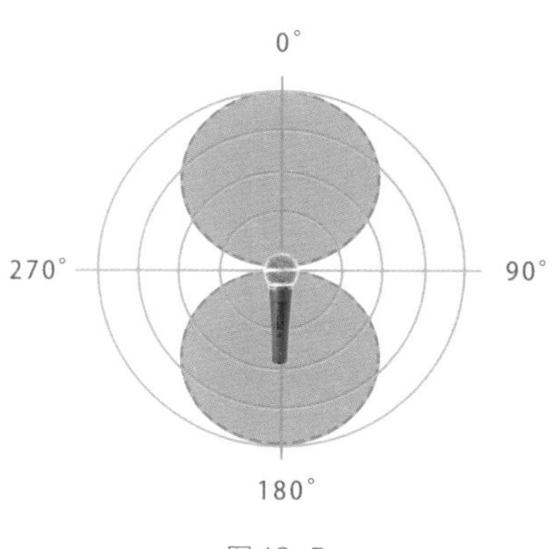

图 12-5

❹ 枪式拾音

枪式拾音话筒的拾音区域是话筒正前方一个很窄的区域，它就像枪一样，只会对“枪口”前方的声音敏感，且灵敏度高，可以在相对嘈杂的环境中拾取距离较远的人声，常用于对白的录制，如图12-6所示。这类话筒通常被安装在单反相机或微单相机的上方，或者用挑杆举在人物头顶上方并对准人物嘴巴录音。

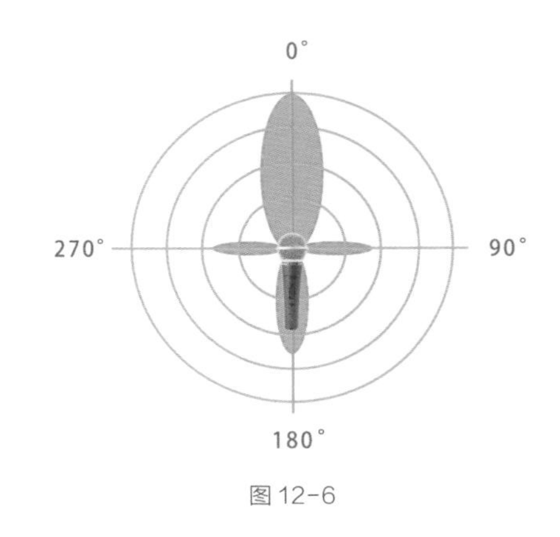

图12-6

12.2 手机录音

手机话筒是专门为语音通话而设计的，如果用它录制音频，效果并不是特别理想。使用手机录音时可以自制一些设备，或者使用一些外置设备，以提高声音的质量。

12.2.1 降低噪声

一部手机通常有2个或3个话筒，最常见的有2个话筒，如图12-7所示。一个位于手机底部，用于平时打电话或发送语音；另一个位于手机背面后置摄像头与手电筒附近，通常在用后置摄像头拍摄视频时用于收音。很多手机的听筒旁边也有一个话筒，通常用于视频聊天。

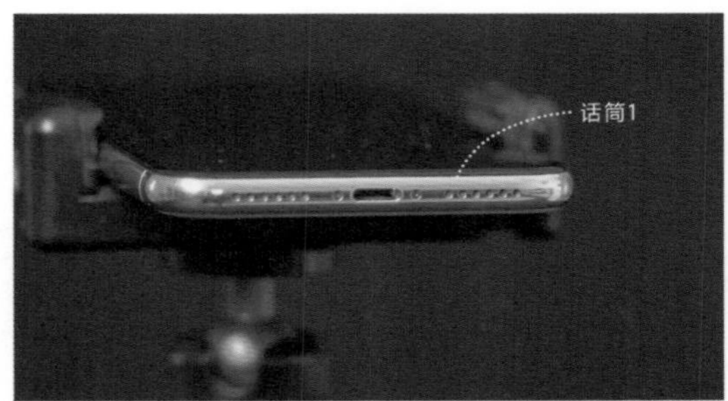

图12-7

手机话筒的灵敏度非常高，所以录音时应尽量找一个相对安静的环境，否则很容易拾取到嘈杂的环境音。如果只录音不录像，话筒的拾音孔可以尽量离嘴巴近一点，但不要直接对着拾音孔，否则容易录到很明显的呼气声或者喷麦的声音。通常将话筒置于嘴角一侧，且话筒离面部大约一拳远较好，如图12-8所示。说话声音大小应尽量均匀，不要忽大忽小，这样既能防止喷麦又能防止出现爆音，以免引起耳朵的不适。

图 12-8

喷麦指录音时嘴里喷出的气体会造成“噗噗”的响声，会让人感觉很不舒服。为了防止喷麦，可以在手机的拾音孔上套一只干净的袜子，或者戴上耳机，用胶带在耳机的拾音孔处粘上一小块海绵，如图12-9所示。

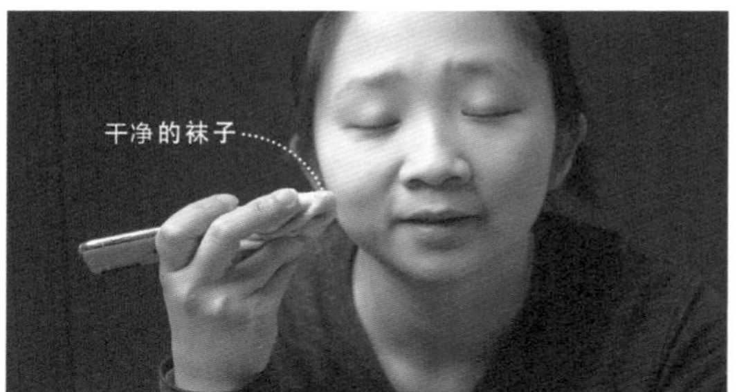

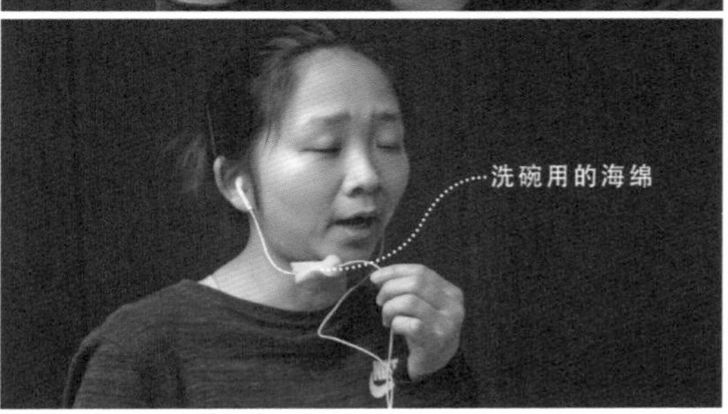

图 12-9

小提示

如果外界声音太吵，可以直接蒙着被子录音。被子具有隔音和吸音的作用。隔音是指防止外界的声音对录音环境造成干扰，吸音是指使录音环境里的声音能量快速减弱。

12.2.2 录音软件

手机录音的常用软件是语音备忘录。以苹果手机为例，使用语音备忘录时可以在“设置”里把“压缩”改为“无损”，如图12-10所示，这样录制的音频质量会更出色一些。其缺点是很多录音参数不能调节。

图 12-10

手机录音常使用的MOTIV Audio是一款免费的录音软件，支持手机内置话筒录音，在录音过程中可以对音频做出实时调节，包括话筒增益、立体声宽度，以及录制高品质非压缩WAV格式的音频，还可以调节淡出曲线和编辑录制文件，如图12-11所示。这款软件支持配合使用舒尔牌话筒，有5种内置的数字信号处理预置模式（演讲、歌唱、降半音、声学乐器、乐器扬声器），使用起来非常简单、方便。

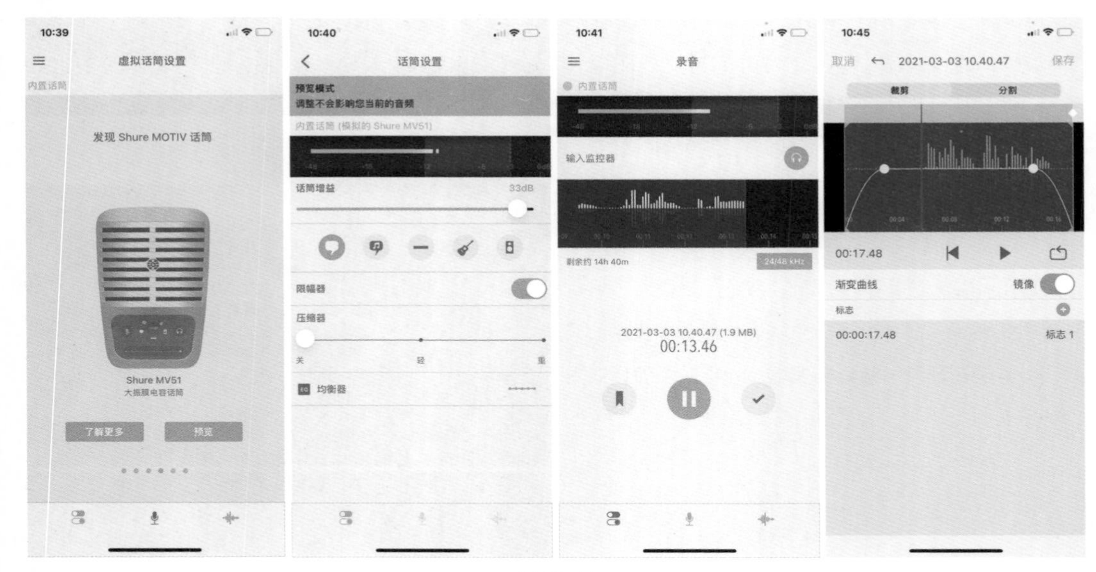

图 12-11

12.2.3 外置设备

当同步录制声音和画面时，添加一些外置设备可以提高声音的质量，如使用罗德、爱图仕等手机或单反相机专用的话筒，如图12-12所示。录制时只需将话筒3.5mm的连接头插入手机的耳机孔即可。使用这些外置设备的录制效果要比用手机自带的话筒好一些，如果经过后期降噪处理，效果会更加出彩。

图 12-12

部分专业话筒使用的是更为专业的卡农接口，如果话筒没有3.5mm的连接头，那么要连接手机就需要一款转接器，如BY-BCA70，它能将卡农接口转接成USB、Type-D和苹果的Lightning接口，如图12-13所示。使用这类话筒时只需将卡农接口插入转接器，再将转接器与手机相连即可。如果需要监听声音，可以将耳机插入音频监控孔。

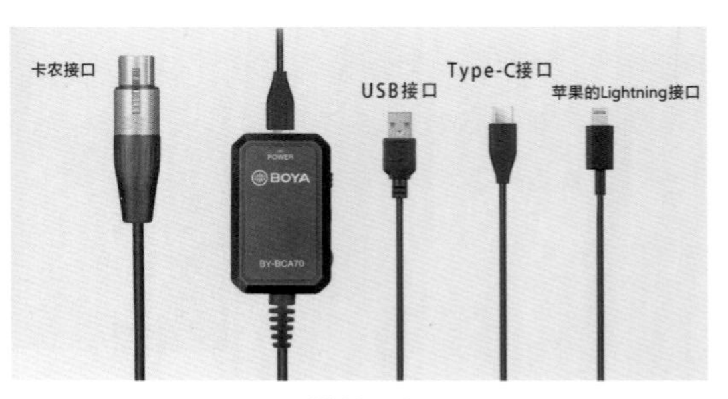

图 12-13

12.3 计算机录音

使用相机或手机录音的效果往往不尽如人意，这时就可以用计算机录音。计算机录音常用于翻唱、解说、配音等内容的录制，录制的声音质量较高。

12.3.1 连接设备

第一步是连接设备，专业的设备可以让录制的声音得到更好的还原。

❶ 所需设备

计算机录音用到的最重要的设备就是计算机。通常情况下，录音对计算机的要求并不是特别高，家用计算机只要能安装录音软件基本就可以录音。录音软件推荐使用Audition，其操作界面如图12-14所示。

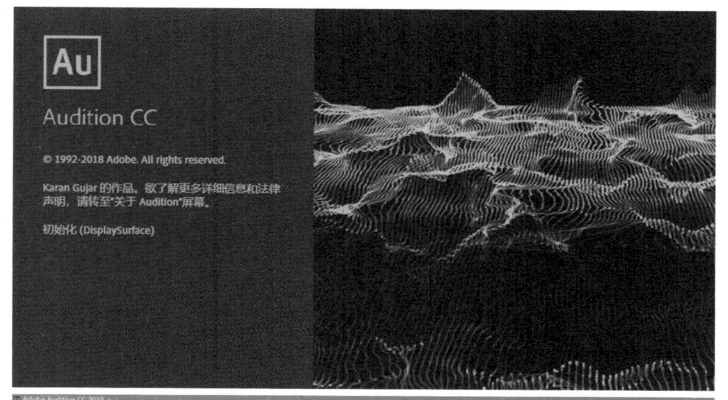

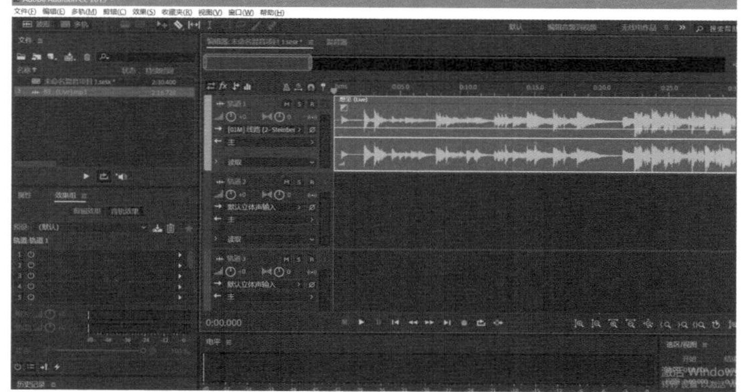

图12-14

小提示

Audition的安装和操作方法可以查看本书配套的教学视频。这款软件操作简单，录制完成后还可以直接在软件中进行后期处理。

声卡也是所需设备之一，声卡的主要作用是转换声音。所有的计算机主板基本都有集成声卡，可以满足日常看视频、听音乐的需求。但如果要录制高清音频，计算机内置的集成声卡就无法满足需求。内置集成声卡和外置专业声卡如图12-15所示。

小提示

在录制高清音频时通常会添加一个外置专业声卡，其通过USB接口与计算机相连，其特点是受机箱内的电磁干扰小，得到的音质非常纯净。我常用的声卡品牌是雅马哈，如steinberg UR12，它价格低廉、录制效果好。

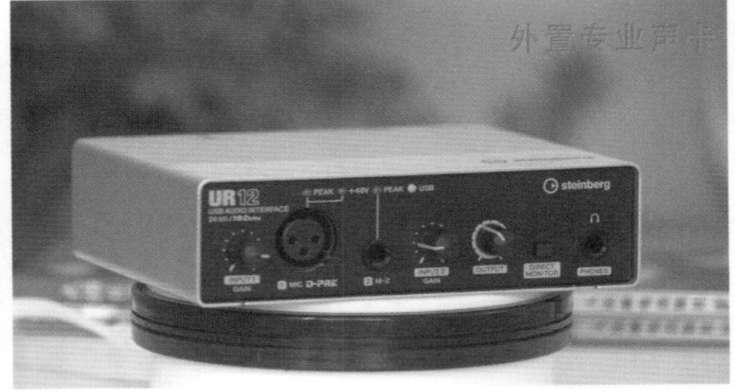

图 12-15

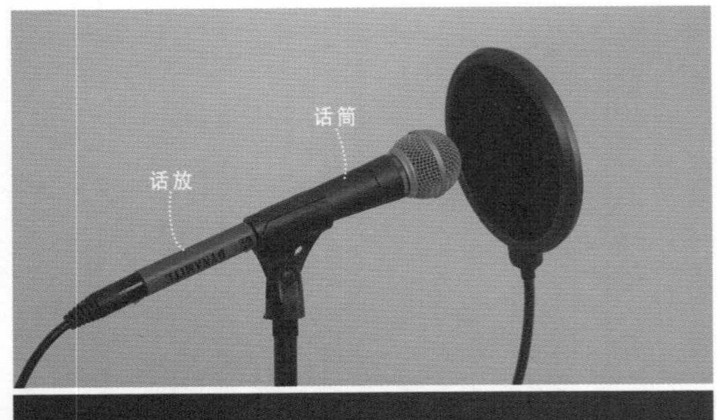

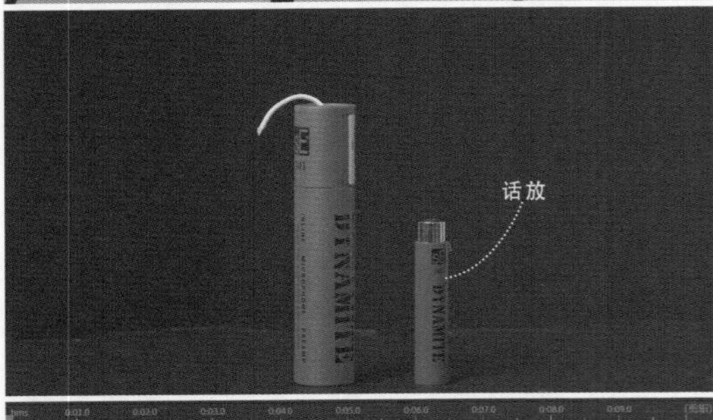

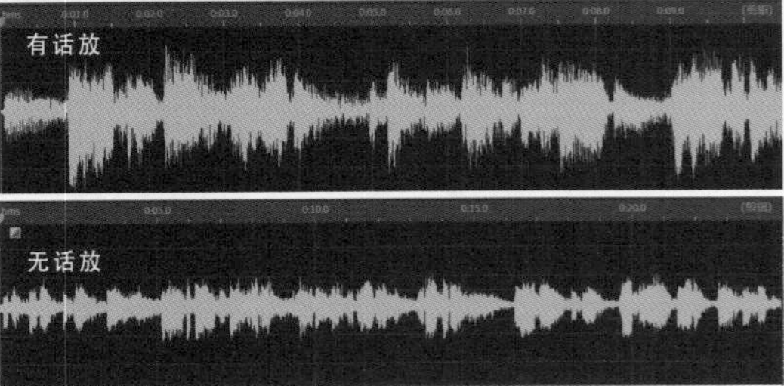

图 12-16

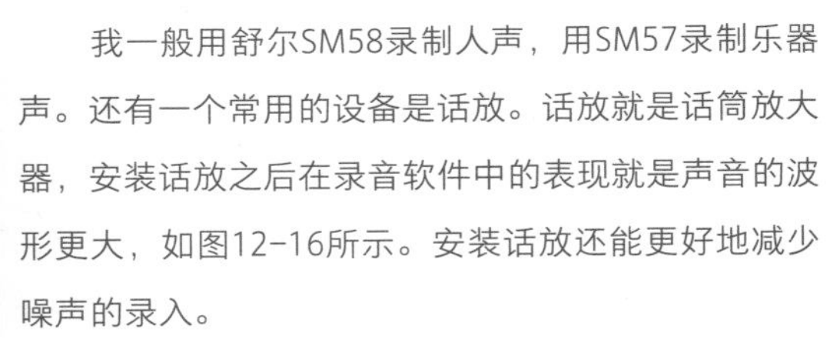

我一般用舒尔SM58录制人声，用SM57录制乐器声。还有一个常用的设备是话放。话放就是话筒放大器，安装话放之后在录音软件中的表现就是声音的波形更大，如图12-16所示。安装话放还能更好地减少噪声的录入。

专业话筒采用的插头几乎都是卡农XLR三芯插头，其分为公头和母头，公头用于信号输出，母头用于信号输入，如图12-17所示。

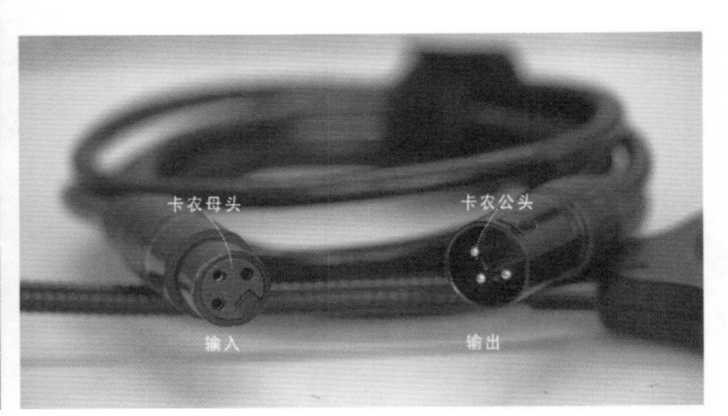

图 12-17

监听耳机也是所需设备之一，其作用是不加修饰地还原最真实的声音，通常需要配一个3.5mm转6.5mm的转换插头，以将其与声卡相连，如图12-18所示。

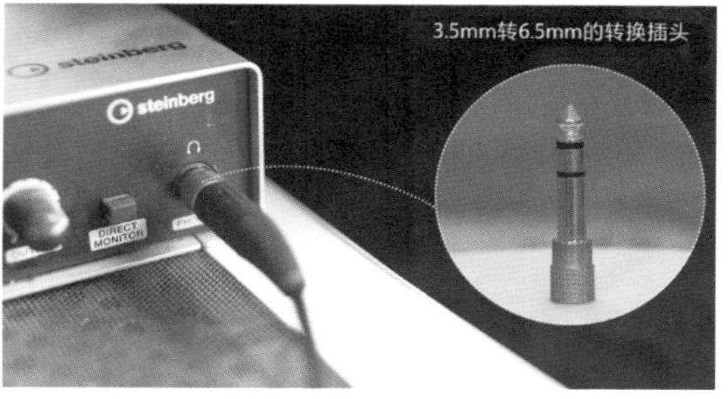

图 12-18

❷ 连接

将话筒连接话放，再将话放连接声卡，将声卡连接计算机和监听耳机或监听音箱，如图12-19所示。

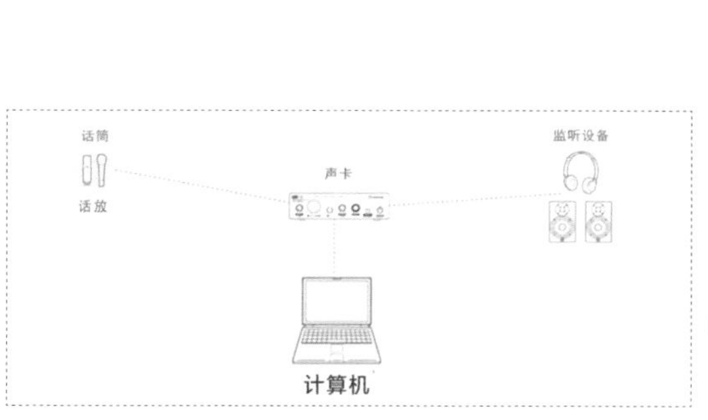

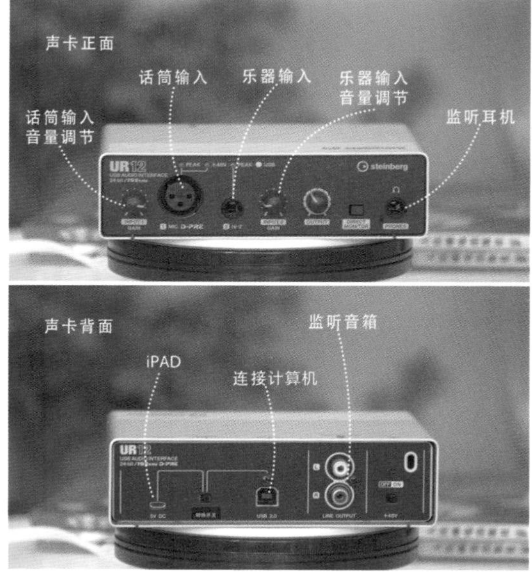

图 12-19

12.3.2 基础设置

连接好设备之后需要对声卡、计算机及录音软件进行设置，设置完成后才可以正式录音。

❶ 声卡设置

安装声卡后最重要的一件事就是给计算机安装驱动程序，通常去声卡品牌的官网下载驱动安装程序，如图12-20所示。下载后双击驱动安装程序并根据提示直接安装即可。

在声卡的背面有一个+48V供电开关，如图12-21所示。通常在使用电容麦时需打开这个开关，在使用动圈话筒的时候需要关闭这个开关。

录制的声音通常有高有低，为了防止高音爆掉，话筒输入音量调节的旋钮尽量不要旋得过多，通常旋至11点至1点之间比较合适，如图12-22所示。

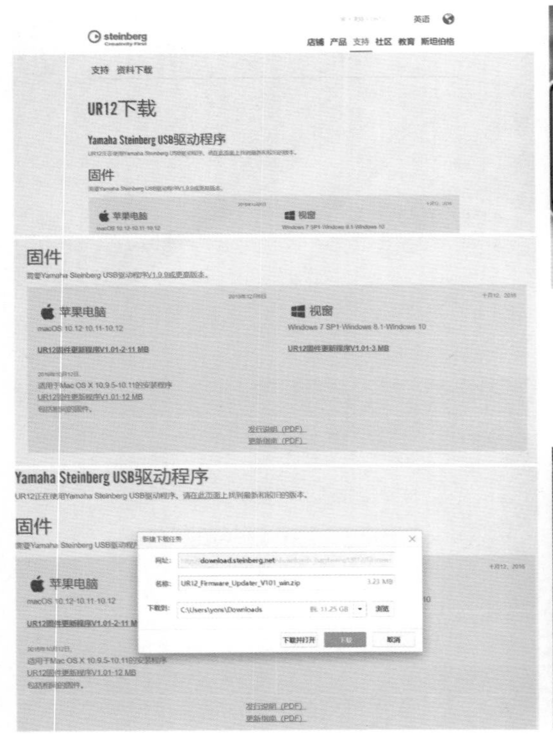

图 12-20

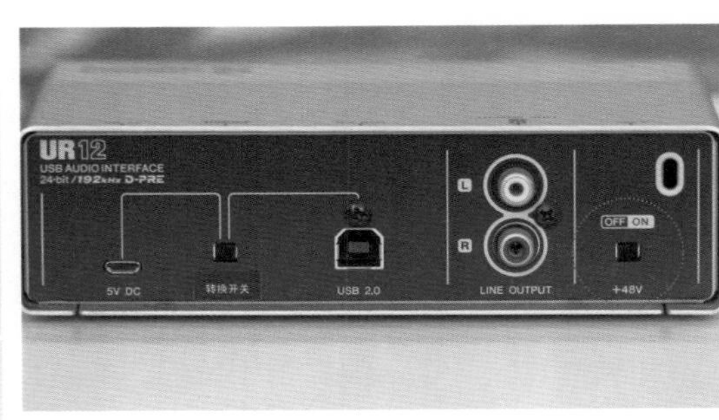

图 12-21

图 12-22

❷ 计算机设置

将鼠标指针移至计算机界面右下角的声音图标上，单击鼠标右键，再单击声音，会出现声音设置对话框，如图12-23所示。单击“播放”，将线路设置成声卡线路；再单击“录制”，将线路设置成声卡线路。

图 12-23

❸ 软件设置

打开Audition，执行“编辑>首选项>音频硬件”命令，查看“设备类型”是否是MME，以及默认输入和输出是否是声卡线路，如图12-24所示。如果是，可直接单击“确定”按钮。

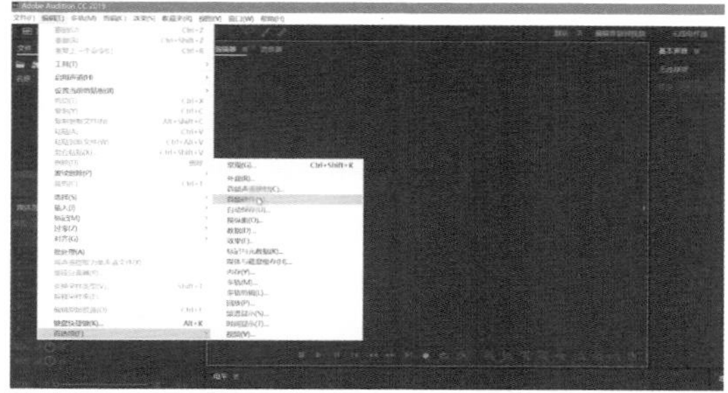

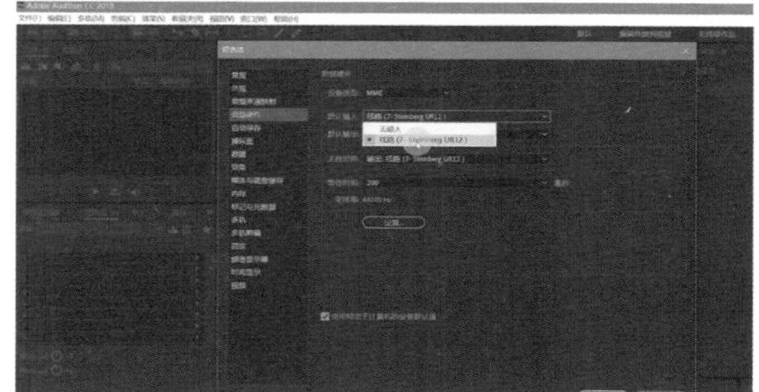

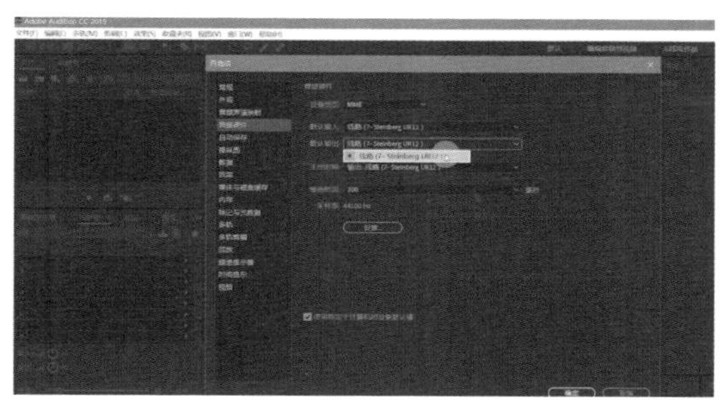

图 12-24

单击菜单栏下面的“多轨”按钮，会弹出“新建多轨会话”对话框，设置参数后单击“确定”按钮。单击轨道上的“静音”按钮和“录制准备”按钮，使其呈打开状态，再将输入改为声卡线路，最后单击红色的“录制”按钮即可开始录音，如图12-25所示。

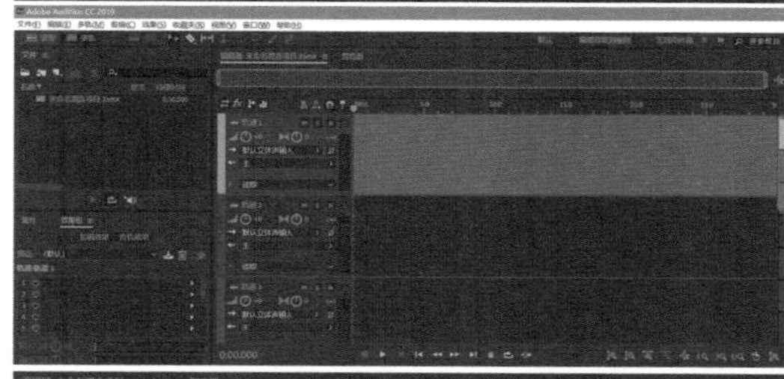

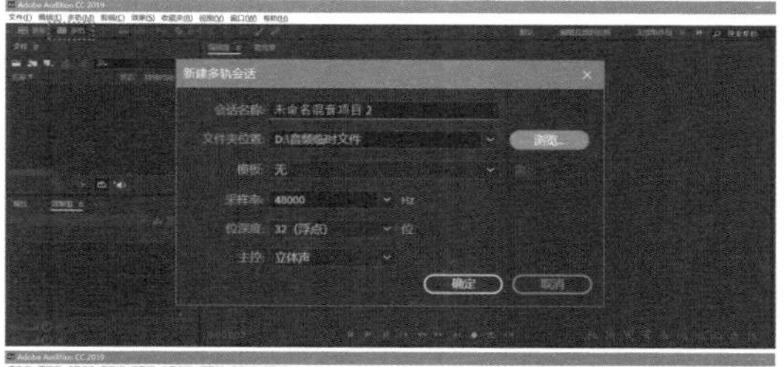

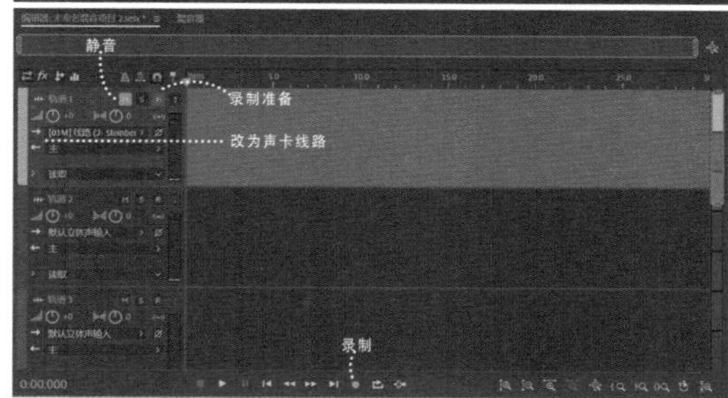

图 12-25

小提示

通常声音的波形应占轨道框的 1/3，这样既能保证音量的大小合适，减少噪声的录入，又能保证高音不会爆掉。如果波形过大或过小，可以用声卡的音频输入旋钮进行调节。录制完成后如果需要听一下音频，需打开静音开关，再把播放指针移动到时间线的最前端，然后敲击键盘上的空格键即可。

12.3.3 注意事项

声音的录制一般需要注意3点。一是录制距离，不管使用什么话筒，话筒都应尽量离声源近一点，这样可以减少噪声的录入，还可以让声音更加贴耳，但不可少于一个拳头的距离。二是一定要使用防喷罩，以防止喷麦。正确录制距离及防喷罩如图12-26所示。三是录音时一定要监听，否则话筒或连接线路出现故障，如音频有“呲呲”的电流声，就需要重新录制。

图 12-26

12.4 现场实录

现场实录常用来录制教学视频、Volg及多人对白场景等。不同的录制内容可选择不同的录制方式和录制设备。

12.4.1 录制方式

拍摄视频时，音频的录制方式通常有两种，即声画同步和声画分录。录制声音时，需根据自己的实际情况选择不同的录制方式。

❶ 声画同步

声画同步是指当录音设备与拍摄设备直接相连时，录音设备录制的声音通常可以同步覆盖拍摄设备录制的声音，这样在剪辑时就不需要再重新对齐声音，方便快捷。声画同步所用设备如图12-27所示。

图 12-27

❷ 声画分录

声画分录是指在使用专业录音设备录制高清音频时，视频拍摄设备会录制相同的声音，但质量不如专业录音设备录制得好，所以后期需要把视频拍摄设备录制的声音替换成高清音频。同时，后期为了能更快地对齐波形，拍摄前需要打板。打板的声音比较响亮，会在两种设备录制的声音中都留下较宽的波形记号，方便后期对齐波形、替换声音，如图12-28所示。如果没有场记板，可以通过拍手代替。

图 12-28

12.4.2 录制设备

现场实录时，根据录制环境的不同会用到不同的录音设备，如机头麦、枪式话筒、领夹式话筒等。放置话筒时要注意其高度、角度和方位，使声源方向处于话筒的有效拾音区域内。

❶ 机头麦

机头麦多为心形拾音话筒，如图12-29所示。其价格低廉，主要用于收集话筒前方的声音，录制的声音清晰。机头麦适合在录制教学视频或采访时使用，如果在室外录音且有风的情况下可以配上一个防风罩。

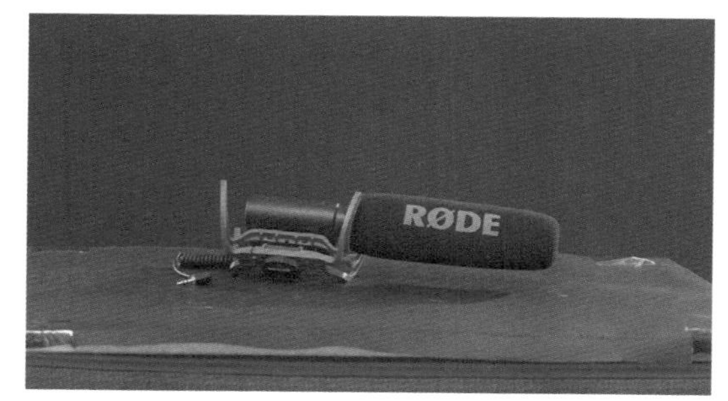

图 12-29

使用机头麦时可以直接将其插头插入相机的收音孔中，如图12-30所示。机头麦收录的声音会自动录入相机，覆盖相机录制的声音。这样后期就不用耗费时间分类整理声音和画面了，也不用在后期软件里对齐声音了。

录制声音时，一定要设置好输入音量的大小。如果输入音量过小，在后期强行增大音量时就会听到很多噪声；如果输入音量太大，就可能会听到刺耳的破音或电流的干扰声。可以在相机内设置音频输入的电平值。录制两人在正常距离下的说话声时，一般将电平值设为-12dB，如图12-31所示。

图 12-30

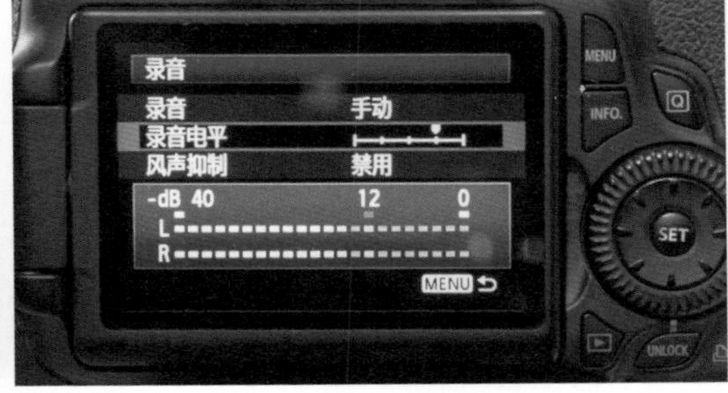

图 12-31

❷ 枪式话筒

枪式话筒具有较强的指向性，其体形较长，多用于拍摄对话场景。可以把它放在专用话筒支架上，拍摄运动镜头时就需要人举着支架，如图12-32所示。枪式话筒通常需要和录音笔、挑杆、延长线、减震支架配合使用，基本使用原则是谁说话话筒就指向谁。如果人物在运动，录音师也要同步运动，并且需要在保证话筒不出镜的情况下，使其尽量离嘴巴近一点。

没有录音笔的时候，可以用一根长一点的延长线连接相机的枪式话筒，这样可以让录音变得更加灵活，如图12-33所示。

图 12-32

图 12-33

❸ 领夹式话筒

领夹式话筒常用来录制人物的对白，俗称“小蜜蜂”。它具有体积小、重量轻、录制的声音比较贴耳等特点，可以轻松夹在衣领或外套上，如图12-34所示。

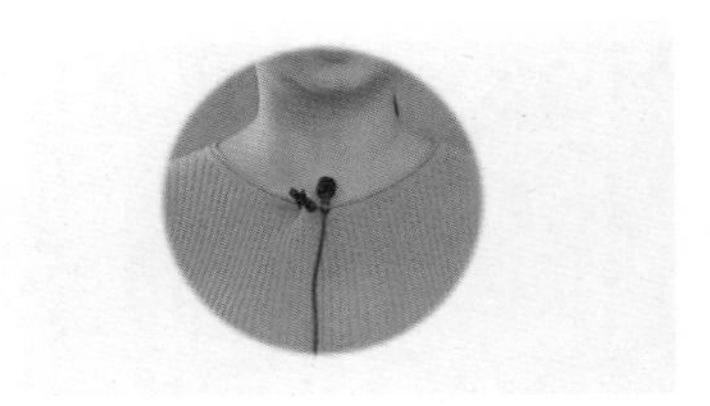

图 12-34

领夹式话筒也可以和拍摄设备直接相连，主要适合于需同步录音的演讲、影视制作、教学等场合。它由接收器和发射器两部分组成，如图12-35所示。它可以无线传输声音信号，前提是发射频率和接收频率相同且发射器与接收器之间的有效距离在100m以内。

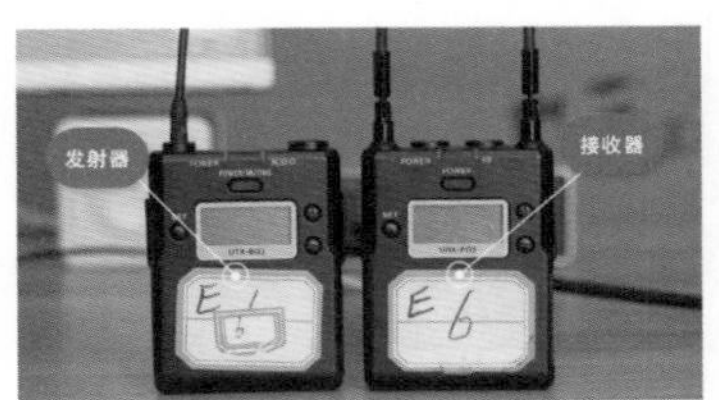

图 12-35

12.5 后期修音

录制的声音通常需要降噪和音量校正，以确保声音更干净、更好听，这也是声音处理时的基础操作。

12.5.1 降噪

降噪的目的是让声音更加干净，降噪器前后的声音波形对比如图12-36所示。如果声音本身就很干净，降噪后的效果会更好。但如果噪声过大，并进行强行降噪，声音就会出现失真的情况。

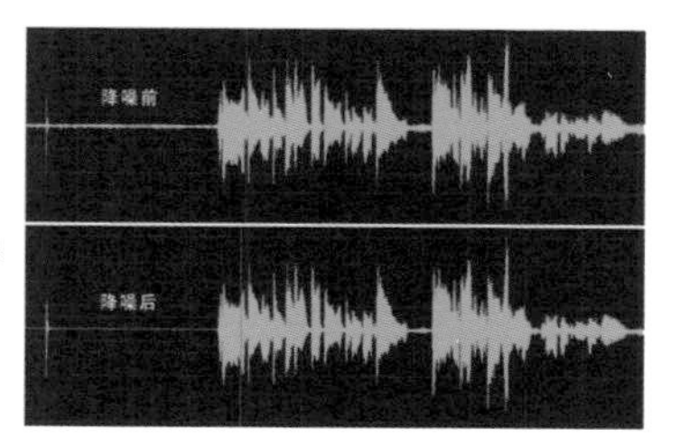

图 12-36

录音前通常要录制一段环境音，以便后期降噪使用。降噪的步骤很简单。以Audition为例，将音频文件拖入项目区域，双击音频文件。框选噪声样本，然后选择“效果>降噪/恢复>降噪（处理）”，再依次单击“捕捉噪声样本”“选择完整文件”“应用”，即可完成降噪处理，如图12-37所示。

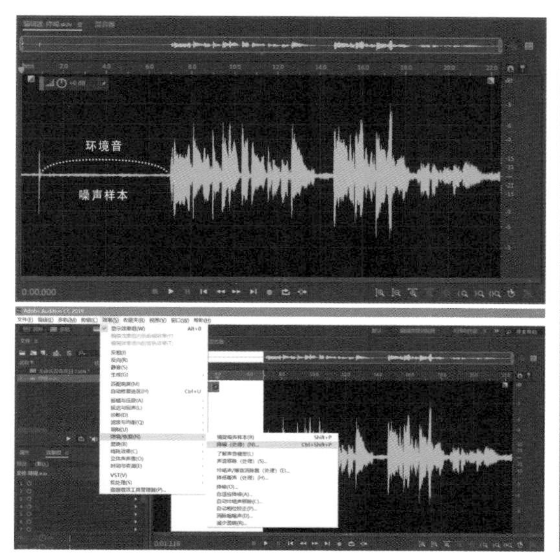

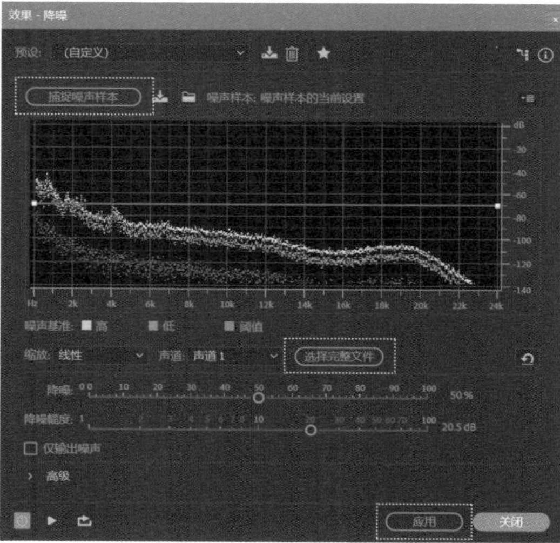

图 12-37

12.5.2 音量校正

音量校正可确保声音不会过大或过小。一个比较快捷的音量校正方法是：打开“效果组”面板，单击右边的小三角，选择“振幅与压限 > 语音音量级别”，弹出一个参数调节对话框，如图12-38所示。这个效果不仅可以使音频的音量提高，还可以压制音频的噪声。但是直接添加“语音音量级别”效果之后的音频，有时会出现音频音量忽大忽小或者失真的情况。所以通常在添加“语音音量级别”效果时，还需要调节电平值，如图12-39所示。电平值调节到多少可以根据自己的音频情况决定，需要边听边调。调节到合适的电平值，然后单击“效果组”面板中的“应用”按钮，这样声音音量就会自动调整至合适的范围。

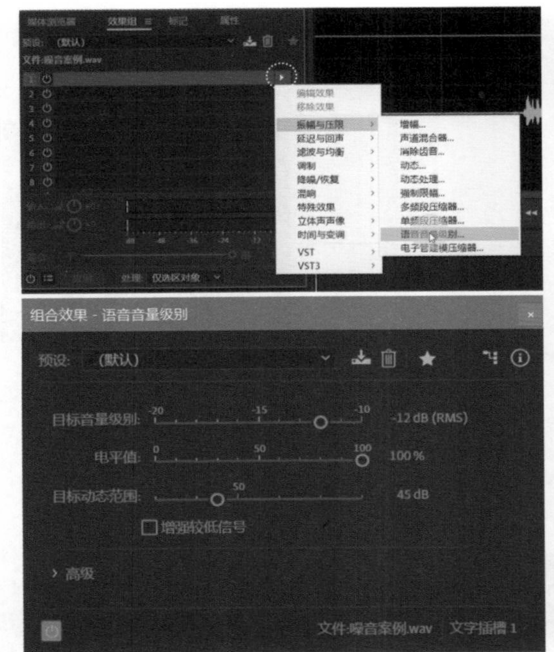

图 12-38

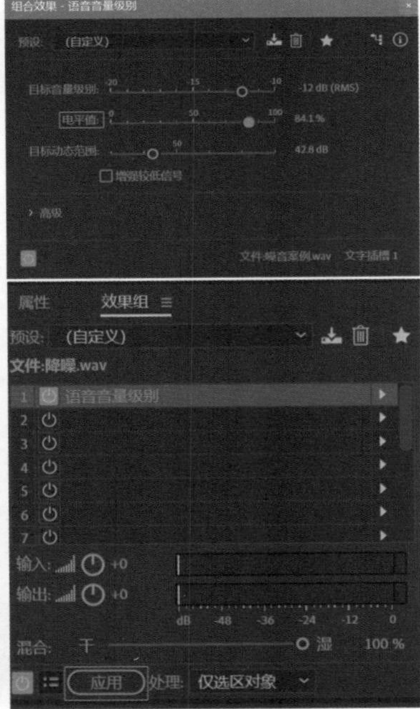

图 12-39

拓展训练

（1）熟悉Audition的基本操作。

（2）学会给录制的音频降噪。

对话拍摄技巧

本章概述

对话在剧情类短视频中经常见到。本章介绍的对话拍摄技巧需遵循轴线原则和三角机位原理。这些技巧主要用于人物不动、镜头不动的情况下，拍摄人物之间的对话。拍摄人物对话场景时，摄像机的角度、高低、远近不同，会使观众的心理感受发生变化。例如，在拍摄双人对话时，给其中一个人特写镜头，观众在直视他的眼睛时就会感觉自己跟他很亲密，很容易站在他的立场上思考问题。即使对话本身很简单，经过精心设计之后，画面也会变得生动。需要注意的是，创作者在设计时要使对话场景真实、自然。

知识索引

双人构图	过肩镜头	机位变化
双人对话	拍摄距离	摄像机的高度
三人对话	合理越轴	

13.1 双人构图

画面中有两个人的镜头就是双人镜头。双人构图通过人物的排列方式、位置关系及姿势的组合，基本可以表现日常生活中任何双人对话场景。

13.1.1 排列方式

双人构图中人物有两种排列方式，分别是直线构图和直角构图。

❶ 直线构图（I）

直线构图是指两人排列成一条直线，这条直线可以横着、斜着或者竖着，如图13-1所示。由于这种排列方式像英文字母I，所以又称I形构图。

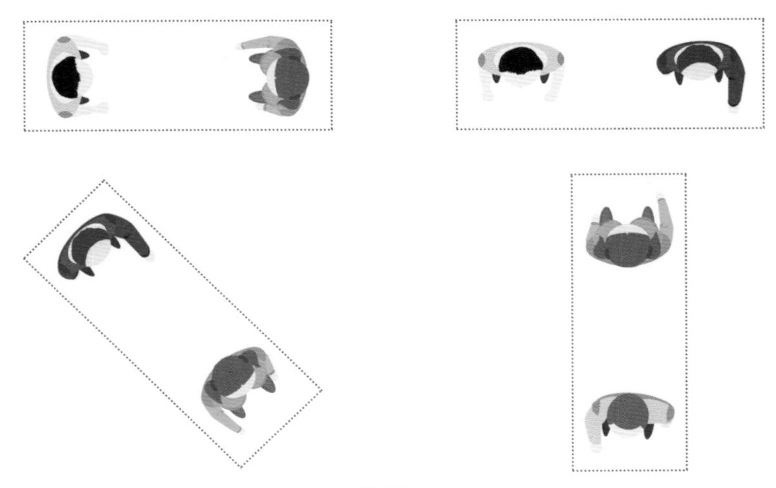

图 13-1

❷ 直角构图（L）

直角构图是指两人排列成直角，如图13-2所示。由于这种排列方式像英文字母L，所以又称L形构图。

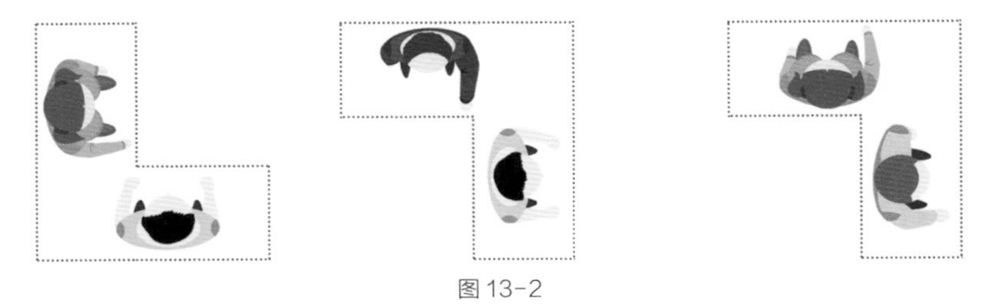

图 13-2

13.1.2 位置关系

两人的位置关系可以是面对面、肩并肩、背对背、面对背4种情况。

❶ 面对面

日常生活中，两人以面对面的位置关系排列的情况非常多，如两人谈话，一起工作等，如图13-3所示。

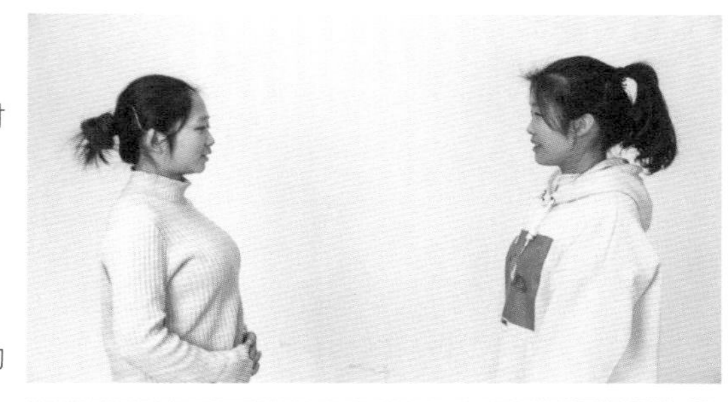

图 13-3

❷ 肩并肩

肩并肩的位置关系也很常见，如开车时主驾驶座和副驾驶座上的两人、两人并排走路或并排眺望远方，以及一人面向前方、另一人面向后方的站位，如图13-4所示。

图 13-4

❸ 背对背

背对背的位置关系不是特别常见，两人互相看不到对方的脸和眼睛的画面，常表示两人之间存在矛盾等情况，如图13-5所示。

❹ 面对背

两个人骑在摩托车上；一个人在做饭，另一个人在他背后看他做；一个人不想面对另一个人等情况中都存在面对背的位置关系。最后一种情况如图13-6所示。

图 13-5

图 13-6

13.1.3 姿势

日常生活中人物对话时的姿势可以是站姿、坐姿、躺姿等，或者它们之间的组合。

❶ 站姿

两人可以是站着的，如图13-7所示。

图 13-7

❷ 坐姿

两人可以是坐着的，如两人坐得一样高，或者一人坐得高另一人坐得矮，如图13-8所示。

❸ 躺姿

两人可以是躺着的，或者半坐半躺着的，如图13-9所示。

图 13-8

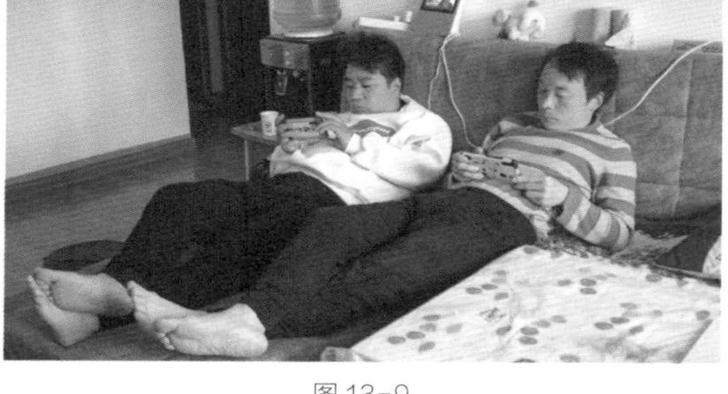

图 13-9

当然现实生活中并不是只有站姿、坐姿、躺姿，还有跪姿等。更多的时候，两人的姿势是不同姿势的组合。例如，探望病人时，可能是一个人躺着，另一个人坐着；父母叫孩子起床时，可能是一个人站着，另一个人躺着；老师批评学生时，可能是一个人站着，另一个人坐着。无论两人怎样排列，拍摄对话场景时通常可以按照轴线原则和三角机位原理摆放摄像机。

13.2 过肩镜头

过肩镜头又称拉背镜头，是指从一个人的肩膀后面拍摄，使这个人的头部和肩部处于前景中，然后拍摄另一个人或物体，从而使画面具有强烈的纵深感。

13.2.1 过肩看物

过肩看物是指从人物的肩膀后面拍摄人物看到的物体，通常用来表现人物与物体之间的位置关系，如图13-10所示。

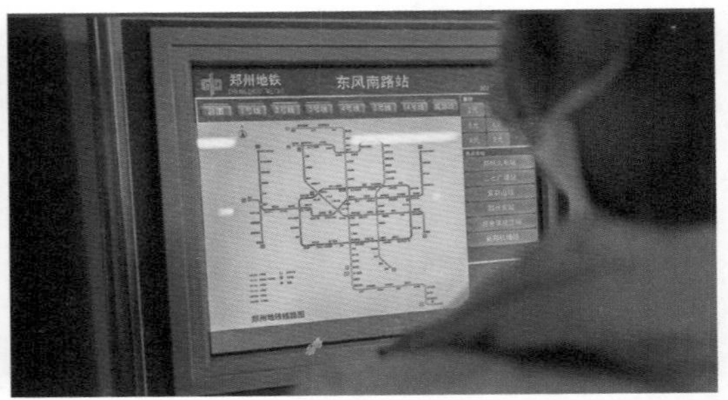

图 13-10

13.2.2 过肩看人

常见的过肩看人镜头是拍摄双人对话时的外反拍镜头，通常看不到背对镜头人物的鼻尖。

❶ 不同景别过肩

过肩的双人镜头在远景到近景这一系列景别中都可以得到很好的应用，镜头越往前推越能强调远景中的人物，如图13-11所示。

图 13-11

❷ 长焦过肩

长焦镜头拉近了两人在纵深方向上的距离。使用长焦镜头拍摄过肩镜头时，拍摄出来的画面会让两人关系显得更加亲密，如图13-12所示。如果故事中的两人是敌对关系，长焦过肩镜头会给人更强的冲突感。

图 13-12

❸ 其他角度

从一个人的肩膀后面拍摄另一个人或物的镜头叫作过肩镜头，同样的思路也适用于臀部或膝盖。把摄像机放低到大概臀部的位置，这样拍摄的镜头被称为过臀镜头。这种低角度拍摄方式常用来表现两人之间的敌对关系，如图13-13所示。

图 13-13

13.2.3 构图重点

拍摄过肩镜头时采用不同的构图方式，画面所表现的重点不同。通常面向摄像机或在画面中所占面积较大的人会得到观众更多的关注。如果背对镜头的人物再稍微虚化一些，这样会更有力地突出面向摄像机的人物，如图13-14所示。

图 13-14

前景中的人物占据画面的大部分区域，后景中的主要人物占据画面上方一块很小的区域，如图13-15所示。这种构图方式好像要把面对镜头的人物挤到一个很小的空间里，从而让观众觉得这个人承受着很大的心理压力。

图 13-15

有时可利用明亮的光线照亮主要人物，同时前景中人物的身体遮住一半画面，而且其背部处于黑暗之中，以突出后景中较亮的人物，如图13-16所示。

图 13-16

13.3 机位变化

当人物的排列方式为直角构图时，常用直角机位和共同视轴进行拍摄。

13.3.1 直角机位

当人物形成直角构图时，会形成一条关系轴线，多个摄像机可以在轴线的同一侧，呈三角机位拍摄，如图13-17所示。镜头1为主镜头，镜头2和镜头3在三角形的底边上，它们的拍摄方向是成直角关系的。镜头1、镜头2和镜头3都在轴线的同一侧，既可以在人物的前方，又可以在人物的后方。

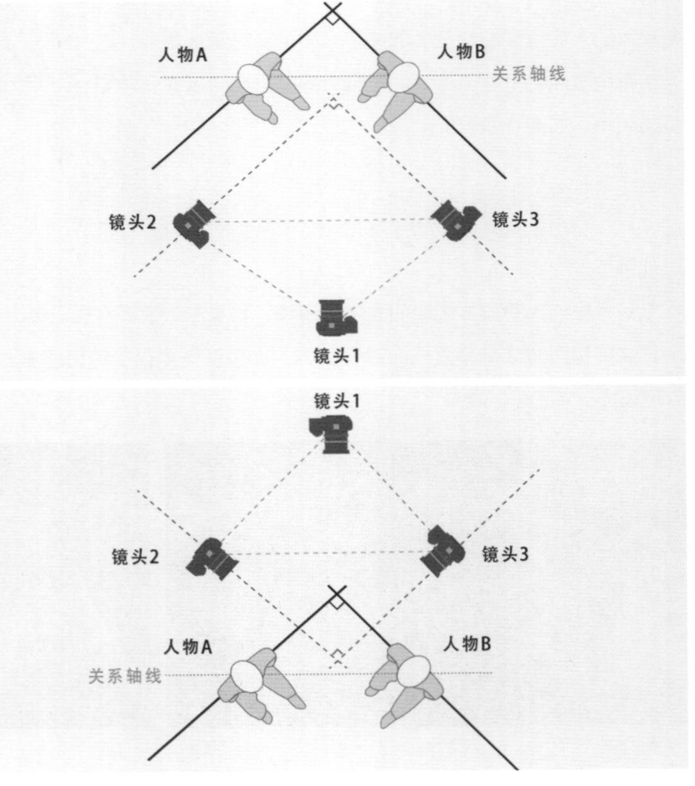

图 13-17

直角机位也常用来拍摄中间有障碍物的双人对话场景，如两人之间隔了一张桌子，如图13-18所示。

图 13-18

有时为了表现离别场景，也可以采用直角机位。人物的站位在同一区域，先拍两人的侧面，再拍过臂镜头，如图13-19所示。过臂镜头中人物的运动速度看起来会比较慢，尤其是使用长焦镜头拍摄时，从而表现离别时的凄凉氛围和不舍情绪。

图 13-19

13.3.2 共同视轴

摄像机沿着拍摄方向前进或后退而形成的直线称共同视轴。在原来的三角机位上做一下延伸，如图13-20所示。当摄像机在人物的前面拍摄时，镜头3拍摄的画面包括人物A和人物B；把镜头3沿着它的共同视轴往前移，这时镜头3拍摄的景别会更小，这种拍摄手法会使人物A更为突出。同样，当摄像机在人物的后面拍摄时，镜头2或镜头3沿着共同视轴方向往前移，也会使其中一个人显得更为突出。

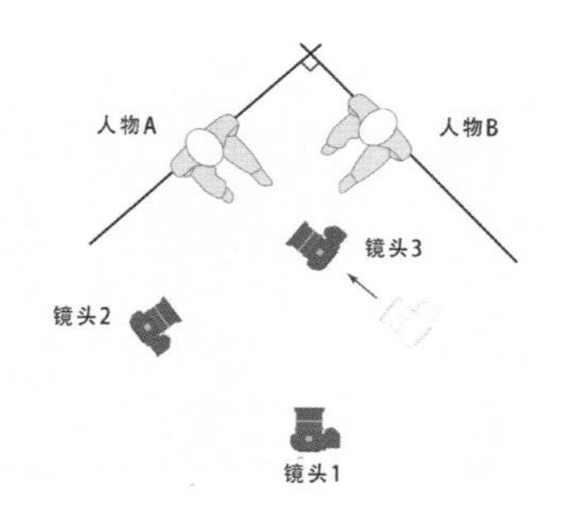

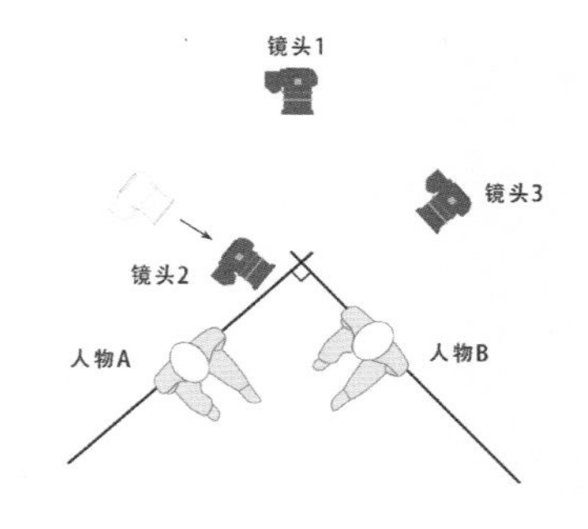

图 13-20

13.4 双人对话

拍摄双人对话场景时要遵循三角机位原理，但由于两人的排列方式、位置关系、姿势不同，所拍摄出来的画面效果会不同。在面对面的位置关系下摄像机的摆放方式已在第3章进行了讲解，所以本节将带大家了解在肩并肩、背对背、面对背的位置关系下摄像机的摆放方式。下面主要以双人对话的形式进行演示，双人对话是三人对话或多人对话的基础。

13.4.1 肩并肩

肩并肩的位置关系下的构图分为直线构图和直角构图。

❶ 直线构图

两人肩并肩采用直线构图时，摄像机的摆放方式和两人面对面时相似。

当两人肩并肩面朝同一方向，如趴在栏杆上聊天时，可以在人物正面采用外反拍机位拍摄，如图13-21所示。

图13-21

当表现两人偷偷摸摸见面的场景时，可以在人物后面拍摄。例如，两人坐在长椅上，可以从两人背后采用外反拍机位拍摄，两人没有眼神交流，如图13-22所示。

图 13-22

当两人肩并肩往前走的时候，使用内反拍机位分别拍摄两人的侧脸，可以表现出两人意见不统一或有矛盾，如图13-23所示。

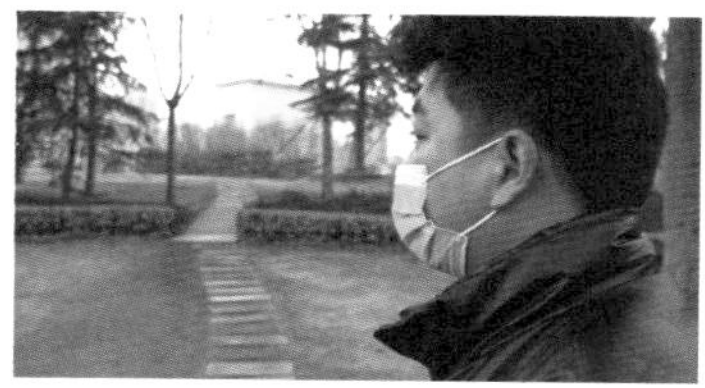

图 13-23

当拍摄两个人物并排向前走时，人物行走的方向会形成一条运动轴线。这时，将摄像机放置在轴线上拍摄，先拍人物正面，再从人物背面拍摄过肩镜头。这种拍摄手法可以用于表现两人正在走路，突然被前面一个物体或人物吸引的场景，同时也可表现这两个人物与这个物体或人物的关系，如图13-24所示。

图 13-24

❷ 直角构图

当人物采用直角构图时，可以用前面讲的直角机位拍摄。常见的拍摄方式有两种。第一种是摄像机在人物前面，采用直角拍摄，效果如图13-25所示，这时可以把两个人物都拍进去。如果想要突出表现其中一个人，可以把其中一个摄像机沿着视轴方向往前移，效果如图13-26所示，让人物的景别变小，另一个人物出画。

图13-25

图13-26

第二种拍摄方式是将摄像机放在人物的后面，采用直角拍摄，效果如图13-27所示，这时可以把两个人物都拍进去。如果想要突出表现其中一个人，可以把其中一个摄像机沿着视轴方向往前移，如图13-28所示，让人物的景别变小，另一个人物出画。

图13-27

图13-28

13.4.2 背对背

背对背的情况下，两人的目光不接触，常用来表示两人之间存在冲突。

❶ 直线构图

当两人背对背采用直线构图时，过肩镜头，通常用于表示两人完全对立。两人目光不接触，有时也可表现一种随意的氛围；如果一人扭头或转身看向另一人，这会将观众的注意力引向另一人，如图13-29所示。

图 13-29

❷ 直角构图

当两人背对背采用直角构图时，采用直角机位拍摄，分别拍摄两人。图13-30所示分别是摄像机在人物前面进行直角拍摄和摄像机在人物后面进行直角拍摄的画面。

图 13-30

其中一台摄像机沿视轴往前推，让其拍摄的画面中只留下一人，如图13-31所示。

图 13-31

13.4.3 面对背

在面对背的位置关系下，常见的几种拍摄方式如下。

❶ 直线构图

当两人面对背采用直线构图时，可采用外反拍机位拍摄。人物离镜头越近，观众会感觉自己与其越亲密。若单独拍摄后景中人物的近景镜头和前景中人物的侧面镜头，会给观众带来一种疏远的感觉，如图13-32所示。

图 13-32

采用平行机位拍摄时，只能拍摄两人的侧面，但侧面镜头会给人一种不友善的感觉，所以这种拍摄方式常用来表现两人的矛盾加深，如图13-33所示。

图 13-33

❷ 直角构图

直角构图的站位是背对侧，面部被清楚呈现的人物将主宰该镜头，如图13-34所示。纵深调度会鼓励观众认同前景中的人物。

小提示

人物的站位和摄像机的摆放还有很多种组合，了解原理后，创作者可以根据需要进行选择。

图 13-34

13.5 拍摄距离

不同的拍摄距离给观众带来的心理感受不同。远距离拍摄可以更好地介绍对话环境及人与环境之间的关系，画面可以给观众相对放松的感觉；近距离拍摄可以更好地突出细节，手指或咽喉部位的一个细微的动作，或脸上的一个轻微的表情在画面中看起来也非常具有冲击力。当不同拍摄距离的镜头组接在一起时，对话就会显得张弛有度。

13.5.1 人物关系与距离

影片中常用距离来表现人与人之间的关系。亲密距离为半米左右，通常用来表现情侣或家人之间的关系；如果陌生人离自己这么近，人们就会有被侵犯的感觉。街上有很多人的时候，如图13-35所示，人会感到不安，会觉得很烦躁。个人距离为一米左右，通常用来表现朋友、同事之间的关系。社会距离通常为三四米，这也是普通社交场合中人与人之间的正常距离；若距离再远一点，人物沟通就会出现障碍。公共距离为七八米，甚至更远。

图 13-35

小提示

根据人物之间距离的远近，拍摄时配合使用景别，这样更能表现人物之间的关系。在亲密距离下拍摄特写镜头，可以使观众更关心、更认同被摄对象；如果被摄对象是反面角色，这样就会让观众更讨厌他。在个人距离下可以用中近景；在社会距离下可以用中景和全景；在公众距离下可以用远景。此外，摄像机离被摄对象越远，观众的态度就越中立。

13.5.2 重点突出

在读书时，若看到重点大家常会用笔标记一下，或将那一页折角。视频制作也是如此，重点内容常用不同的拍摄距离来强调。例如，拍摄两人许久未见后重逢的画面时，可以让两人面对面并离得很近，然后其中一个人跑过去抱住对方。这时可以采用外反拍机位，先拍中景，以交代两人的位置关系；当一人跑过去抱住对方时，拍摄这个人物的特写，如图13-36所示。这种拍摄手法可以着重表现景别较小时人物的内心活动。

图 13-36

在拍摄两个相距很远的人物时，拍摄距离上的差别可以使观众的注意力集中在重要的人物身上。例如，一个全景的主观镜头和一个特写镜头组合，离镜头更近的人物更有吸引力，如图13-37所示。

图 13-37

13.6 摄像机的高度

不同摄像机的高度可表现出场景中谁占据着优势。尤其是拍摄对话场景时，不同的高度常用来强调两人之间力量的悬殊。例如，一个高个子和一个矮个子相遇，他们分别以俯视和仰视的角度看对方，高个子会给矮个子一种被威胁的感觉。

13.6.1 相同高度

通常情况下，摄像机会在与两人头部等高的位置拍摄，以表现平等的对话关系，如图13-38所示。

图 13-38

13.6.2 一仰一平

不同的高度会形成力量的对比，通常仰拍的人物在场景中占据着优势。例如，拍摄镜头1时，摄像机稍微放低，向上仰拍，这时人物向下看，会给观众一种人物很强势的感觉；拍摄镜头2时，摄像机与人物的眼睛等高平拍，这时人物显得比较淡定或者临危不惧，如图13-39所示。一仰一平的拍摄方式常用来表现一个人强势，另一个人和善或淡定的情景。

图 13-39

另外，镜头1如果用广角镜头拍摄，画面边缘的畸变会使人物产生一种压迫感，从而显得更有气势或者更恐怖。而拍摄另一个人物时可以用标准镜头或长焦镜头，这样会让其显得更和善，观众一看就知道双方谁是正面人物。

13.6.3 一俯一仰

仰拍镜头和俯拍镜头的组合会给人一种双方对立的感觉。让一个人坐着，另一个人站着，如果只拍两人的侧面，画面就会显得很平淡，毫无表现力。如果俯拍坐着的人，仰拍站着的人，这就像从两人的视角看对方一样，可以表现出一个人强势，另一个人弱势的情景，如图13-40所示。

图 13-40

小提示

摄像机放低拍摄有时也可表现被摄人物的紧张情绪，谁更紧张就用广角镜头拍谁，广角镜头能强调他的紧张状态。

13.7 三人对话

拍摄双人对话场景时采用的摄像机摆放方式也适用于拍摄三人对话场景。三人对话场景在视频中经常见到。

13.7.1 排列方式

拍摄三人对话场景时通常有3种构图形式。这些构图形式在双人构图的基础上进行了延伸，分别是直线构图、直角构图和三角构图。其中，直线构图是最基础的形式，它可以在直角构图和三角构图中出现。

❶ 直线构图（I）

直线构图是指3个人的站位形成一条直线或近似一条直线，如图13-41所示。

图 13-41

❷ 直角构图（L）

直角构图常见于3人坐在桌子旁或3人站着交谈，如图13-42所示。

图 13-42

❸ 三角构图（A）

三角构图常见于3人坐在桌子旁或3人站着交谈，如图13-43所示。

图 13-43

13.7.2 数量对比

镜头切换时，画面中的人物数量如果在逐渐减少，表示对话逐渐进入高潮；如果在逐渐增加，表示对话逐渐进入低谷。此外，景别会发生变化。如果画面中人物数量在逐渐减少（或增加），景别也会越来越小（或越来越大）。画面中人物数量的减少或增加可以形成视觉上的对比。

在直角构图中，从3人镜头切到2人镜头，再切到单人镜头，人物数量减少，景别也越来越小，从而突出最后一个人的观点，如图13-44所示。

  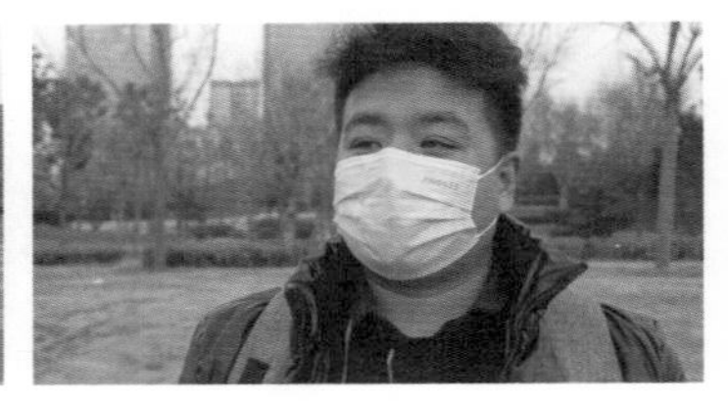

图 13-44

在三角构图中，如果把3人镜头分成一个2人镜头和一个单人镜头，画面就会呈现出一种对立的状态，如图13-45所示。

图 13-45

如果3人镜头切换为3人的特写镜头，人物之间会形成平等的对立关系，如图13-46所示。

图 13-46

13.8 合理越轴

轴线是指影片中有交流的双方之间假想的连接线。拍摄时，摄像机需设置在轴线的一侧，如果中途把摄像机调整到轴线的另一侧，即越轴。越轴镜头容易导致观众对银幕方向感到困惑。如果一部影片中所有的镜头都只在同一侧拍摄，画面就会显得单调。这时就需要使用一些方式合理越轴，让画面变得丰富的同时不影响观众对画面内容的理解。在课堂培训、演唱会等有很多人的场景中，复杂的多人轴线可以简化为双人轴线，并且可以根据人物的动作、视线、对白等建立新的轴线。

13.8.1 通过人物或物体运动越轴

轴线问题本质上是方向问题，拍摄时可以通过物体运动改变原有方向。观众如果见证了画面中运动物体方向的改变，就不会对方向感到困惑。例如，镜头1中汽车向画面右侧运动，镜头2中汽车向画面左侧转弯，镜头3切换场景，汽车向画面左侧运动，如图13-47所示。

图 13-47

13.8.2 通过摄像机运动越轴

通过摄像机运动改变物体原有的方向，就好比观众自己在观察物体时改变方向，因此观众不会对方向的改变感到困惑，如图13-48所示。

图 13-48

13.8.3 通过中性镜头越轴

中性镜头就是没有方向的镜头，如特写镜头。镜头1中汽车向画面右侧运动；镜头2切仪表盘的特写镜头；镜头3切换场景，汽车向画面左侧运动，如图13-49所示。

图 13-49

纵深运动的镜头也是中性镜头，也可通过其越轴。例如，镜头1中人物向左运动；镜头2中人物朝镜头跑来；镜头3切换场景，人物向右运动，如图13-50所示。当人物面朝镜头或背离镜头的时候，其实采用的是骑轴机位，用骑轴机位拍摄，观众不容易感到镜头是越轴的。

图 13-50

13.8.4 通过连续动作越轴

连续动作可引导视线，观众会被连续动作吸引，从而忽略方向的改变。例如，镜头1中两人面对面交谈，突然一个东西掉了下来，一个人弯腰捡掉下来的东西；镜头2接捡起东西的动作，在轴线的另一侧拍摄，也就是镜头2的动作补充了镜头1在另一个机位下的动作，如图13-51所示。这时画面是越轴的，但是观众并不会感到奇怪。

图 13-51

13.8.5 通过视线转移建立新轴线

在3人对话的镜头中，一个人说话时，其他两人都会看着他；如果这个人朝其他方向看去，观众的视觉会随之转移，如图13-52所示。可以通过人物视线的转移建立新轴线。

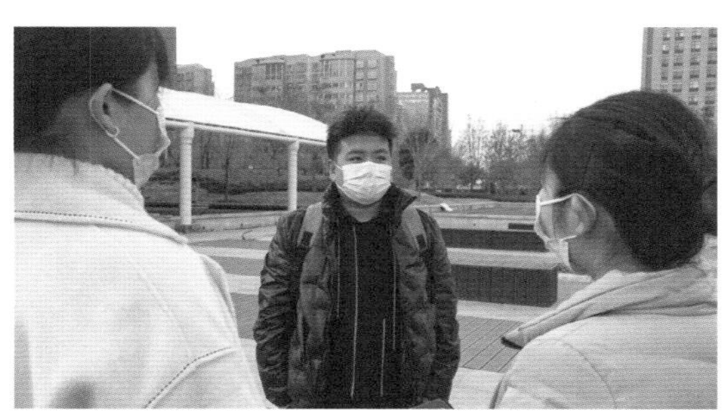

图 13-52

两人面对面交谈时，其中一个人发现了第三个人，并扭头叫他过来，这时新的轴线就建立了，如图13-53所示。

图 13-53

拓展训练

（1）留意跟朋友、同事对话时每个人的站位，并思考该用什么角度拍摄。

（2）留意电视剧、电影中的越轴镜头，分析导演是通过什么方式进行合理越轴的，并且留意故意越轴的场景，思考导演为什么这么做。

人物运动技巧

本章概述

根据人眼的生理特点，运动的画面可以快速吸引观众的注意力，并且可以减少固定画面带来的视觉疲劳感。拍摄时移动人物要比移动摄像机容易，本章主要讲解在摄像机不动的情况下镜头内人物的运动技巧。人物可以在画面中从左往右、从右往左运动，或者从前景到后景、从后景到前景运动，也可以在画面中进行斜角运动。这些运动都非常简单，只有掌握了拍摄这些运动的技巧才能为拍摄复杂的运动打下坚实的基础。

知识索引

14.1 位置变化

如果人物在运动，那么其在画面中的位置、大小、排列方式等会不断地发生变化，所以运动镜头在不剪辑的情况下画面信息会非常丰富。通常人物的运动一定要避免为了运动而运动，应当以人物的行为逻辑为依据，简单来说就是要给出人物运动的理由或者动机。

14.1.1 基础动作

通常一个人的重要性是根据他背对还是面对摄像机，以及处于前景还是后景而定的。例如，在双人直线构图的镜头中，先过肩拍摄两个正在面对面交谈的人物，接着背对镜头的人物转身面向镜头，此时人物的位置关系变成了面对背，画面的视觉中心也发生了变化，前景中的人物就会受到观众的重视，她说的话会更容易被观众认同，如图14-1所示。

或者两人正在谈话，后景中的人物突然朝摄像机走来，景别由中景变为特写，原前景中的人物随之转身，两人的位置关系变为面对背，如图14-2所示。

图 14-1

图 14-2

小提示

在没有剪辑的情况下，上述例子相当于通过拍摄一个镜头得到了两个镜头，即一个主要人物的中景过肩镜头和一个特写镜头。

14.1.2 人物换位

拍摄视频时，通常把一个固定镜头的画面分为左、中、右3个竖向表演区，人物从一个表演区移动到另一个表演区的过程就是人物换位。在拍摄两人对话场景的时候，可以利用人物换位丰富画面中的运动元素，积极调节观众的视线方向，如图14-3所示。

图 14-3

14.1.3 人物数量

随着人物的离开或来到，画面中人物的数量会发生变化。两人结束对话后，一人转身朝右出画，画面中人物数量减少，观众的注意力会集中在留在画面中的人物身上，如图14-4所示。

图 14-4

14.2 横向运动

横向运动是指人物从左往右或从右往左进行运动。从左往右看符合人们日常的观看习惯，如阅读图书、查看文章或编辑文档等，如图14-5所示。人眼已经习惯于从左往右看，如果从右往左看人们就会感觉别扭、不舒服。

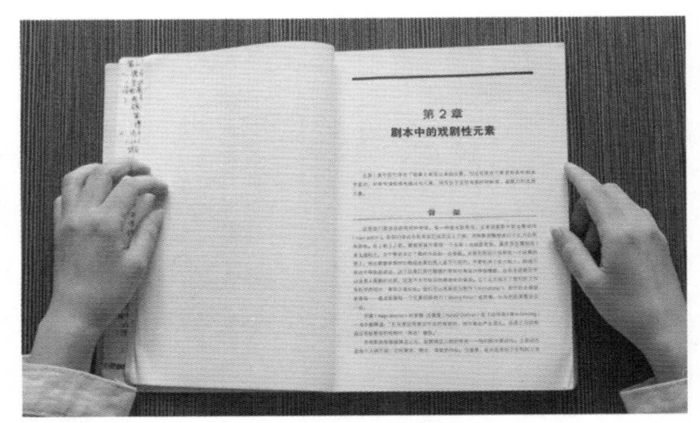

图 14-5

有时可用运动方向的不同表示不同的情境。例如，当人物工作顺利的时候，其运动方向可以是从左往右，这样在视觉心理上会显得自然、舒适、流畅；当人物面临困难的时候，其运动方向可以是从右往左，由于视觉上的不舒适，观众会对人物的心情更理解，如图14-6所示。

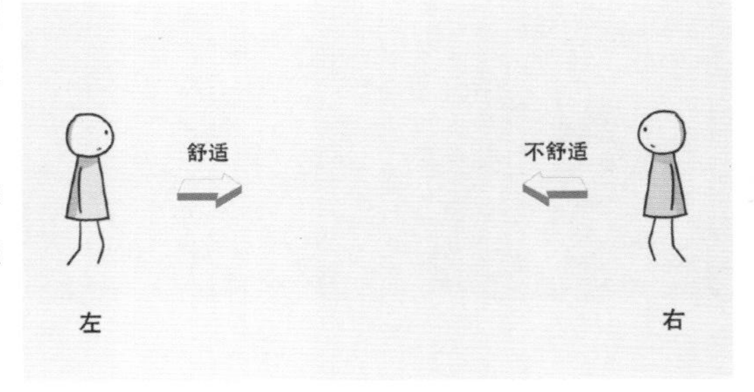

图 14-6

小提示

横向运动技巧在景别较大（如在远景中）时是不适用的，因为大景别中人物会显得很渺小，人物的运动方向也会变得不明显。

14.3 垂直运动

垂直运动是指人物由上至下或由下至上运动，如坐电梯、爬楼梯或爬山等。地球引力使得往上扔物体会比较困难，但是往下掉很容易。走上坡路时，人会觉得费时、费力，走下坡路时人就会觉得轻松很多。所以向上运动的镜头会让人感到困难，视觉冲击力较大；向下运动的镜头就会让人觉得容易，如图14-7所示。

另外，垂直向上的运动有时也用来表达自由、攀登或希望等内容，如早晨升起的太阳。当人仰望的时候，这个动作大多是看向更高的人或物，有时也表现所看的人或物的威严等，如图14-8所示。垂直向下的运动（如夕阳下山）象征着结束、忧伤、沮丧、卑微等。

图 14-7

图 14-8

14.4 纵深运动

纵深运动是指人物由前往后或由后往前运动，体现了画面的深度，如图14-9所示。纵深运动可以省略剪辑、强调重点及增强画面的空间感。由前往后运动称远离，由后往前运动称走近。

当摄像机不动，人物走近镜头时，观众会逐渐看清人物的眼睛和面部表情，且人物在画面中所占面积会越来越大，这个人也就显得越来越重要，如图14-10所示。

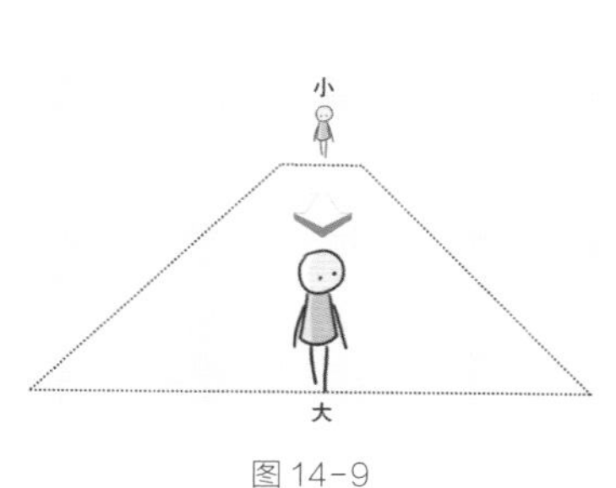

图 14-9

图 14-10

人是有领域性的，当运动物体离摄像机越近，观众越会觉得没有安全感。尤其是反派人物走近摄像机时，观众会感到侵略、威胁或敌意。因为被摄人物侵占了观众的视觉空间，所以特写镜头、大特写镜头等都非常具有视觉冲击力。当人物远离镜头时，他在画面中所占面积逐渐变小，这种运动常用来表现软弱、退缩、受打击等情况。如果是反派人物远离镜头，观众与他之间的距离逐渐增大，观众的安全感会逐渐增强。

小提示

通常人物的纵深运动速度看起来会比较慢，所以纵深运动有时也用于体现人物迟钝、有挫败感等情况，尤其是用长焦镜头拍摄人物的纵深运动时。

14.5 斜角运动

斜角运动也称对角线运动，人物可以朝斜角方向做正向走近或背向远离运动，也可以朝斜角方向做上升或下降运动，如图14-11所示。

图 14-11

根据人在水平方向和垂直方向上的视觉习惯，人物或物体从画面左上角往右下角运动会让观众觉得最容易，人物或物体从右下角往左上角运动会让观众觉得最困难，如图14-12所示。

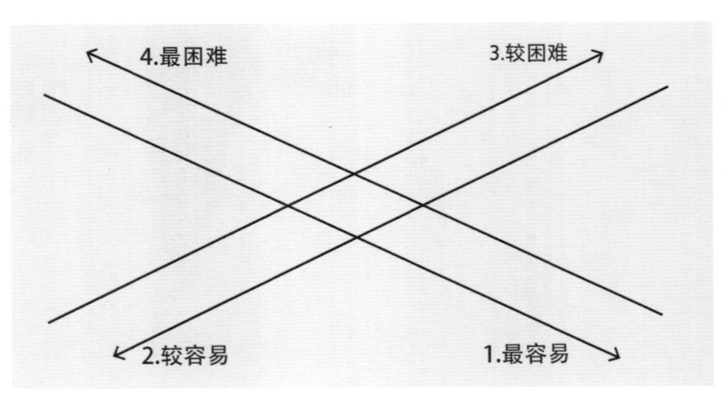

图 14-12

14.6 环形运动

环形运动分为环内运动和环外运动，如图14-13所示。环内运动是指人物绕着摄像机做环形运动，通常摄像机会跟着人物进行摇拍；环外运动通常是指摄像机几乎不动，人物在摄像机前做环形运动。环形运动能产生纪实感，以表达特殊的情感、表现特殊的状态或动作。

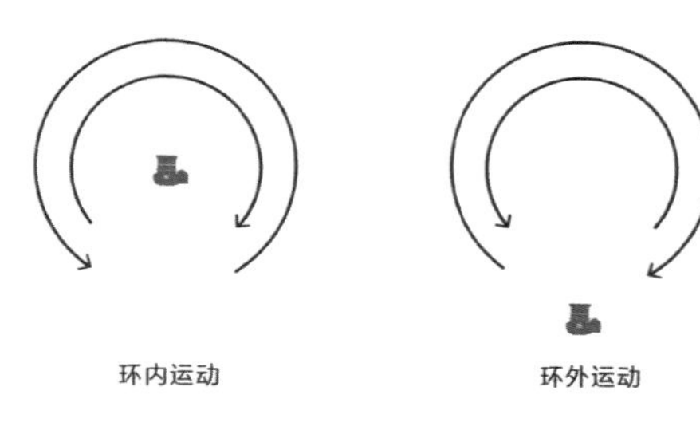

图 14-13

小提示

拍摄人物运动时需了解运动范围，例如打篮球时，球员被限制在球场内，观众被限制在球场外，从外面看是观众的视角，从里面看是球员的视角，如图 14-14 所示。

图 14-14

通常情况下，在运动范围内拍摄会让观众觉得自己与人物更亲密，但观众看到的范围比较有限，同时场面更混乱。将摄像机放在运动范围之内，让人物在摄像机周围移动，由于人物距离摄像机较近，所以观众可以看清人物的所有动作。摄像机在运动范围之内拍摄，可引导观众对画面中的人物产生认同感；如果在运动范围之外拍摄，则倾向于表达一种疏远和中立的态度。

拓展训练

（1）拍摄一段人物纵深运动的视频，感受人物与相机的距离不同时，给人的感受有什么不同。

（2）体会在运动范围内拍摄的画面和在运动范围外拍摄的画面给人带来的心理感受差异。

摄像机运动技巧

本章概述

摄像机运动可以更好地扩展画外空间，扩大人物的活动范围，还能向观众传达画面中人物的心理状态。即使很轻微的运动也有一定的意义。摄像机运动必须有动机，毫无意义的镜头推拉或横移会让观众感觉莫名其妙。摄像机在运动时需遵循人的视觉习惯，这样观众在关注剧情或者人物的时候就会忽略摄像机的运动。跟人的视觉习惯不匹配的运动应少用，可以专门用来强调重点或吸引观众的注意力。另外，千万不要为了取悦观众而让摄像机运动变得复杂，有时简单的运动就能获得惊艳的效果。

知识索引

手持拍摄　摇甩镜头　推拉镜头
横移镜头　跟拍镜头　升降镜头
环绕拍摄　推拉配合　移动变焦
调度软件

15.1 手持拍摄

手持拍摄可以采用推、拉、摇、移、跟、升、降、甩等运镜技巧。不便使用三脚架和稳定器的时候，可以采用一些防抖技巧进行拍摄。有时摄像师会故意晃动摄像机，以模仿人物或其他被摄对象的主观视角。

15.1.1 防抖技巧

人在坐车、坐船的时候很容易产生反胃、恶心的感觉，手持拍摄来回晃动的镜头也会让观众感觉头晕、眼花，这时可以用一些技巧防止手持拍摄时摄像机晃动。

一是开启多数相机和手机都自带的防抖功能，设置界面如图15-1所示，并且拍摄者在运动时要掌握好呼吸的节奏。

图 15-1

二是以牢固物体作为支撑。例如，使用单反相机的时候，可以把相机背带套在脖子上，如图15-2所示，这样既可以让拍摄者的双臂得到充分伸展，又对保持画面的稳定性有所帮助。另外，拍摄时双腿要稳，并且需夹紧双臂，小步快走，这样也有助于保持画面平稳。

图 15-2

三是多用广角镜头拍摄，少用长焦镜头。因为使用广角镜头拍摄一些运动镜头时画面边缘的抖动幅度较小，所以画面让人感觉较为稳定。另外，拍摄时应注意画面中的地平线，即使镜头在移动，画面中的地平线也应保持水平，以确保构图的平衡，如图15-3所示。

图 15-3

15.1.2 晃动镜头

晃动镜头常用来模仿一些醉汉、人物眩晕时的主观视角，这样可使画面效果更为真实，更有代入感。晃动镜头有时也用于表现打斗场景，可以让观众产生身临其境的感觉，如图15-4所示。

图 15-4

15.2 摇甩镜头

摇甩镜头是所有运动镜头中最接近人头部转动的一种，常用来模拟人看事物的过程。具体操作为将摄像机固定在三脚架上，三脚架上的云台就相当于人的脖子，可以上下、左右运动。需要注意的是，摇甩的速度一定要均匀，切勿忽快忽慢。

15.2.1 慢速横摇

慢速横摇镜头通常用来跟拍人物运动或一些肢体动作，镜头会随着人物的运动而运动，后期组接在一起会非常流畅。慢速横摇镜头还能维持画面构图上的平衡，扩大人物的运动范围，或者说扩展银幕空间。当人物在做横向运动时，摄像机处于人物的侧前方，跟随人物横摇，直到人物离开画面，如图15-5所示。人物的运动速度通常不宜太快，否则画面会不清晰。

图 15-5

15.2.2 快速摇镜

快速摇镜会变成甩镜。由于镜头运动速度过快，画面会很模糊，所以甩镜通常用来代替硬切。采用内反拍机位拍摄双人对话场景，谁说话镜头就快速摇向谁，以表现快节奏的对话或激烈的争吵等情景，如图15-6所示。甩镜配上“唰唰”的音效，会更有代入感。

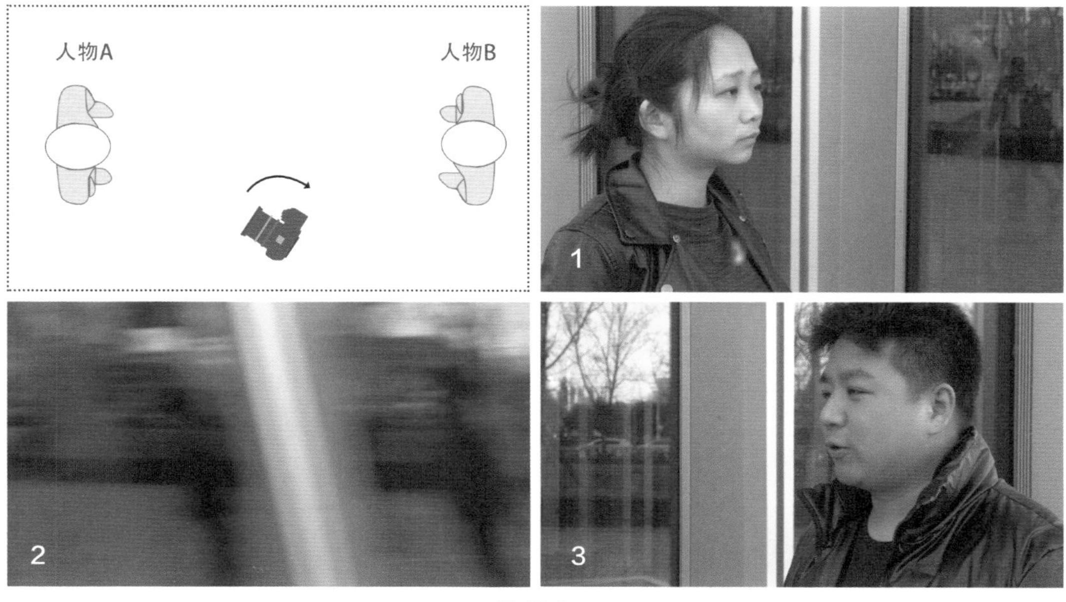

图 15-6

快速摇镜还可以用来跟拍动作，迅速连接两个或两个以上的视觉中心，实现无缝转场，如图15-7所示。使用长焦镜头拍摄会增强摇镜过程中的动感，使用广角镜头拍摄的效果则相反。

图15-7

15.2.3 主观摇镜

摇镜常用作主观镜头，可以模拟人物上看、下看、左看、右看等动作。一个人扭头的动作接这个人的主观镜头，如图15-8所示。

图15-8

15.2.4 垂直摇镜

垂直摇镜常用来展示某个人物或物体的高度，如镜头从人物脚底垂直摇向人物脸部，或从高楼顶层垂直摇向高楼底层，如图15-9所示。

图 15-9

15.2.5 交叉摇镜

交叉摇镜就是通过跟拍一个运动的人引出另一个人，从而引导观众的视线，实现中场换人的效果。人物在画面中运动可将观众的注意力从他的身上引向另一个人。例如，镜头跟拍人物A的运动直到人物B入画，然后停在人物B身上，如图15-10所示。

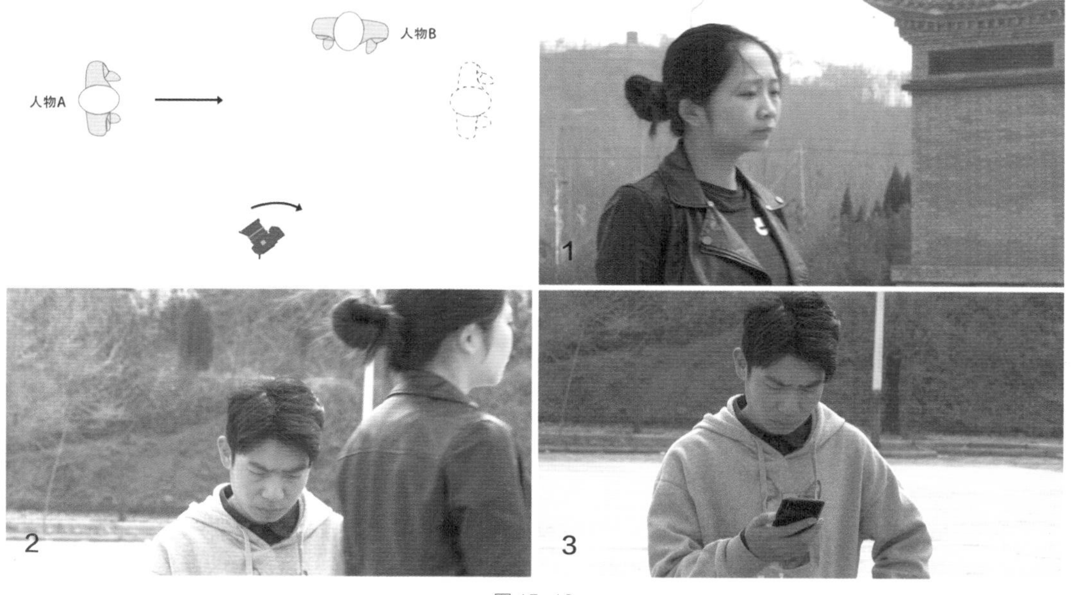

图 15-10

15.3 推拉镜头

推拉镜头模仿的是人慢慢接近或远离某人或某物的过程，从而让观众产生进入故事或从故事中抽离的感觉。拍摄推拉镜头通常需要配合使用滑轨或稳定器。

15.3.1 慢推镜头

慢推镜头符合人们日常观察事物的习惯，即人们想看某个事物的时候就会走近它。当被摄主体不动时，随着镜头缓慢而稳定地推进，观众慢慢接近被摄主体，画面的景别越来越小，视点越集中，并且离得越近看得越清楚，就会使观众对被摄主体产生一种亲切感，如图15-11所示。慢推镜头常用来表现有重要的事即将发生。

图 15-11

当拍摄双人镜头时，镜头慢慢向前推进，表示两人的关系变得越来越亲密。如果其中一人被画框慢慢截出画面，屏幕中人物数量由两人变为一人，画面中留下的这个人会很突出，同时他的观点也更容易得到观众的认同，如图15-12所示。

小提示

在对白场景中，如果镜头出现在人物说话之前，会突出那句对白；如果出现在人物说话之后，会突出人物的反应。

图 15-12

15.3.2 低角度推镜

低角度推镜会让被摄主体在画面中所占的面积逐渐增大，让人物显得威严且有力量，如图15-13所示。

图 15-13

15.3.3 快推镜头

当人们开车快速前进时，人会集中注意力看向前方，人眼焦点以外的景物飞驰而过，就会使人产生一种紧张、刺激的感觉。快推镜头具备同样的特性，镜头朝人物脸部快速推进可以迅速吸引观众的注意力，如图15-14所示。快推镜头常用来强调人物顿悟或震惊的时刻。

图 15-14

15.3.4 拉镜头

拉镜头可以突出画面中的人物，常用于一场戏的结尾。尤其在景别较大的镜头中，镜头越往后拉，人物就显得越小，在周围环境的衬托下，可以表达一种悲哀或孤独的感情，如图15-15所示。

图 15-15

拉镜头有时也能起到揭示信息的作用。例如，镜头从一个人物的特写往后拉，可以使画面从展现特定的细节扩大为展现整体。随着镜头逐渐远离人物，画面开始展现出人物的穿着和所处环境，画面信息逐渐被揭示出来，观众可能会因此感到意外、惊吓或搞笑。

15.4 横移镜头

横移镜头就是人物朝画面左边或画面右边运动，摄像机在人物侧面跟着人物一起运动。横移指镜头做左右横移运动，常配合使用滑轨或稳定器完成拍摄，它们可以起到扩展画面空间和跟踪运动主体的作用。

15.4.1 平行运动

平行运动是指摄像机做横向直线运动。

❶ 先正再侧

摄像机不动，人物面朝镜头走来，然后拐弯，摄像机跟随人物做横移运动，人物在镜头中呈现出侧面的近景，如图15-16所示。

图 15-16

❷ 位移发现

位移发现就是摄像机通过进行横移运动发现人物，如图15-17所示。摄像机先向左横移，通过一个障碍物后发现人物。

图 15-17

15.4.2 人物远离镜头

摄像机做横移运动，人物在画面内拐弯或者斜角走，此时人物的景别在同一个镜头中会发生变化。

❶ 人物斜角走

摄像机做横移运动，人物的运动轨迹与摄像机的运动轨迹形成一个夹角，此时人物在画面中的景别由小变大，如图15-18所示。这种方式可以用来在一个镜头中先介绍人物再展示空间。

图 15-18

❷ 人物拐直角弯走

摄像机横移，人物往前走，显示近景侧面；在岔路口处人物往纵深方向走，摄像机应放慢运动速度，拍摄人物背面；接着又到岔路口，摄像机拍摄人物右拐后的全景侧面，如图15-19所示。

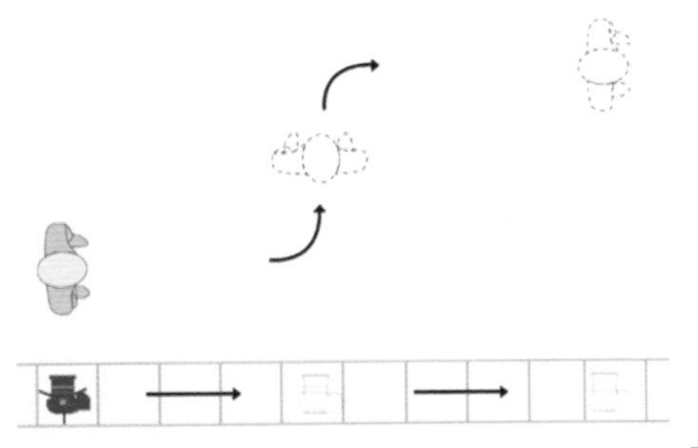

图 15-19

15.4.3 人物接近镜头

当摄像机与人物之间的距离发生变化时，人物的拍摄角度也会发生变化。通常人物距离镜头越近，拍摄角度越高，从而形成仰拍，运动速度会显得越快。

❶ 人物斜角走

摄像机做横移运动，人物斜着走，景别从全景变为特写，如图15-20所示。这类镜头用于先介绍环境，再介绍人物。当人物靠近摄像机时，镜头必须上摇，形成仰拍，这样才能将人物拍入画面。

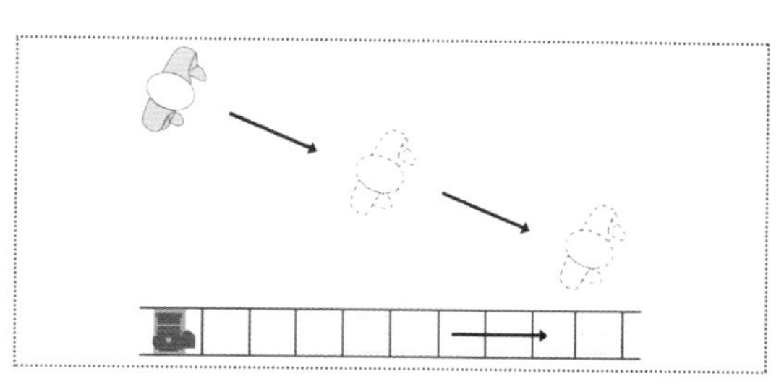

图 15-20

❷ 人物直角弯走

摄像机做横移运动，人物在画面中拐两个直角弯，最终画面中显示的分别是人物的全景侧面、全景正面、中景正面、近景侧面，如图15-21所示。

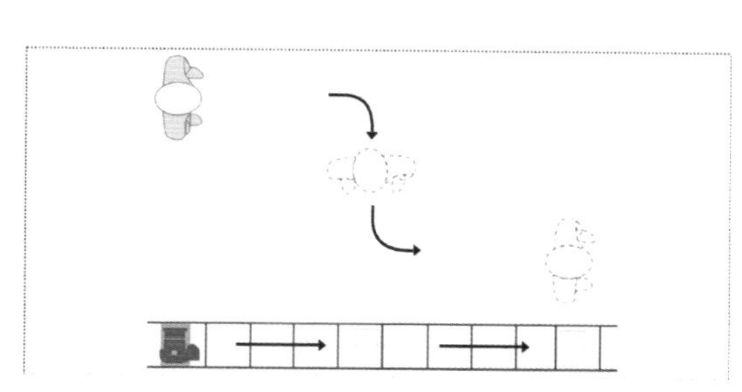

图 15-21

15.4.4 中场换人

中场换人和交叉摇镜相似，即由人物A的运动引出人物B，只不过此处的摄像机是以横移的方式进行拍摄的，如图15-22所示。

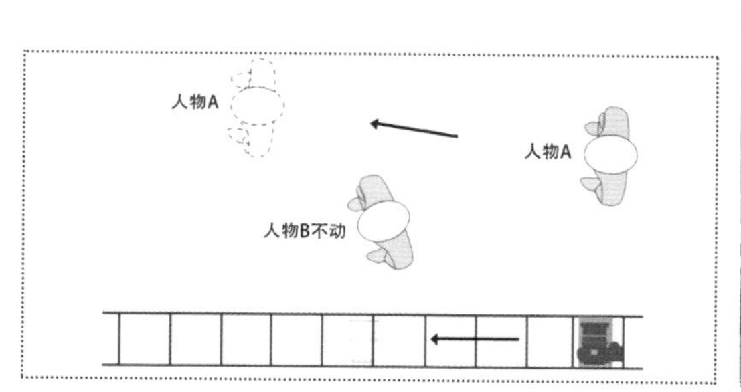

图 15-22

人物A和人物B可以都运动，他们的运动方向可以相同也可以不同，如图15-23所示。

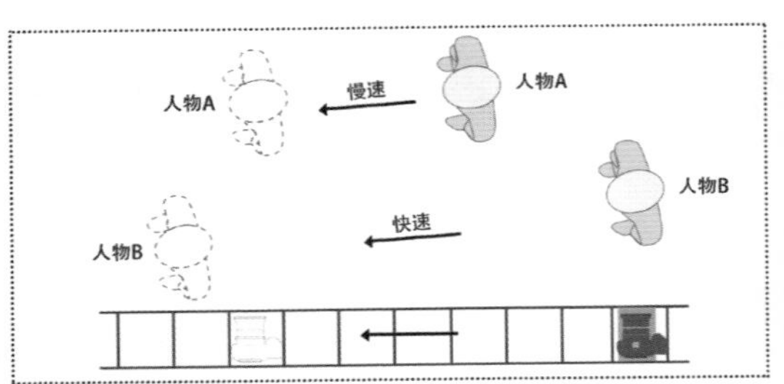

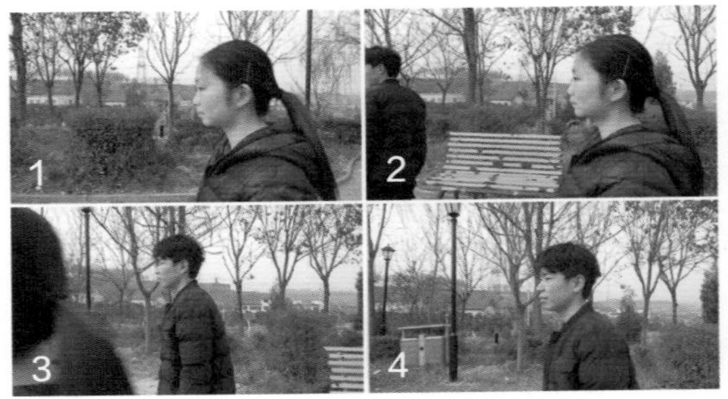

图 15-23

15.5 跟拍镜头

镜头运动容易使镜头产生主观性，尤其是跟拍镜头，它既能突出运动中的主体，又能交代主体的运动方向、速度及主体与环境的关系，从而形成连贯、流畅的视觉效果。

15.5.1 连接场景

跟拍镜头起连接两个场景的作用，观众可以跟随画面中的人物从一个场景进入另一个场景，如图15-24所示。

图 15-24

15.5.2 穿越轨道

穿越轨道是一种常见的越轴方式。有时轨道是无形的，摄像机可以配合使用稳定器进行移动。画面显示的依次是人物的全景侧面、中景正面、近景侧面，如图15-25所示。

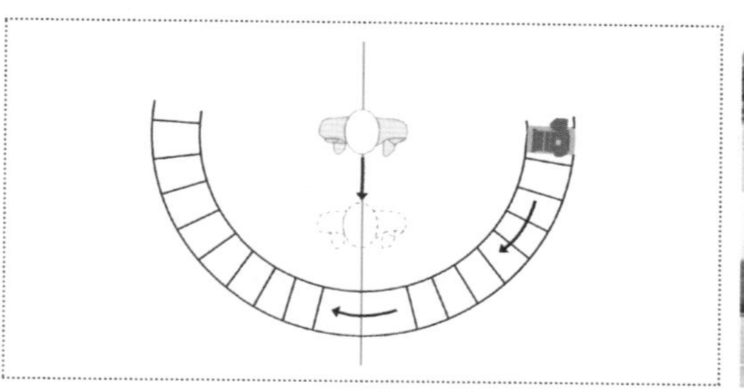

图 15-25

15.5.3 低角度跟拍

低角度跟拍时，摄像机离地面很近，画面中大部分区域都处于运动中，所以画面会显得很有动感，如图15-26所示。低角度跟拍常用来营造恐怖、神秘的氛围。

图 15-26

15.6 升降镜头

升降镜头由于不符合人日常观察事物的习惯，所以非常容易引人注意。创作者可以借助三脚架、滑轨和稳定器来实现基础的镜头升降。

15.6.1 上升镜头

上升镜头常用来制造并解开悬念，如一开始先给观众展示一个人的脚，这样就会给观众一种神秘的感觉，观众看到后会想这是谁；然后慢慢往上展示他的腿，再往上会展示他的上半身，但这时仍不能确定他是谁；最后当摄像机上升到与人物眼睛等高的位置时，才能确定这个人是谁，疑问才得到解答，如图15-27所示。

图 15-27

15.6.2 下降镜头

下降镜头会给人一种安定感，当摄像机从人物上方降到与人物的眼睛基本持平的高度时，观众会有一瞬间觉得运动已经结束，如图15-28所示。

图 15-28

15.7 环绕拍摄

环绕拍摄可以传达更多的视觉信息，还能表现人物的心理状态，常用于表现打斗、迷茫、紧张、迷失方向、对峙或接吻等场面。创作者可以使用滑轨和稳定器配合摄像机完成环绕拍摄。

15.7.1 人物不动，摄像机动

拍摄单人时，可以将稳定器倒置，微微抬起镜头，以低角度环绕人物进行拍摄。这种镜头非常适用于展现人物的高大形象，如图15-29所示。

当拍摄双人镜头时，如两人在专注地看着对方时，环绕拍摄可以剥离环境，把两人圈在一起，常用来表达两人关系的改变，如图15-30所示。

图15-29

图15-30

小提示

拍摄时要确保摄像机与人物的距离大致相等，且摄像机的运动轨迹要流畅。

环绕拍摄双人镜头时，人物与摄像机相距较远，这样就可以制造一种人物静止的效果，让场景更具视觉吸引力。例如，两人处于紧张的对话氛围中，为了表现人物故作镇定的心态，可以采用环绕拍摄，如图15-31所示。

图 15-31

15.7.2 人物和摄像机一起动

当一个人手拿自拍杆，朝同一方向转动时，镜头可以展示更多背景信息，让人感觉很炫酷，如图15-32所示。这种方式常用来表现欢快的场景或氛围。

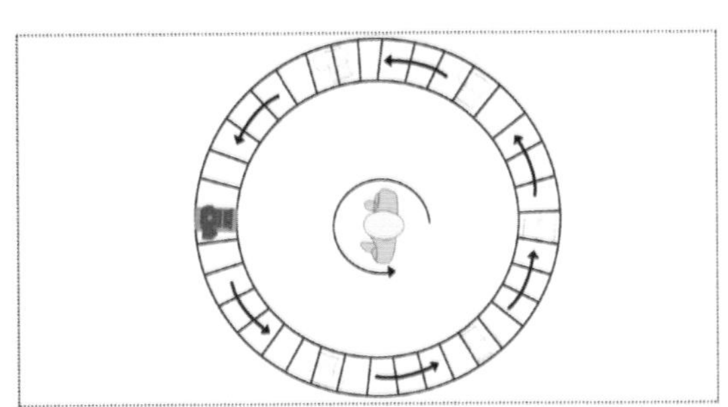

图 15-32

摄像机与运动主体沿同方向进行环绕运动，如人物A向左运动，摄像机向右运动，人物B在原地做扭头动作，此时两个人在画面中的位置会发生变化，如图15-33所示。

图 15-33

15.7.3 反向运动

如果摄像机和被摄主体向不同的方向做环绕运动，摄像机的运动就被称为反向运动。例如，人物拐弯做逆时针运动，摄像机则做顺时针运动，如图15-34所示。

图 15-34

小提示

反向运动可表现一种梦幻、迷失或者错乱的感觉。

15.8 推拉配合

推镜头和拉镜头配合可以产生很多镜头运动的方式。

15.8.1 反向推进

反向推进是指镜头先推向人物看到的物体，再推向正看向物体的人物，如图15-35所示。反向推进常用来表示有重要的事将要发生。

图 15-35

15.8.2 正向推进

有人向我们走来，我们转身迎接他，这表示这个人对我们很重要。同样，当人物朝摄像机走来，摄像机也朝人物前推时，人物会迅速由小变大（尤其是使用广角镜头拍摄时，纵深运动的主体由小变大的速度会更快），如图15-36所示。这种正向推进常用来表示这个人很重要。

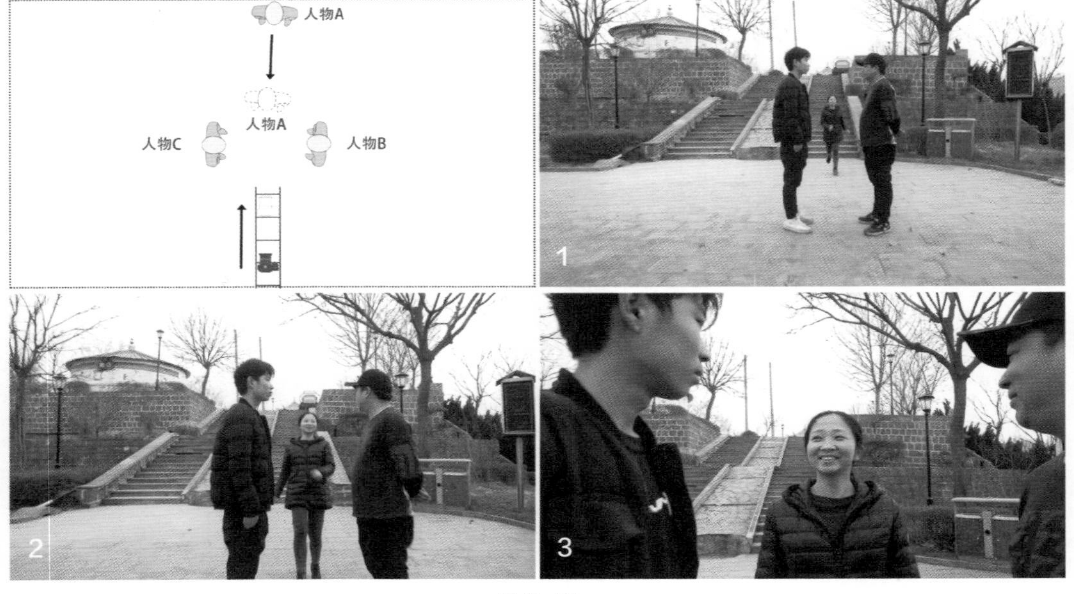

图 15-36

15.8.3 先拉后推

拍摄时可根据故事情节的紧张程度改变摄像机的运动方向。例如，两人边走边说话，摄像机在人物前方后拉拍摄；接着两人止步，发生争吵，景别慢慢拉大，人物的位置关系由肩并肩变成面对面，摄像机再慢慢前推，如图15-37所示。

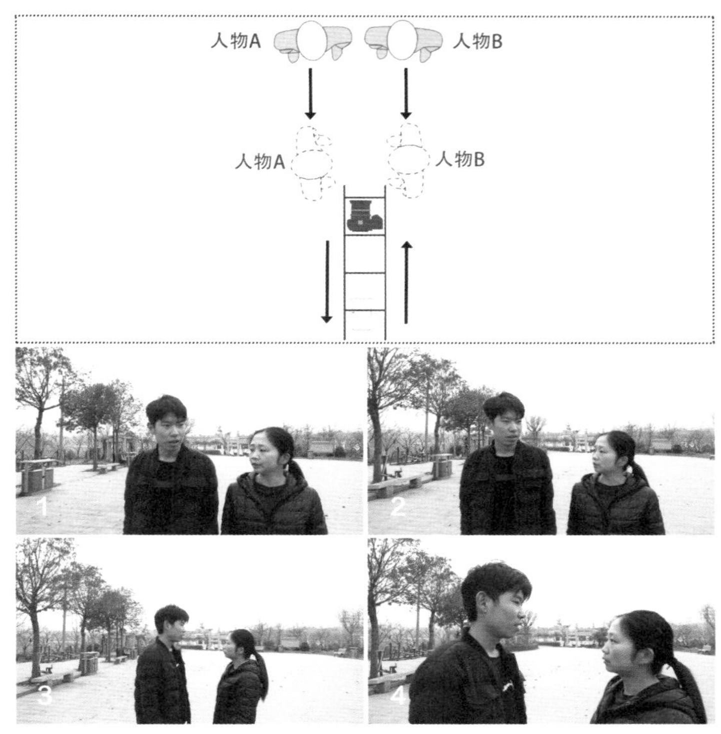

图 15-37

小提示

当他们发生争吵时，观众会很好奇他们在吵什么，所以镜头再逐渐拉近，景别变小，这样是非常合理的。

再如，一个人边走路边打电话，镜头跟随人物运动往后拉，当听到震惊的消息时镜头先随着人物停止运动，然后推上去表现人物震惊的表情，如图15-38所示。景别从中景变化为特写，常用来表现人物对突发事件的反应。

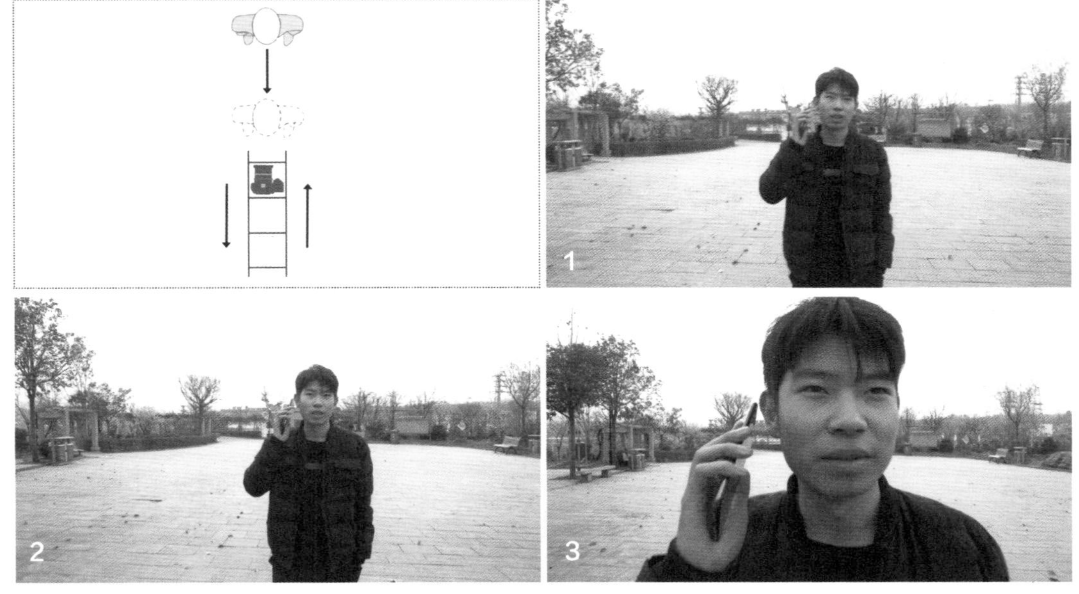

图 15-38

15.9 移动变焦

变焦可以让镜头快速抓取画面的局部。移动变焦是指在镜头移动的过程中实现变焦，使画面产生惊人的视觉效果。

15.9.1 变焦

当我们想要看清楚离我们较远的事物时，通常需要走近那个事物并进行观察。但是摄像机可以在不改变拍摄位置的情况下，通过改变镜头的焦距将被摄对象放大，以使细节变得更清晰，如图15-39所示。这种拍摄手法称变焦拍摄。变焦镜头经常和摇镜头配合使用，常用来表现令人震惊的画面。

图 15-39

图 15-40

在同一镜头中，焦点的变化也能影响观众的注意力，如图15-40所示。通常我们可以提前测试好焦点，并在对焦环上做出标记，这样有助于再次拍摄时快速找到焦点。

15.9.2 变焦和推拉的区别

变焦镜头和推拉镜头的相似之处是被摄主体都会有走近或远离摄像机的视觉效果，且景别会发生变化。它们的不同之处有很多，下面以推镜头和往长焦方向变焦为例进行说明。

变焦镜头的视角是收缩的，落幅画面是起幅画面放大后的某个局部，没有新的画面内容；并且由于焦距发生了变化，景深会发生变化，前景和后景的距离看上去更近，画面仿佛被压缩了。推镜头可以让观众产生身临其境的感觉，接近人观看事物的效果，由于焦距是固定的，所以景深没有变化。变焦镜头和推镜头的对比如图15-41所示。

图 15-41

15.9.3 推拉变焦

推拉变焦又称希区柯克变焦，它可以产生人物不动（景别固定），背景靠近或远离人物的效果。例如，在滑轨上把摄像机往后拉的同时，焦段由短焦变为长焦，背景给人以靠近的感觉；在滑轨上将摄像机往前推的同时，焦段由长焦变为短焦，背景给人以远去的感觉。图15-42所示为摄像机往前推，焦段由长焦变为短焦的拍摄效果。将这种拍摄手法运用在动态影像的拍摄中会给人一种惊人的视觉效果。

图 15-42

小提示

图片的效果可能没有视频震撼，大家可以观看本书配套的教学视频。大家采用推拉变焦时需要配合使用滑轨，反复练习后才能熟练掌握。

15.10 调度软件

调度就是安排位置。做视频常用的一款调度软件是SHOT DESIGNER，创作者可以使用它非常方便地绘制场景俯视图及摄像机运动和人物运动俯视图。该软件有计算机版、手机版和iPad版3个版本，可以让创作者第一时间把构思用图形或动画的方式直观地呈现给团队里的其他成员。该软件目前只有英文版，界面如图15-43所示。

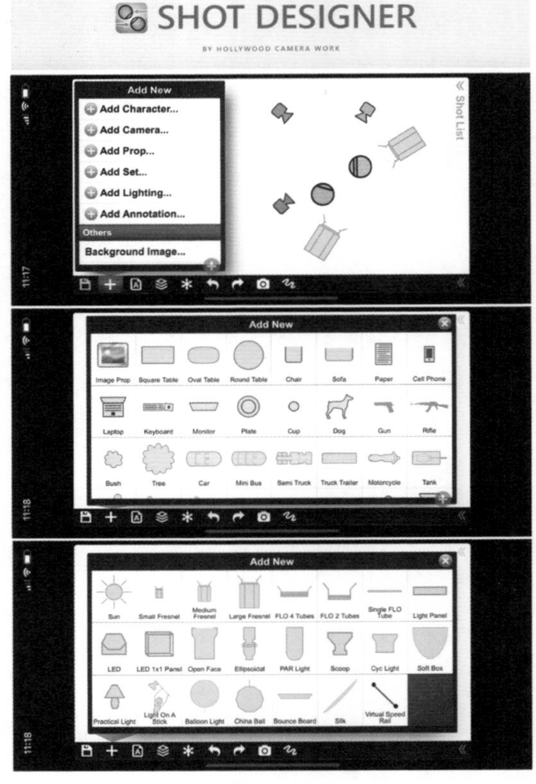

图 15-43

拓展训练

（1）训练手持摄像机拍摄时保持镜头稳定。

（2）尝试把摄像机架在任何有轮子的物体（如轮椅、滑板、小推车等）上，拍摄移动镜头。

（3）熟练运用希区柯克变焦。

运营篇

第16章 变现方式

本章概述

如何通过短视频赚钱？要先想明白一点，就是赚谁的钱。本章将以钱的来源为切入点对变现方式进行系统梳理。总体来说，钱的来源有3个：平台、粉丝、第三方。那么，创作者该选择哪一个呢？其实，当创作者掌握了内容变现的底层逻辑后，可以同时赚平台、粉丝及第三方的钱。那么，出资方为什么会把钱给创作者呢？创作者通过短视频到底能赚多少钱呢？本章将逐一回答这些问题。

知识索引

赚平台的钱　　赚粉丝的钱　　赚第三方的钱

变现的底层逻辑

16.1 赚平台的钱

要想赚平台的钱，创作者就得了解平台。这里的平台是指像今日头条旗下的西瓜视频、阿里巴巴大文娱、爱奇艺、腾讯旗下的企鹅号等靠贴片广告赢利的平台，如图16-1所示。

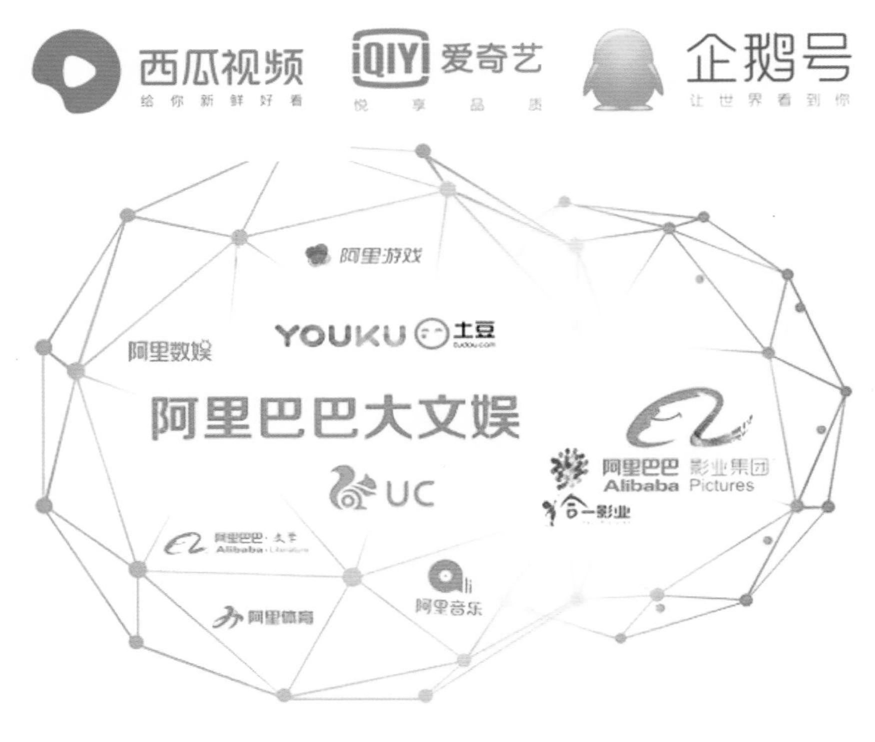

图16-1

创作者做的视频必须符合平台的调性，并且能为平台带来价值。如果平台能通过创作者的视频吸引或留住某个领域的用户，或者强化平台自身的价值观或属性，平台就会给创作者分成。那么具体会如何分成呢？

大家需要先了解3种基本的平台分成方式，即广告分成、平台补贴和签约独播，如图16-2所示。至于每个平台的属性和需求是什么，将在第17章进行讲解。

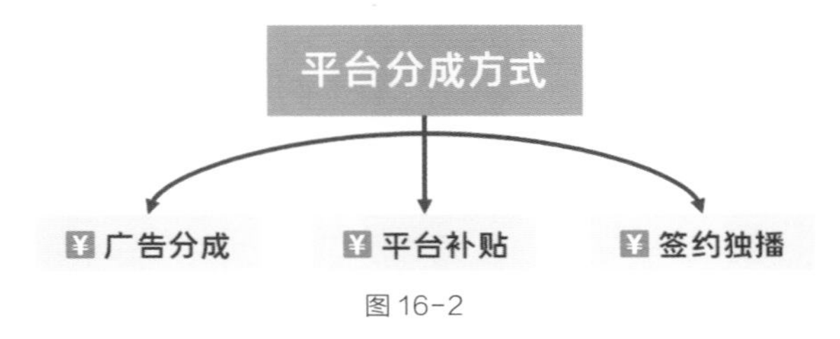

图16-2

16.1.1 广告分成

你有没有过这样的经历？在网上搜索到一个视频，其标题和封面都很吸引人，而当你点开那个视频想要查看其中的内容时，平台却让你先看一段很长的广告。想要看到视频内容，就必须把广告看完！这种做法是不是很烦人？

大家不妨思考一下这件事情背后的逻辑。广告商把钱给了平台，平台会把钱分给视频创作者。创作者的视频吸引的用户越多，平台给创作者的广告分成就会越多。所以，广告分成通常是按照视频的播放量确定的。

广告分成中视频创作者、平台、广告商和用户的关系如图16-3所示。

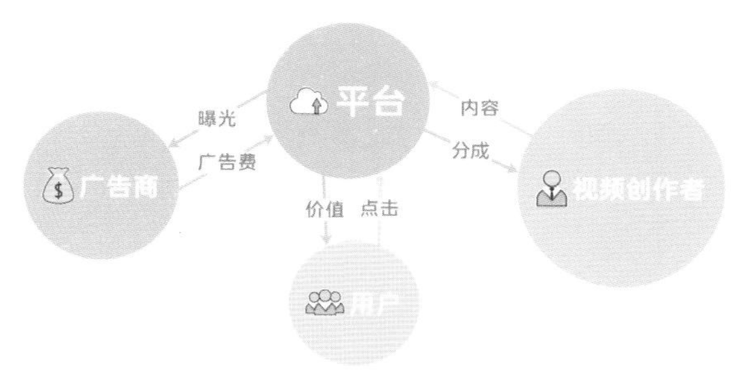

图 16-3

16.1.2 平台补贴

各个平台之间存在竞争，为了留住用户，平台必须拥有足够多的优质内容。所以除了广告分成，平台还会给优质内容创作者发放补贴。平台会推出各种计划，鼓励内容创作者创作，如哔哩哔哩（以下简称“B站”）的新星计划，其广告海报如图16-4所示。

在B站，一条播放量为100万次的视频能给创作者带来1000~2000元的收益。在西瓜视频，一条播放量为100万次的视频会产生200~500元的收益。

除了主动参与平台的补贴计划，创作者也可以吸引平台关注自己。当创作者在一些主流视频平台有一定的内容积累之后，就会有同样内容定位的视频平台找到他，并让他在他们平台发布同样性质的视频。每个视频的具体价格不定，少则一两百元，多则上万元。

图 16-4

16.1.3 签约独播

对于真正优质的内容，有些平台愿意花更多的钱购买其独播权。一旦和平台签约，创作者的视频就只能上传到这个平台，创作者的粉丝也只能在这个平台观看视频。

通常平台会先找创作者签订一份协议再进行合作。合作方式一般有两种：一种是给创作者一大笔钱，以买断播放权；另一种是给创作者流量支持，创作者后期可通过其他方式将流量变现，如图16-5所示。

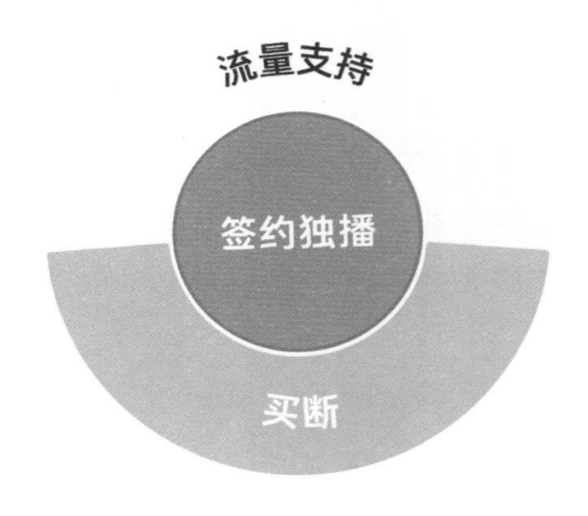

图16-5

16.2 赚粉丝的钱

如何通过粉丝变现呢？了解粉丝、重视粉丝是创作者必须要做的。粉丝其实就是用户，从用户的角度出发，变现方式可分为4类，如图16-6所示。

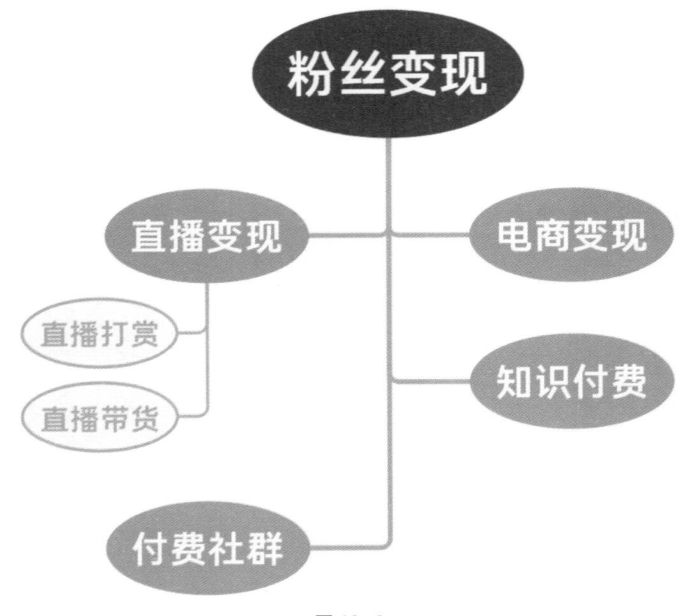

图16-6

16.2.1 电商变现

电商变现是比较主流的变现方式。

❶ 电商类型

电商可以分为交易型电商和内容型电商，如图16-7所示。交易型电商的主流平台有淘宝、京东等，用户登录这样的平台通常有明确的目的，他们习惯于货比三家，消费通常比较理性。内容型电商的主流平台有抖音、快手、小红书、西瓜视频等。这里具体讲解内容型电商。

图16-7

内容型电商以内容为主要驱动。通常用户刷视频主要是为了学习或娱乐，消费通常比较冲动或感性。用户在刷视频的过程中，经常会不知不觉就下单消费了，有人称这种变现方式为“视频带货”。例如，创作者在全网通过短视频的方式免费教弹吉他，以吸引流量，从而卖吉他。这就是典型的内容型电商变现。

在短视频时代，算法的出现让内容更容易被推送给对它感兴趣的人。创作者只有提供有价值的视频才能成功吸引粉丝，而由于视频有价值，粉丝自然会对创作者产生信任，所以视频带货的转化率通常很高。

❷ 分销代理

想要通过电商变现，创作者就需要确定产品及货源。如果创作者前期没有任何产品可销售或者不知道卖什么，那么分销代理可能是一个不错的选择。分销代理的产品可以是实物，也可以是课程之类的虚拟产品。

假如创作者想要分销实物产品，但前期没有流量，创作者需要主动寻找分销渠道，如登录阿里巴巴采购批发网主动找厂家沟通，该网站的图标如图16-8所示。此外，创作者还需要确定商品质量、价格、利润等，以及是否支持一件代发、退换货等服务。

1688

源头货 一手价

图16-8

当然，通过这种方式找到的分销渠道利润率通常较低，因为创作者没有让厂家看到自身的实力。

而当创作者通过视频吸引到一定数量的粉丝之后，就会有各种各样与创作者视频价值相匹配的平台或厂家找到创作者，希望创作者代理或销售他们的产品。在这种情况下，创作者就会具备一定的话语权，并且利润也比较可观。

如果创作者觉得销售实物产品太烦琐，也可以选择销售虚拟产品，免去发货、退换货的程序。

很多平台虚拟产品的分成比例是非常大的，部分平台甚至将分成比例设置在50%以上。例如，价值198元的课程，创作者卖出去一套一般可以赚99元，创作者可以在小鹅通分销市场、抖音市场、快手市场等找到这些课程或商品，这些平台的图标如图16-9所示。

图 16-9

分销可以让创作者节省运营成本、提高运营效率，可以在创作者电商体系还不健全的情况下保证其营收。

但是分销也有劣势，如不能有效保障产品质量及售后服务，且沟通成本过高。产品质量或服务出现问题很容易影响创作者的声誉，所以选择分销产品时，创作者一定要仔细考察。

16.2.2 知识付费

每天有大量的信息充斥着人们的生活，因为有信息筛选的痛点，所以就有了知识付费，人们花钱让达人帮忙筛选信息和过滤无效的信息。

如果分销别人的课程很容易伤害粉丝，那么创作者可以试着自己制作课程，这样就可以对产品进行严格把关。创作者可以把自己在某个领域的经验整理归纳成一套自己的方法论，通过视频、音频、直播的形式进行授课。例如，我制作了一套系统的课程，常规的做法是先把它上传到第三方知识分享平台，如小鹅通、荔枝微课等，然后再和微信公众号进行联动，如图16-10所示。

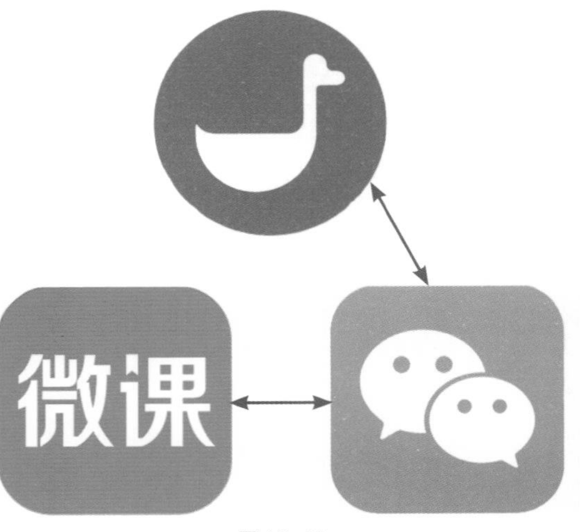

图 16-10

创作者可能会说："我没有那么专业的技能怎么办？"其实任何能力都能变成课程，如做PPT、修图、做Excel表格、做思维导图、写文案、写简历、写商业计划书、弹吉他、减肥、炒菜等，凡是你擅长的知识和技能都可以通过视频的方式被做成课程，并在各种知识付费平台上进行销售。

假如，课程定价99元，创作者一年只需卖出1000份，服务好这1000位粉丝，一年就有99000元的收入。知识付费大大加强了创作者变现的主动权。

16.2.3 直播变现

直播变现的方式有两种，即直播打赏和直播带货。

❶ 直播打赏

直播打赏是比较基础的变现方式，直播的内容可以是才艺展示（如唱歌、跳舞、玩游戏等），也可以是知识分享（如生活小妙招、某方向的教学等）。用户通过充值，可以给自己喜欢的主播打赏礼物，提升排名。主播可以将礼物折现。

❷ 直播带货

"商品→直播→终端消费者"的形式很可能是未来商业的主要形态，如图16-11所示。

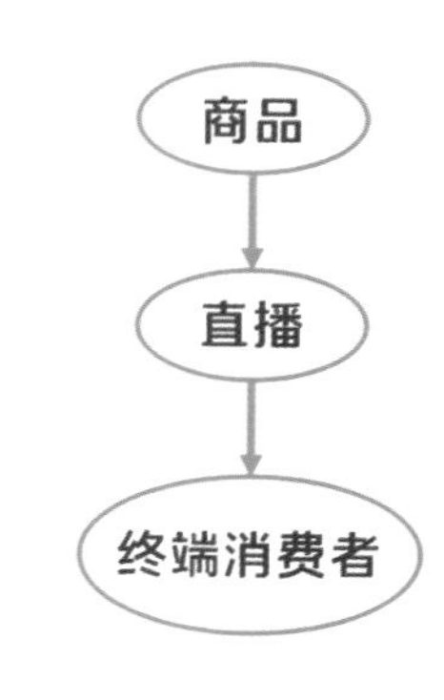

图 16-11

相较于视频带货，直播带货可使创作者及时地与买家产生互动。买家有任何问题，可随时提出，创作者会在第一时间解答，以打消买家的顾虑。同时直播还有监督功能，假如卖的产品不行，那么其需要付出的代价是极高的，因为一旦有人证实创作者销售的产品造假或质量不好，创作者辛苦构建的信任就会瞬间崩塌，所以产品的选择是非常重要的。创作者卖的可以是实物，也可以是虚拟的在线课程，当然也可以通过前面讲到的分销代理赚取佣金。

16.2.4 付费社群

付费社群是指创作者将其核心粉丝集中起来，并向其提供有深度、有价值的内容或服务，大家彼此之间可以实现资源互通、人脉共享等。

付费社群常见的收费标准是365元/年到几万元/年不等，需要根据创作者的影响力，以及创作者提供的独家内容和资源的多少而定。假如收费标准是365元/年，创作者一年只需要维护1000名核心粉丝，并不断为他们创造价值、做好服务，那么他一年的收入就是365000元，如樊登读书会的会员制模式。樊登读书会的图标如图16-12所示。

图16-12

可以建立付费社群的平台有小鹅通、知识星球、微信群、QQ群等，相应App的图标如图16-13所示。

图16-13

16.3 赚第三方的钱

除了平台和粉丝，来自其他渠道的收入都可以称为第三方收入。第三方变现的4种方式如图16-14所示。

图16-14

16.3.1 广告商

广告商会和平台合作，也会和创作者合作。当创作者有了一定的粉丝量时，就会有和创作者视频内容相关的广告商找到创作者。这时，创作者就可以直接跟广告商对接，谈合作。广告商的报价一般会根据创作者所在的平台、所属的细分领域及各平台的粉丝量综合考量。部分平台的广告报价参考见表16-1。

表 16-1 部分平台的广告报价参考

平台	一般报价（元）
抖音	粉丝量 X0.01
B 站	粉丝量 X0.1
小红书	粉丝量 X0.05
微信公众号	阅读量 X1

除了等待广告商来找，创作者还可以主动去一些广告中间商那里接广告，如字节跳动旗下的巨量星图等，其界面如图16-15所示。

图 16-15

16.3.2 签约MCN机构

如果创作者有某个领域的专业知识，或者觉得自己有特色、有可能走红，却又不知道如何运营自己，那么创作者可以选择签约一家MCN（Multi-Channel Network，多频道网络）机构帮助自己。

MCN机构能为创作者提供培训、包装、推广、变现等一条龙服务，从而从中获取一定的收益。MCN机构的变现方式通常是找到有潜力的创作者，签约并孵化他们，实现快速变现。收益一般先经过MCN机构，然后才到达创作者手里。创作者分到多少根据MCN机构的大小及创作者的能力而定。

由于电商对接、直播变现、内容制作、运营推广等对于创作者来说极其耗费精力，所以从理论上来说，未来创作者可能会非常依赖MCN机构。但对MCN机构的运营能力的评估，是一件让人头疼的事。

业内比较有名气的几家MCN机构有洋葱、新片场、papitube、火星文化传播等，其图标如图16-16所示。

图 16-16

16.3.3 账号转让

账号转让是指批量打造一些账号，然后进行销售。

有些个人或机构会直接买一些有一定粉丝量的账号进行变现。

不同平台、不同领域、不同粉丝量账号的价格是不一样的，通常在几千元到几万元不等。

账号交易平台有鱼爪等，其图标如图16-17所示。

图 16-17

16.3.4 甲方

赚甲方的钱。有很多广告商或企业会委托创作者代做视频，做一个视频就赚一个视频的钱，通常一个视频的价格在几千元到几万元不等。这种方式的优点是赚钱快，但缺点是没有持续收入。

可以接单的平台有淘宝、猪八戒、抖音等，其图标如图16-18所示。

图 16-18

16.4 变现的底层逻辑

变现的底层逻辑就是输出价值、扩大影响力。

不管是平台、粉丝还是第三方，他们都为价值付费。

如何才能为别人提供价值呢?

那就是成为某一领域的“专家”。

如何才能快速成为一个领域的“专家”？创作者得会查资料、会学习、会思考。在这个过程中，反复进行输入—处理—输出。只有这样，才能在某一细分领域有所建树，才能不断为用户提供价值，从而扩大自己的影响力。

16.4.1 高频输入

输入是为了提升创作者某一方面的能力。一个人的能力并不是与生俱来的，只有通过高频的输入，能力才能迅速得到提升。最常见且用时最少的输入就是确定一个领域，然后用一到两年的时间，每天观看大量的专业图书、有价值的付费课，或与一些行业大佬及一线从业者进行沟通，交流，并做出思维导图或笔记等方式，先实现自我成长，再去影响他人。随着不断的积累，自身的能力就会得到提升。

16.4.2 高效处理

财富就是认知的变现。输入创作者脑海中的知识，只有经过融会贯通，咀嚼消化后才能形成自己的认知。比较高效且实用的方式就是定期将自己学到的内容整理归类，并尝试用文章、短视频或者给朋友讲述等方式表达出来。这个过程需要创作者不断从自己的知识储备中进行检索。随着表达频率的提高及创作者自身知识储备的增加，信息的处理会更加高效。

16.4.3 稳定输出

支撑起一个自媒体IP的核心就是创作者的认知，当创作者成为某个领域的专家，就会具备输出能力，变现就是自然而然的一件事。

而短视频内容创业，想要具备稳定的输出，创作者一定要锻炼另外3种能力，即深入思考、写作和演讲。深入思考是指凡事不能只看表面，要思考其底层逻辑是什么。写作是创作者整理思路的一个过程，这也是制作短视频不可或缺的能力，可以通过为知乎、微信公众号、简书等撰文的形式进行锻炼。演讲是考验一个人情商和知识储备的形式。在这个人人都可以直播的时代，具备演讲能力可以更好地扩大影响力。如果是制作知识分享类的短视频，具备演讲能力可以使拍摄过程更加高效。可以自己经常对着手机镜头进行训练，讲得不好的地方随时做出更改。只有这样，才能具备稳定输出的能力。

拓展训练

（1）列出自己可能会用到的变现方式。

（2）思考自己的商业模式。

锁定平台

本章概述

要想通过短视频创业，创作者一定要先了解自己的受众在哪，也就是他们经常活跃在哪个平台上，还要弄明白这些平台是怎么进行内容的生产、审核、分发的。本章将详细讲解几个常用平台的特点，了解了这些平台的不同，创作者就可以制订自己的视频内容并优化涨粉方案，从而获得更多的流量。

知识索引

算法	抖音	B站
快手	知乎	视频号
小红书	快速了解平台	

17.1 算法

要想了解平台，就必须先了解算法。算法是支撑每个平台运作的底层逻辑，已经渗透到人们生活的方方面面，如购物、浏览资讯、点外卖等。

当用户刷短视频时，平台会从它的内容池中给用户匹配出他可能感兴趣的几段视频。哪个平台匹配得更精准，就更容易吸引用户的注意力，获得用户的青睐。而用户就会觉得这个平台很懂他，才会愿意使用这个平台。

用户的注意力是互联网的核心资源，而算法解决了注意力的分配问题。

那么算法是怎么做到精准匹配的呢？首先它要懂得内容的价值，且要懂得用户，也就是了解用户的需求。然后它需要把内容和用户进行合理匹配。本节内容的思维导图如图17-1所示。

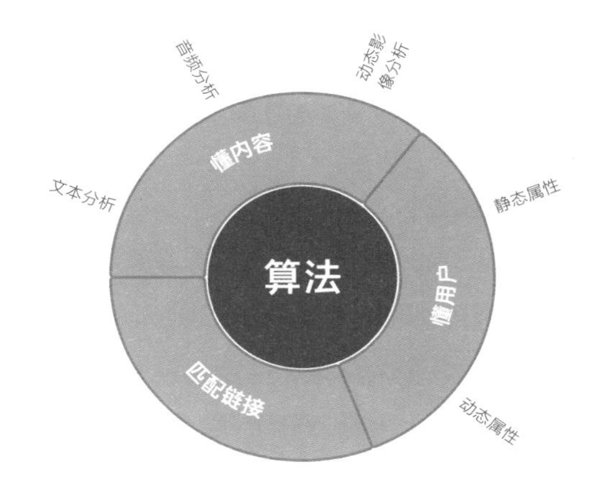

图 17-1

17.1.1 懂内容

算法是通过什么了解内容的呢？主要通过3个方面：文本分析、音频分析、动态影像分析。通过对“文本+音频+动态影像”的分析，平台就会迅速对视频内容产生相对精确的理解。

❶ 文本分析

文本分析包括对视频标题、视频内的字幕等进行分析。

❷ 音频分析

音频分析包括对视频中的音乐、人物说的话等进行分析。

❸ 动态影像分析

动态影像分析即给出一段动态影像，人工智能技术可以马上分析出其中的场景是在大马路上还是在厨房里，以及视频中的主角是人还是动物。

17.1.2 懂用户

算法要比用户自己还要懂自己。算法主要通过两个方面（静态属性和动态属性）来了解用户。

❶ 静态属性

用户在平台注册账号后，平台一般都会要求其填写个人资料，绑定手机号或者第三方平台账号。这样，算法就能通过这些信息知道用户的性别、年龄、学历、婚姻状况、常住地等。

❷ 动态属性

如果通过静态属性检测到的用户信息不精准，那算法会通过用户的动态属性捕捉用户的真实想法，如用户看到喜欢的视频时，会很自然地点赞、收藏。动态属性又可以分为显性属性和隐性属性。

用户点赞、收藏、评论、关注等行为看作显性属性；用户在一个视频中停留的时长，以及在别人的主页中停留的时长，就叫作隐性属性。通常显性属性的权重高于隐性属性的权重。

17.1.3 匹配链接

懂内容、懂用户之后，算法就要将二者很好地匹配到一起。

这时算法就像是一个“红娘”，每个视频和用户的“终身大事”都要她在背后牵线搭桥。例如，当用户在众多视频中多看了某个视频一眼，“红娘”马上就会收集二者相遇之后用户的反馈信息，然后根据反馈信息分别给二者打上标签，这个标签就是“红娘”对用户和内容进行精准匹配的依据。

同时算法会在后台生成一个“黑箱”。这个“黑箱”可以理解为一个复杂的程序，也可以理解为“红娘”的笔记本。其作用就是预测一个新视频和一个新用户成功匹配的概率。这个“黑箱”通过分析用户与视频之间的互动数据，优化用户和视频身上的标签，然后不断地反馈、优化、匹配，从而形成一个循环，如图17-2所示，最终呈现给用户的都是他感兴趣的内容。

例如，创作者在抖音上传了一个与吉他教学相关的视频，算法从他的视频标题、字幕中检测到“吉他”“教程”“入门”等关键词，从音频中也检测出了伴奏声、和弦音、讲解声等，又从画面里分析出有个人抱着一把吉他。经过综合分析，算法得出对这条视频感兴趣的用户大多是喜欢弹吉他的群体，或者想要学习弹吉他的群体。这样内容与用户就完成了一次匹配。

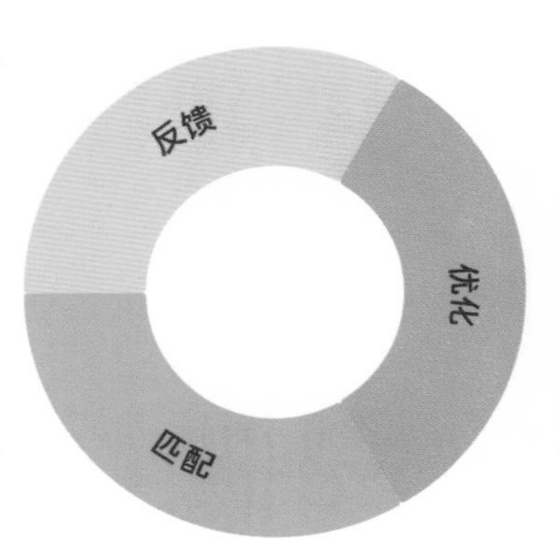

图 17-2

在这个循环里，反馈和优化很关键。如果算法把这个视频推荐给了它的目标群体，很多人看了几秒就关掉了，那算法就会有两种判断：要么是视频内容不够优质，要么是内容定位不够清晰。不断地反馈、修改，再给用户和视频打上标签，以便下次匹配，这就是算法做的事。

了解算法的相关知识对创作者进行视频制作是非常有帮助的。但由于每个平台的定位和价值观不同，其算法也会有些区别。接下来就带领大家对各个平台进行深入了解。

17.2 抖音

当用户想学某样东西，就会过来一群人教用户，这就是抖音。本节内容的思维导图如图17-3所示。

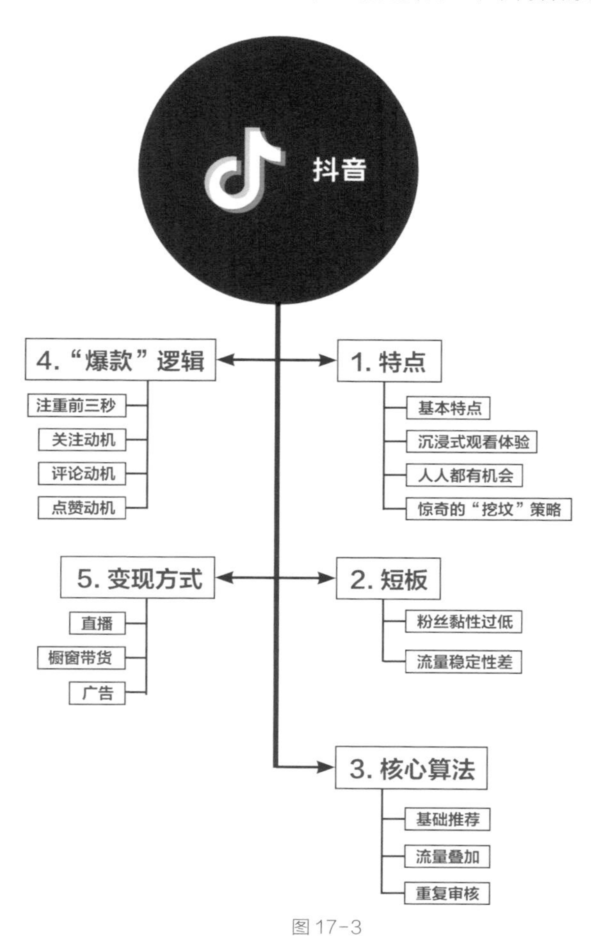

图17-3

17.2.1 特点

“投其所好”是对抖音较为恰当的形容，这是它的一个特点，同时也是对抖音、用户、创作者之间的关系的理解，如图17-4所示。

抖音对用户：用户喜欢什么内容就推给他什么内容。

创作者对用户：用户喜欢哪方面的内容就创作哪方面的内容。

创作者对抖音：平台具有什么特点、属性就有针对性地创作什么样的内容。

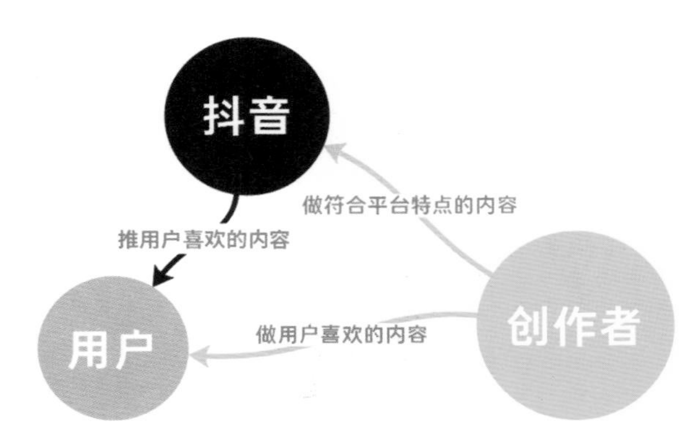

图17-4

❶ 基本特点

抖音是一个音乐属性很强的短视频社交平台，用户群体在城际分布上比较均匀，85%的用户在24岁以下，且女性用户多于男性用户，9：16的竖屏视频更受平台偏爱。时长在1分钟以内的视频更容易“爆火”，最好是在10~20秒，且多数人看抖音的目的是消磨一些碎片化时间。

❷ 沉浸式观看体验

打开抖音，直接就是全屏视频，用户只需要用手指轻轻向上一划，就可以切换视频。即使用户不关注任何一位创作者，算法也会根据用户对每个被推荐视频的态度（如根据观看时长、是否点赞、评论等判断用户的需求、确定用户的标签），安排好用户想看的内容。然后抖音就会源源不断地把用户感兴趣的内容推给用户，给用户提供沉浸式观看体验。

❸ 人人都有机会

抖音的算法是比较公平的，人工干预很少，不会强推一些头部创作者，一切都以内容是否优质为标准。也就是说，不管创作者现在有多少粉丝，当创作者发布一条新视频时，其和新的创作者在同一起跑线上，都有通过一条视频走红、涨粉的可能。此外，创作者发出的视频更容易被本地用户看到。

❹ 惊奇的“挖坟”策略

好视频不会被埋没，只要创作者的视频足够好，哪怕创作者刚开始没火，等创作者有一个视频火了之后，其其他优秀的视频也会被抖音陆续“挖”出来，给予流量支持，所以创作者一定要认真对待自己的每一个视频。

17.2.2 短板

抖音提供的沉浸式观看体验是特点，同时也有一些弊端。

❶ 粉丝黏性过低

打开抖音，视频以全屏的方式展现，用户只能“被动接受”抖音给自己匹配的内容，再加上算法的支持，抖音会直接给用户视觉和听觉上的最大刺激，用户就会沉浸其中，慢慢地也就习惯于被抖音安排，所以很少主动去查看自己已关注的创作者及其创作的内容。而粉丝黏性过低，就会导致用户和创作者之间的信任度偏低，粉丝转化率也会偏低，所以和其他同类型的视频平台相比，同样的粉丝数给创作者带来的价值也偏低。

❷ 流量稳定性差

抖音的流量只会分配给优质的内容，加上算法干预较多、粉丝黏性过低，就算创作者粉丝再多，其也没有基础流量的保证。如果操作不当，其单个视频很容易遭遇“爆冷”的情况。相应的，就算创作者的粉丝基数再小，只要内容好，其单个视频也有“爆火”的可能。

17.2.3 核心算法

抖音决定创作者视频基础播放量的不是工作人员，而是算法。抖音的母公司字节跳动有1000多名算法工程师在为算法服务，所以视频内容与用户之间的匹配关系错综复杂，但基本逻辑是不变的。

❶ 基础推荐

无论创作者是否有粉丝，他的视频上传到抖音并且审核通过之后，都会被丢进一个初级流量池。流量池中的每一个流量都是一个真实的用户。

初级流量池有300~500的流量。

❷ 流量叠加

视频如果在初级流量池表现很好，就会被丢进下一个大一点的流量池，以此类推。抖音流量池的流量范围如表17-1所示。

表 17-1 抖音流量池的流量范围

流量池级别	流量范围
初级	300~500
2 级	3000 左右
3 级	1 万左右
4 级	10 万左右
5 级	100 万左右
6 级	1000 万左右
7 级	3000 万以上

小提示

以上 7 个层级流量池的叠加逻辑是实践模拟的模型，以下内容是本人根据以往的运营经验做的总结。

算法判断一个视频好坏的依据是完播率、点赞数、评论数、转发数、关注数，如图 17-5 所示。其中，完播率是算法判断一个视频好坏的基础。基于对完播率的贡献，其他依据的重要程度不一样，依次为转发数 > 关注数 > 评论数 > 点赞数，原因如下。

转发数：说明该视频对用户有用，且转发之后还能为视频带来更大的曝光量，对完播率的贡献最大。

关注数：用户首次关注创作者之后通常会查看创作者之前发布的视频，这样会提高创作者其他视频的完播率。

评论数：针对抖音短视频，用户在评论的过程中，视频可能已经播放好几遍了，对完播率的贡献处于中等水平。

点赞数：成本最低，用户可以随手完成，对完播率的贡献最低。

图 17-5

❸ 重复审核

每个流量池的审核标准都不一样，视频在进入下一个流量池时，会被重新审核一次，进入越大的流量池，审核就越严格。一般首次审核时，视频只要没有违规，抖音都会“放行”。放宽首次审核的标准，大大提高了内容审核的效率，也可以防止优质视频被“误杀”。

例如，某条视频有一些小问题，但它在初级流量池中通常会被“放行”，然后要进入流量范围为1万左右的流量池时，系统会按照相应的审核标准再次对它进行审核。此时这条视频就是违规的，这时后台就会给创作者发一条违规信息，并迅速减少对这个视频的推荐量。到了一定阶段，人工审核就会介入，审核人员会判断视频的价值，决定其是否继续被推荐，这样可以防止利用算法漏洞逃脱处罚的违规创作者。

在视频不断进入更大的流量池的过程中，创作者可能会发现某条视频明明各方面数据表现都挺好的，但播放量突然就不涨了，其原因可能就是视频存在违规情况，被当前流量池截住了。这个原因可能是用户的异常反馈、视频中有违规关键词、内容存在潜在风险、存在抄袭嫌疑等。

17.2.4 “爆款”逻辑

“让目标用户觉得有用，让路人觉得有趣”就是抖音“爆款”视频的底层逻辑，其主要围绕的还是如何提升视频的完播率、点赞数、评论数、转发数、关注数，可细分为4个要点。

❶ 注重前三秒

对于提供沉浸式观看体验的抖音来说最重要的是前三秒，因为它决定了用户看到创作者的视频时会不会直接划走，所以可以通过价值前置、直接抛出要解决的问题及设计创意文案等方式使用户对这个视频有耐心。只要前三秒能留住用户，用户看完视频的概率是很高的。

❷ 关注动机

视频要做到有用、有趣、有料，在此基础上，还要给用户一种确定性，就是关注这个账号之后，他能得到什么。例如，在每个视频结尾都加一句口号“每天15秒，一起学XX”，其中的“每天”就是一种确定性，“学XX”就是用户能得到的价值。

❸ 评论动机

使用一些技巧引导用户留言评论，能提高视频的完播率。创作者可以刻意设计话题，如聊一些有争议的主题，或故意说错某句话，然后在评论中自己纠正过来等。

❹ 点赞动机

用户点赞的动机通常有3个，即观点认同、值得收藏和情绪共鸣。

17.2.5 变现方式

在抖音用一两个月吸引到10万~50万个粉丝对于会设计视频内容的人来说是非常容易的。

抖音小店的加持，使创作者可以通过直播、橱窗带货等方式变现。此外，创作者还能通过统一的官方广告交易平台巨量星图对接广告主。其实只要视频内容好，就会有各种各样的变现方式自动来找创作者。

17.3 B站

本节内容的思维导图如图17-6所示。

17.3.1 特点

B站的内容十分庞杂，非常方便用户浏览。

❶ 基本特点

B站的全称为“哔哩哔哩（bilibili）”，是一个为年轻人打造的内容社区，其中大多数用户是中学生和大学生，有较强的付费意愿。B站的内容多为横屏中长视频，且视频播放过程中强制观众观看广告。B站的特点还包括弹幕文化，内容不止二次元。

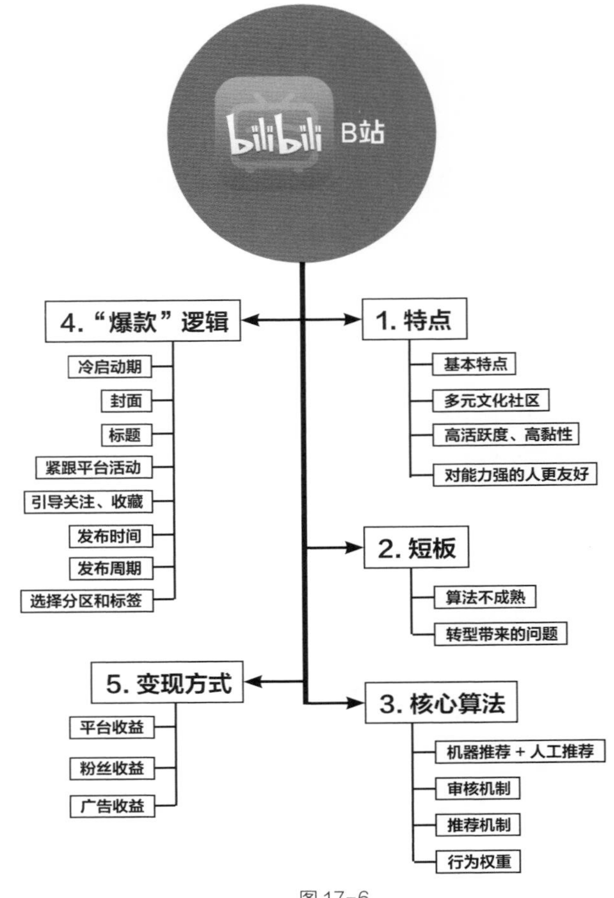

图 17-6

❷ 多元文化社区

（1）社群属性。

社群就是拥有共同爱好或理念的一个群体，不同的社群会形成社区。B站就是一个涵盖众多垂直领域的多元文化社区，内容以迎合年轻人的兴趣爱好为主。很多人去B站的目的是学习。

（2）偏私域属性。

拥有社群属性的平台具备私域属性。什么是私域？要先了解流量池的概念。可以源源不断地获取新用户的地方就是流量池，如百度、微博、抖音等。私域是相对于流量池而言的，创作者不需要花钱就可以在任意时间、任何频次直接触达渠道，如微信群、微信公众号等。在偏私域属性的平台中，当创作者具备一定的粉丝量，视频的打开率会更有保障。

（3）粉丝价值高。

在B站，单个粉丝价值远远高于抖音。同样的粉丝量，用户的价值不同，广告的报价也会不同。

（4）运营数据真实。

与抖音过多的机器人账号不同，B站的评论区明显都是真实的用户，而且大部分评论都是用户想法的表达和反馈等。

（5）考试注册。

在B站注册账号后，如果想要发布视频，就要通过考试成为正式会员。成为B站正式会员必经的考试是一个绝佳的过滤器，它不仅有仪式感，还能规避一些“水军”用户。

❸ 高活跃度、高黏性

据统计，B站用户日均在线时间长达80分钟。这些用户不仅在B站很活跃，在其他平台的活跃度也很高。

B站用户的的黏性很高。黏性就是依赖程度，高黏性意味着高度信任，所以B站粉丝的商业转化率很高。

❹ 对能力强的人更友好

①在某个领域有所建树的创作者在B站更容易收获粉丝。

②有能力持续生产原创、干货、知识分享型内容的创作者更容易获得B站用户的青睐。

17.3.2 短板

❶ 算法不成熟

①B站的算法较原始且混乱，而且一直在更改，不稳定。

②“标题党”和“封面党”横行，导致很多粗制滥造的视频都有很高的播放量，优质内容容易被埋没。

❷ 转型带来的问题

很多人一提起B站，就会说这是一个小朋友玩的二次元网站，二次元成为很多人对B站的固有印象。而B站力图成为所有年轻人的聚集地，但并不是所有年轻人都喜欢二次元。为此，B站扩展了很多其他类目，但新增的类目还未发展成熟，导致视频搬运横行，优质原创内容匮乏，并且社区氛围变化明显。

17.3.3 核心算法

❶ 机器推荐 + 人工推荐

B站的推荐机制目前主要以关键词为依据，所以标题、标签、简介、弹幕、评论所涵盖的关键词都十分重要。关键词本身热度高的话就容易引流，所以一定要事先调查好关键词的热度。

❷ 审核机制

B站的审核机制包括机器审核和人工审核。

机器审核比较看重创作者的权重。如果创作者是一个已认证的优质UP主，审核其发布的内容是非常快的。机器会优先审核权重高的创作者所发布的内容，即使内容偶尔有点小问题，平台也只会对违规的内容进行处理，对UP主的影响并不大。但是如果创作者是刚注册的新人，其只要发布一次包含违规内容的视频，就会被处罚，达到了一定的次数就会直接封号。

视频发布后，用户会产生收藏、评论、点赞、投币等行为，当这些数据达到一定数量后，就会触发人工审核。另外，用户的页面反馈也会触发人工审核。

人工审核决定着创作者的视频是被推荐到用户首页，还是被下架。如果视频数据触发了推荐机制，视频将由分区编辑筛查后推荐至用户首页。所以B站的视频能否上首页，主要受人工干预的影响。

❸ 推荐机制

B站的3种常见推荐机制为基于内容、基于用户、基于模型。

（1）基于内容。

基于内容是指根据用户喜欢的视频，找到和这个视频相似的视频，再将其推荐给用户。

（2）基于用户。

基于用户是指根据某一用户喜欢的视频，找到和这位用户有相似偏好的用户，再把这个群体所偏好的视频推荐给该用户。

（3）基于模型。

基于模型是指根据用户的喜好建立算法模型，实时预测用户可能想看的内容。

假设用户A喜欢看科技区和数码区的内容，B站会给这类用户推荐什么视频呢？根据给出的内容分区和该分区浏览用户的喜好，平台会判断出，和用户A同样喜欢科技区和数码区内容的用户可能也喜欢游戏区的内容。因此在基于内容推荐机制的协同作用下，B站会给用户A推荐游戏区的内容，因为这3个分区的浏览用户相似度更高。

用户之间的相似度常用用户行为数据计算，如关注的UP主、订阅的话题等。

基于模型推荐机制的优势和劣势如下。

优势：不需要再对内容进行完整的标准化分析，只需给用户打标签和建模。

劣势：过于依赖历史数据，新用户和新内容的冷启动成为问题。

❹ 行为权重

B站的用户行为包括投币、充电、收藏、发弹幕、评论、播放、点赞、分享、更新，如图17-7所示。

图 17-7

投币是指投硬币，获得硬币是不需要花钱的，可以通过签到和发布视频获得硬币。

充电是指充B币，B币需要通过充值获得，也可以通过充值大会员获得。

B站用户常说的“三连”是指点赞、投币、收藏，如图17-8所示。以前B站上的点赞、投币、收藏3个键是分开的，用户需要点3下。如今用户只要长按其中一个键，就可以完成这3个键的点击。得到用户“三连”视频的数据反馈会变好，B站会给它更高的推荐量。

图 17-8

“三连”决定了视频是否可以获得大量曝光。“三连”数据一定要是真实用户产生的有效数据，千万不要去作弊，否则一定会被发现。“三连”中权重最高的是收藏的数据，它可以帮助算法把优质视频更精准地推送给有相同喜好的目标用户，促使此视频点击量得到提升。这也是在B站发布知识、干货类的视频更容易成为“爆款”的原因。收藏越多，权重越高，视频上首页的机会会更大。

播放是内容被收藏的基础，而视频的封面、标题、标签、发布时间、分区的选择等这些信息决定着视频的基础播放量，所以“爆款”视频一定会关注每一个细节。

除此之外，账号的权重（如是否完成实名制认证，是否存在违规，账号的等级是否偏低，是否是大会员等）直接影响着视频的推荐量。

17.3.4 “爆款”逻辑

❶ 冷启动期

冷启动期就是视频发布后到流量到来的时期，其间一定要多参与社区互动。千万不要只把B站当成一个视频的分发渠道，视频发布后就不再管它了，这样是不行的。一定要融入这个社区，平台才会给创作者流量。例如，可以多关注自己的同行，多给他们最新发布的视频“三连”，并做出优质评价等进行互动。同时，创作者自己要坚持更新优质视频，这样账号的权重就会逐渐增大，所发布的视频会逐渐得到推荐。由于算法具有不确定性，冷启动是否能成功，有时还要看运气。

❷ 封面

封面是一个视频的门面，门面足够吸引人，路过的用户才会点进去看看。尤其在B站的手机端，视频封面的展现空间是标题的2倍，会最先吸引用户的注意力。制作时可以提炼出视频的核心亮点，并与大粗字体配合，以达到吸引用户点击的目的。

❸ 标题

标题要简明扼要，要使用户一眼就能看出视频带给他的好处。B站手机端标题最多显示24个字，超出的部分会被隐藏；计算机端标题字数在22个字以内，其中字符占1个字。标题一定要包含与视频主题一致的关键词，这样视频才会更有可能被推荐给精准用户。

❹ 紧跟平台活动

B站每年都会举行10多次活动，活动开展期间相关视频能获得相应的流量支持。

❺ 引导关注、收藏

互动数据会影响系统是否会把视频推荐给有相同喜好的用户，所以创作者要多引导用户进行互动。可在视频末尾提示用户点赞、收藏、投币，还有一些UP主会直接告知“收藏量过2万下周准时更新”来引导用户收藏视频。

❻ 发布时间

B站用户多为学生，他们的休息时间集中在周末和晚上，所以视频更新时间建议优先选择周五晚上到周日这段时间。如果是在工作日晚上发布，则一定要预留审核时间。B站的视频审核时间为30分钟~2小时。

❼ 发布周期

固定视频发布周期不仅能增强用户黏性，还能在用户脑海里形成记忆点。

❽ 选择分区和标签

在B站投稿之前一定要先选择一个分区。B站的分区包括生活、游戏、音乐、时尚、娱乐、影视、动画、舞蹈、数码、国创、知识等，知识分区如图17-9所示。选好一级分区后还要选择子分区。例如，生活区涉及搞笑、日常、手工等子分区。选择什么子分区是创作者在B站发布视频之前一定要想清楚的一件事，要思考这个子分区是否有流量、是否竞争激烈等问题。选好子分区之后，创作者还要选择合适的标签，以获得与标签相关的搜索流量，并给算法提供具体的推荐参考。标签同样也是子分区下面的细分分区，有些标签相同的内容会被汇总到独立的页面中，以方便用户对内容进行筛选。

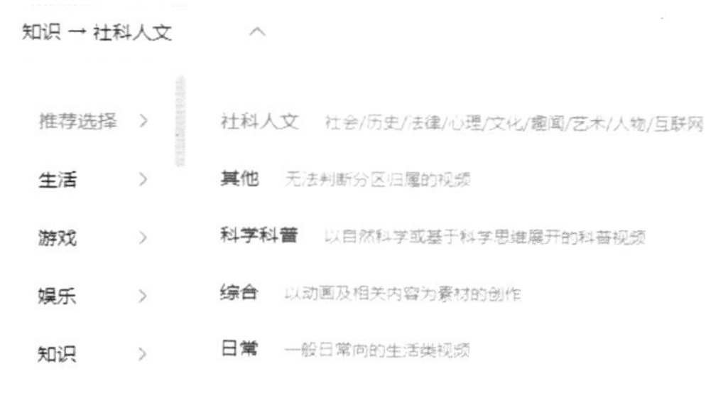

图 17-9

17.3.5 变现方式

❶ 平台收益

（1）创作激励计划。

创作激励计划是指B站为激励创作者而设置的奖励机制。B站会根据视频的播放量给创作者相对稳定的奖金。创作激励计划需要创作者达到要求后主动申请，打开B站App，点击右下角“我的”，进入“创作首页”，找到“创作激励”，创作力或影响力达到一定分值即可申请，如图17-10所示。

图 17-10

（2）课程合作。

依次点击“我的>我的课程>导师入驻”，可以提交课程合作申请，如图17-11所示。

图 17-11

（3）悬赏计划。

创作者的粉丝数达到一定数量时，创作者可以申请开启悬赏计划，即创作者可以选择在视频下方悬挂广告。开启悬赏计划后有两种获益方式：一种是根据播放量获益（1万播放量 = 50~200元）；另一种是根据销量获取佣金，但平台会抽成。

❷ 粉丝收益

（1）充电计划。

用户可以通过消费B币对创作者进行打赏，B站从中抽成，其余归创作者所有。

（2）直播打赏。

B站已经开通直播功能，并且设有打赏机制，打赏的礼物可以提现，创作者通过直播获得的收入需要和B站分成。

❸ 广告收益

当UP主拥有一定的粉丝量和信用分之后，就可以申请加入花火平台。这是一个由B站官方发起的，广告商与UP主对接的平台，UP主可以自主报价，获得广告收益。除此之外，当创作者的粉丝积累到一定数量后，会有广告商通过私信等方式主动联系UP主，商讨广告合作相关事宜，价格通常根据创作者所在品类和粉丝体量综合判断。

17.4 快手

快手就是一个大号的微信朋友圈，是一个私域属性很强的大型社区，更注重人与人之间的关系，而不是人与视频的互动。相较于抖音，快手更适合没有团队支撑的普通人玩。本节内容的思维导图如图17-12所示。

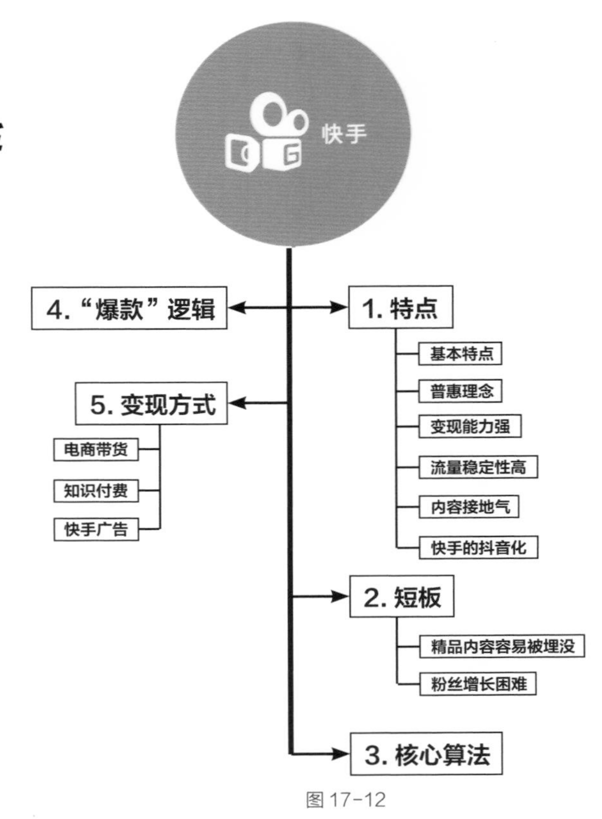

图 17-12

17.4.1 特点

❶ 基本特点

在快手用户中，三四线城市的用户居多，年龄在24岁以上的用户居多，且男性用户多于女性用户。快手的特点还包括真实、接地气。

❷ 普惠理念

快手遵循普惠理念。与抖音对头部视频的扶持不同，快手更愿意扶持普通人，头部视频的推荐量仅占总推荐量的30%，这样可以让更多普通人得到关注。

❸ 变现能力强

与抖音相比，快手粉丝的忠诚度和消费力都很高。因为其创建时间比抖音早，所以其电商生态体系比抖音成熟。在领域相同、粉丝量相同的前提下，快手的变现能力要强于抖音。

❹ 流量稳定性高

在快手，用户会更多地刷到他已经关注的账号。平台具有较强的私域属性。当创作者具备一定的粉丝量之后，其发布的视频会有一个基础的流量保证。与抖音单个内容质量不行就会遭遇“爆冷”的情况相比，快手流量的稳定性较高。但创作者想在快手通过一条“爆款”视频实现“爆火”的可能性要低于抖音。因为一条“爆款”视频在快手只会被持续推荐24~48小时，之后视频就会被替换掉，创作者后台的播放、点赞等数据基本就会停止。

❺ 内容接地气

快手更愿意为普通人打造一片可以生存的土壤，但普通人多数没有高端的拍摄设备，没有团队，没有好的拍摄环境，所拍摄的视频会显得略粗糙，但更真实，更接地气，更贴近大众生活，这符合快手的运营理念。

❻ 快手的抖音化

快手8.0改版后加入了和抖音一样的观看方式，上下滑动观看视频，并与双列信息流同时存在。高度的随机性可以让用户获得强烈的沉浸感，这就意味着快手在慢慢补齐短板，对于广大短视频内容创作者来说这是个好消息。

17.4.2 短板

在快手，精心制作的“高大上”的内容是不被重视的，从而导致很多精品内容被埋没。此外，粉丝增长困难也是快手的短板之一，吸引几万个粉丝很容易，但再往上涨比较难。

17.4.3 核心算法

快手的算法和抖音基本相似，区别是抖音以热门内容为主，它的算法逻辑是什么视频受欢迎就推什么，或者用户喜欢什么视频就推什么视频。快手则以人为主。例如，创作者A发布了手机拍摄相关视频，B对此感兴趣，关注了A，同时B也关注了C，快手有很大概率会把A推荐给C。但随着平台的不断发展，这些区别越来越不明显。

17.4.4 “爆款”逻辑

信息流式的交互，用户会不会点击视频取决于人设和封面。但改版后，快手的爆款逻辑和抖音极其相似。

因快手具有社区属性，创作者可以想象自己住在一个大型社区里，那么怎样才能在社区里吸引别人的注意力呢？怎样才能让更多的人认识自己呢？这就需要创作者经常参加社区活动，经常帮助社区居民，与社区名人交朋友等。

因此在快手，想要快速融入社区，创作者就需要不断地参加社区活动，如在同类短视频下方评论，多和同社区的人交流，以此来提升曝光度。创作者的账号完成了冷启动后就可以依靠平台算法的推荐机制实现更多的曝光。

17.4.5 变现方式

快手的变现门槛要低于抖音平台，尤其是在电商带货和知识付费方面。

❶ 电商带货

可以通过快手小店插入自己店铺的商品，或进行分销。快手小店分为站内和站外，站内是快手官方平台，站外可以插入淘宝、拼多多、京东、魔筷、有赞等的链接。目前站外链接使用较少。当然也可以进行直播带货，也就是直接在直播间插入商品，和短视频带货的方式一样。

❷ 知识付费

可以关注快手付费内容助手，通过制作相关干货视频并将其上传至快手自带的知识付费板块，让想学习的用户直接购买观看。还可以引导用户添加微信，在微信公众号出售课程。

❸ 快手广告

当创作达到一定的粉丝量，如10万，可以加入快手官方接单平台磁力聚星，通过快任务、快直播等方式进行广告变现。

17.5 知乎

知乎是一个一问多答式的问答社区，目前对短视频创作者有一定的扶持政策。本节内容的思维导图如图17-13所示。

17.5.1 特点

❶ 基本特点

知乎用户主要为“新知青年”，年龄为19~30岁，所在城市以“北上广深杭”为主，学历和专业度相对较高，好奇心强。

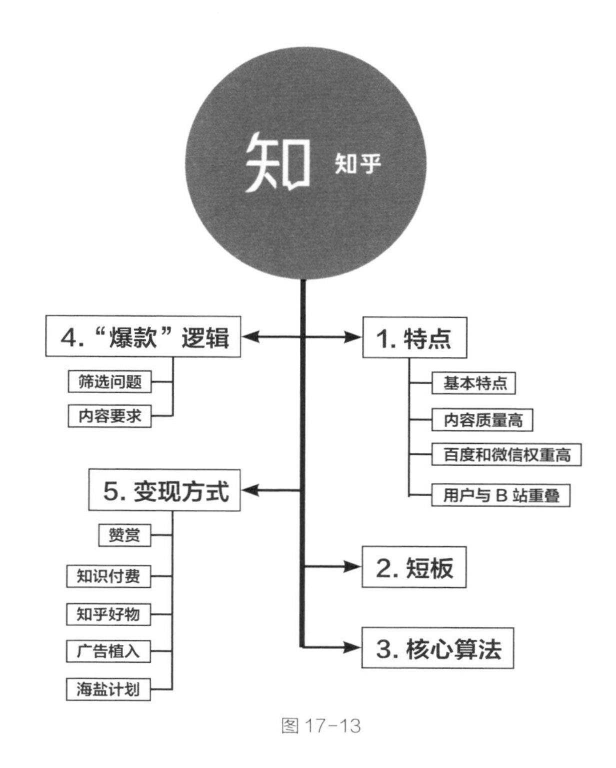

图 17-13

❷ 内容质量高

创作者在制作视频时遇到一些专业问题去知乎找答案，准确率和效率都要高于百度、微博和头条。同时，知乎是一个适合创作者练习写作的平台。

❸ 百度和微信权重高

知乎在百度搜索和微信搜一搜中的权重都很高，并且站内用户也有搜索的习惯，这就使很多经典的问题会获得源源不断的搜索流量。

❹ 用户与 B 站重叠

知乎的用户与B站有很大的重叠性，也就是玩知乎的很多人同时也在玩B站。这使得很多知乎上的热门搜索会在B站上出现。当创作者在运营B站不知道怎么选题时，可以适当参考知乎热榜。

知乎和B站一样都是社区属性氛围较强的平台，具有粉丝黏性高、运营数据真实、算法相似等特点。

17.5.2 短板

知乎的专业性强，更倾向于观点和专业知识的输出，这会导致用户登录平台的目的性过强，几乎都是带着问题打开知乎。

17.5.3 核心算法

知乎的核心算法是智能识别和加权计算。和大多数平台的算法一样，当用户回答了某个问题，平台会把此问题推荐给一部分对它感兴趣的人观看，然后根据阅读量、赞同率等数据，决定是否再推荐到下一个更大的流量池。其中，对推荐量影响较大的因素是问题回答者的账号权重。权重越高，对问题的排名影响越大。影响权重的因素主要包括收藏、喜欢、盐值、实名认证、成为付费会员、成为优秀回答者等，其中最重要的是赞同和收藏，主要依托于用户的行为，这一点和B站有点像。当然，权重并不是获得高曝光率的唯一路径。知乎非常重视内容质量，即使是没有权重的新号，只要回答足够专业，能帮助到用户，也有可能获得高曝光率。这里的权重是分领域的。例如，创作者经常在影视领域回答问题，那该账号在影视领域的权重就会很高；在游戏领域没有回答过问题，那这个账号在游戏领域的权重就会很低。创作者提升账号权重的主要方式是增加盐值。盐值就是创作者在知乎这片大盐海里的价值，数值从0到1000。盐值越高，说明这个人的专业度、可信度越高，账号权重也越高，就更受平台重视。通常一个完善好信息的新用户的盐值在300左右。盐值需要通过完成平台任务慢慢提升，盐值提升的过程也是用户了解知乎这个平台的过程。盐值的提升主要依托于5个维度：基础信用、内容创作、友善互动、遵守规范、社区建设，如图17-14所示。

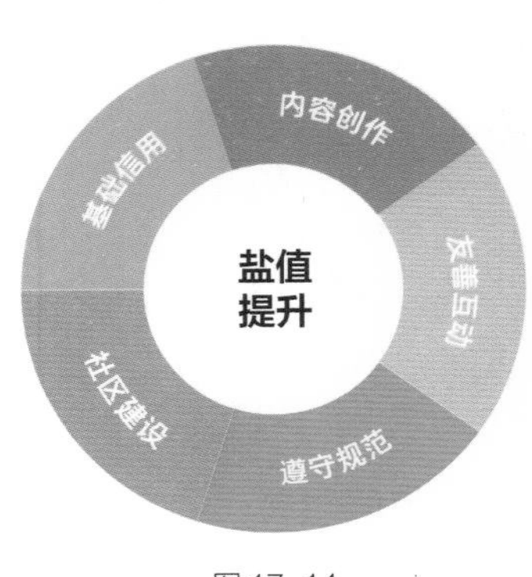

图 17-14

这5个维度可转化为具体可实施的行动方案。

①每天坚持去自己所属领域回答问题或提出问题，并在专栏区写文章，写想法，上传原创视频等。当然也有一些注意事项。例如，回答问题时一定要用心，多思考，要用专业、优质的回答征服用户，字数在1500字左右为宜，最好有图，并且注意排版。另外，前期尽量不要做引流的操作，如果被举报会得不偿失。

②举报违规内容，帮知乎做清理工，违规内容包括辱骂他人、人身攻击、垃圾广告、恶意引流等。这样创作者就能清楚地知道什么内容是违规的，运营知乎时就会非常注意。

③当盐值到达500，创作者可以申请成为知乎仲裁管家。除此之外，建议创作者关注一下官方账号“知乎小管家”，里面有很多关于知乎规则的文章，可以让刚加入知乎的内容创作者少走弯路。

17.5.4 “爆款”逻辑

知乎“爆款”的核心就是专业知识的分享，其中有两个注意事项，如图17-15所示。

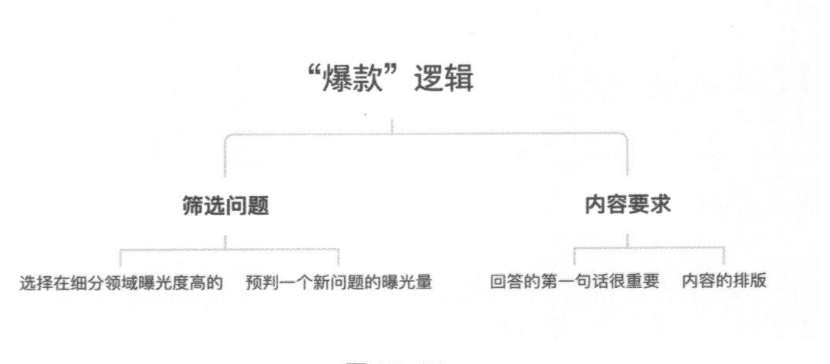

图 17-15

❶ 筛选问题

选对问题才能获得高曝光度。如果回答的问题是一个关注度很低的老问题，创作者就算回答得再精彩也不会有人看。问题筛选通常有2个关键点。

①选择自己所在的细分领域里具有高曝光度或高话题性的问题回答。具体操作方法是，在问题下方查看此问题的浏览量和关注人数，只有关注的人多，回答才会被更多人看到。

②预判一个新问题是否具有高曝光量的潜质。具体操作方法是，通过百度指数、微信指数找到与自己行业相关的热度关键词，并在站内搜索此关键词，挑选排名较高的问题进行回答。当在同一类问题下回答

几个问题之后，账号在此分区的权重就会增大，系统就会给创作者推荐一些与其专业相关的问题，邀请其解答这些问题。随着回答问题量的增加，账号权重会增加，慢慢就会收到别人的邀请。当遇到与自己专业契合的问题，一定要用心回答。

❷ 内容要求

与问题的筛选同样重要的是创作者回答的第一句话。知乎上问题的题干相当于一篇文章的标题，用户不管是在站内还是通过搜索引擎的关键词搜索自己遇到的问题，通常此问题的题干下都会显示排名靠前的回答的第一句话。所以这句话在一定程度上起着标题的作用。如果是用视频回答，建议加上一句吸引人的话术。

内容的编辑可以参考一些专业书或一些付费的专业课程，这样可以让创作者的回答更全面。另外，如果用文字编辑，一定要注意排版，如使用分割线，文字在手机端显示不能超过5行，加入与之匹配的图片等，这样就不会引起用户的视觉疲劳，可吸引用户看完。

除此之外，如果问题上了热门，有用户对你的回答进行了评论，一定要去回复，这样可以快速增加账号权重。

17.5.5 变现方式

❶ 赞赏

用户看了创作者的内容后如果觉得不错，可以通过赞赏的方式鼓励创作者。这类似于直播打赏和微信公众号里的“喜欢作者”，但这部分收益是比较少的。

❷ 知识付费

可以加入知乎live，相当于做直播课。直播课结束后，课程还可以继续销售。除此之外，也可以像微博一样进行付费问答，或者直接销售电子书，通过薄利多销的方式变现。

❸ 知乎好物

知乎好物就是在创作者发布的内容里插入推广的商品，创作者按成交量获得提成。创作者需满足一定的条件才能申请。

❹ 广告植入

可以在文章或视频当中植入软广告进行变现。创作者具备一定的粉丝量之后，一些广告商会主动寻求合作，广告费一般根据创作者所属领域而定。

❺ 海盐计划

短视频时代，知乎也在积极拥抱短视频。创作者可以加入海盐计划，赚取知乎平台对短视频创作者的补贴。

17.6 视频号

视频号就像视频版的微信公众号，可以提高已有用户的黏性，还可以通过已有用户的操作吸引新的用户关注视频号。本节内容的思维导图如图17-16所示。

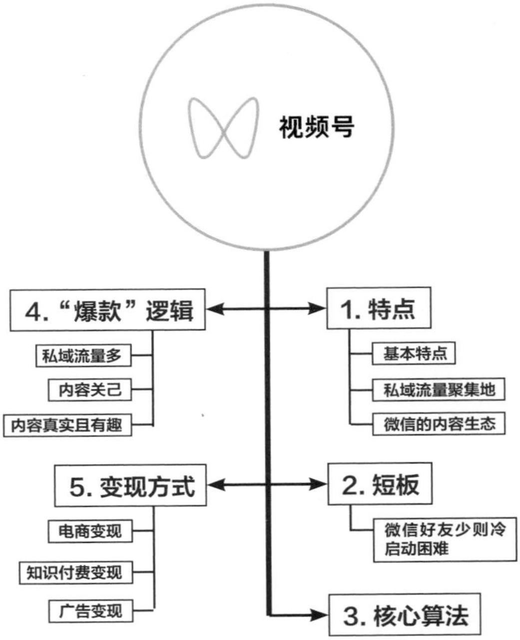

图 17-16

17.6.1 特点

❶ 基本特点

腾讯2021年第二季度财报显示，微信月活跃用户突破12亿，用户群体涉及各个年龄层。视频号作为微信的主打产品之一，平台给予了很多资源的倾斜。

❷ 私域流量聚集地

大家玩抖音和快手时，经常看到短视频创作者在简介中加入微信联系方式，以引导用户添加，这其实是变相地在为视频号引流。

视频号的发展潜力巨大，并且具备私域属性。这样的平台无论是粉丝黏性还是商业转化率都会很高。强烈建议短视频内容创业者做视频号。

❸ 微信的内容生态

目前微信已经全面打通了其内容生态，“公众号+视频号+直播+小商店+微信群”的模式环环相扣，让用户体验更加丰富。例如，用户可以直接通过公众号关注创作者的视频号或直播，还能直接进入小商店购买商品，同时还能在微信群进行交流等。对于创作者来说，私域的运营会更有效率。

视频号的传播逻辑基于社交关系，这和抖音、快手是完全不一样的。抖音的传播逻辑就是不断筛选出高质量内容；快手的传播逻辑是让每一个人都被看到；而视频号的传播逻辑是基于微信的熟人社交，用社交推荐弥补算法推荐的缺陷，从而构建一个新的内容生态体系。创作者的微信好友越多，冷启动越容易。

在视频号中，点赞行为用户的朋友都能看见，这是只有视频号才有的特点。与封闭的朋友圈相比，视频号可以更好地拓展社交圈子，提升传播效率。

视频号的流量池可以说是离私域流量最近的公域流量池。如果创作者是普通人，想要打造个人品牌，视频号就是一个不错的选择。

17.6.2 短板

对于微信好友较少的创作者，哪怕他做的内容非常好，初期的冷启动也是非常困难的。

17.6.3 核心算法

视频号的核心算法是社交推荐+算法推荐，人工干预较少。通常视频发布后，创作者可以通过自己点赞及发布朋友圈的方式让微信好友看到。此时，微信好友数量和观看反馈直接影响着视频是否可以实现冷启动。这就是社交推荐。这个反馈的数据包括阅读量、完播率、点赞数、评论数、转发数、关注人数。其中最重要的是点赞数，并且私密赞是不行的。创作者的粉丝点赞之后，粉丝的粉丝或粉丝的微信好友就能看到这条视频。如果他也觉得好，再次点赞后就会带来更多的曝光。其次重要的是评论数。因为视频号具备较强的社交基因，互动评论显得尤为重要。当然，这些数据都是建立在这条视频完播率正常的情况下，人为刷赞、刷评论对视频上热门起不到作用。而视频号的算法推荐在一定程度上参考了抖音，是利用标签、定位、热点，随机推荐一些用户可能感兴趣的内容，然后根据数据反馈继续推荐用户喜欢的内容。

17.6.4 “爆款”逻辑

视频号的“爆款”逻辑就是拥有的私域流量越多，做出“爆款”的可能性就越大。尽量多在其他平台引导粉丝关注微信公众号，再通过赠送电子版礼包、课程资料、拉群等方式引导用户添加个人微信。当公众号具备一定量的粉丝，并加满了几个微信号之后，加上优质内容的配合，做出“爆款”的概率就会大很多。

因为点赞会直接影响视频初期的分发量，所以我们需要思考如何通过内容让微信好友给自己点赞，这就要看创作者微信里面多数粉丝的目的是什么。如果是欣赏创作者本人，所发的内容就要与创作者相关。创作者可以露脸出镜，或发一些生活化的视频，并且一定要做到真实、自然且有趣。如果是为了学习干货知识，就要多发一些行业干货，内容一定要对大家有用。

17.6.5 变现方式

视频号是微信生态体系的一个组成部分，它的变现方式和微信公众号的变现方式类似。创作者可以开微信小商店，通过电商变现，也可以通过知识付费变现，还可以通过广告变现。

17.7 小红书

小红书是“种草”文化的发源地，具有极强的商业价值。“种草”就是分享、推荐，用户把自己喜欢的某样物品分享、推荐给别人，让别人产生拥有、体验该物品的欲望。本节内容的思维导图如图17-17所示。

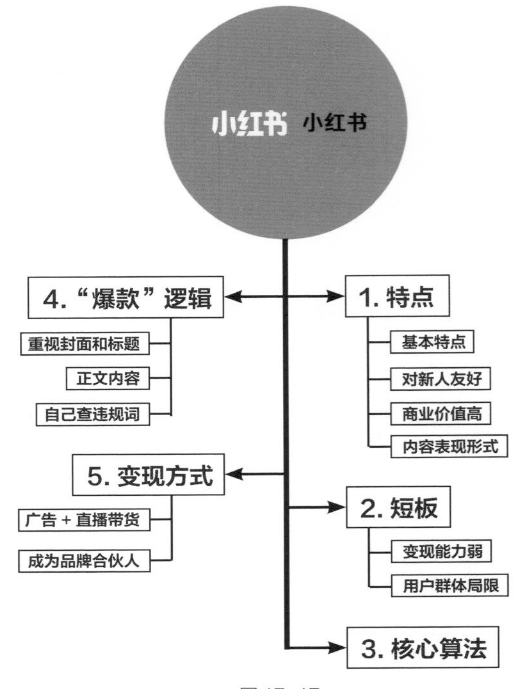

图 17-17

17.7.1 特点

❶ 基本特点

小红书用户主要分布在一二线城市，以女性用户为主。小红书群体的认知能力和购买能力都很强，且平台的社交属性较强。

❷ 对新人友好

小红书对新人比较友好，适合新手使用。

不会制作视频的创作者可以从小红书入门自媒体。例如，可以将自己的学习笔记整理一下发布到小红书上，从这里开始实现粉丝的最初积累。

❸ 商业价值高

小红书的定位决定了它有很高的商业价值，它是用户的消费决策入口，更是年轻人的生活分享平台。用户喜欢把自己平时的购物经验、学习笔记、旅行见闻发布到小红书上。这也决定了小红书具有极高的商业价值。例如，很多人是看了小红书上某位博主的购物分享之后才决定购买某件商品。

❹ 内容表现形式

小红书支持视频形式，“幻灯片+文字”也是其内容表现形式之一。

17.7.2 短板

❶ 变现能力弱

通过小红书赚小钱容易，赚大钱难。

❷ 用户群体局限

虽然小红书的栏目已经扩展到了影视、时尚、数码科技等领域，但大部分人对小红书的印象仍停留在美妆、穿搭上，还有很多人不了解小红书，所以小红书的用户群体是有局限性的。

17.7.3 核心算法

小红书的核心算法基于转发、评论、收藏和点赞的数量。和大多数算法平台的分发逻辑类似，创作者发布内容后，平台会先给一小部分流量测试内容质量，然后根据用户反馈决定是否给予更多的流量。高权重的账号会得到更多的推荐。因为小红书的用户有搜索内容的习惯，并且它的内容是以双列信息流的形式呈现的，所以标题、关键词及封面直接决定着内容是否可以精准匹配给用户，以及用户是否会点开。

17.7.4 “爆款”逻辑

小红书的“爆款”逻辑就是先让用户点开，然后进行收藏、点赞等操作，算法才会认为这是个优质内容。需要注意以下3点。

❶ 标题、封面

标题建议控制在16~18个字，因为太短难以表达亮点，太长会被隐藏。适当添加一些表情符号可以帮助笔记脱颖而出，并且标题中一定要含有与正文内容相关的关键词，以方便算法识别和用户搜索。

封面的风格尽量保持一致，且首图一般放能吸引人的亮点内容，首图上文字的字号应尽可能大一些，并且和背景图产生区别，这样才能吸引用户的注意力。

❷ 正文内容

正文的内容一定要围绕着标题中的关键词来写，一定是有用的原创，并且整体看上去干货有很多。如果有文字，一定要注意排版，可以多用表情符号等，以缓解用户的阅读压力。 内容可以是攻略、教程干货、好书推荐、穿搭、测评、日常小技巧分享等，这些更容易得到小红书的流量。

❸ 自己查违规词

因为商业价值较高，平台对广告和往其他平台导流的行为很敏感，所以要谨慎发布推广引流内容。在简介、私信里留明显的联系方式等，如果被系统识别，会可能会被限流。可以把文字内容复制粘贴到违禁词查询网站中，以查询是否有违规词。

17.7.5 变现方式

小红书的变现能力跟领域和粉丝量有直接关系。

小红书的变现路径主要是广告+直播带货。只要领域对口，几百粉丝的小号也能接到派单。当然，这种情况下广告的报价可能只有几十或几百元，也可能没有钱，以广告商邮寄的商品作为报酬。对于商家来说，这样做成本很低，并且小号笔记推荐商品更为可信。如果有某位用户笔记推荐商品上了推荐，将是一笔很划算的买卖。这些小广告都是私下交易的。当创作者的粉丝量达到1000人，还可以申请开通好物推荐，就是在笔记或直播中插入商品。如果有用户通过此链接购买，创作者将获得相应的佣金。

除此之外，小红书也有官方交易平台。创作者的粉丝达到5000人之后，就可以获得小红书官方认可的商业推广资格，获得与更多品牌合作的机会，成为品牌合伙人。获得认证有两个硬性要求：一是粉丝数大于等于5000；二是半年内至少发布了10条笔记，且自然阅读量超过2000。

17.8 快速了解平台

各平台一直在变化，创作者要想在某平台立足，最好对平台的制度、导向、政策和运营规则了如指掌。创作者的内容和平台的发展方向越契合，创作者就越有可能获得流量扶持。如果创作者不了解这些，仅凭运气是很难在一个平台站稳脚跟的。平台最大的作用就是强化创作者的能力。那么如何快速了解一个平台？我有7条建议。

（1）花3天时间看一下自己的同行在这个平台是怎么运作的。浏览同行视频的时候最好用手机，仔细感受是视频的哪一方面优点吸引自己点击观看的，是标题、封面，还是其他方面。

（2）找到平台，查看平台的官方教学视频。

（3）研究平台创始人的公开演讲，添加平台运营人员的联系方式。

（4）持续关注平台的官方微信公众号、微博、网站。

（5）阅读其他自媒体运营专家发表的文章，搜索专家对平台的看法。

（6）思考平台定位、用户画像、场景习惯、社区氛围、流量特性、更适合短期运营还是长期运营、矩阵养号还是单号深耕。

（7）以用户的身份自己亲自体验，去回答平台提出的问题。

拓展训练

（1）思考自己的视频最适合发布在哪个平台。

（2）思考自己的粉丝最适合沉淀在哪些平台。

精准定位

本章概述

对内准确定位，可以给自己一个相对清晰的战略方向，告诉自己哪些事可以做，哪些事不能做。对外稳定定位，能够获得用户的持续关注，吸引的流量会更加精准，更利于转化。好的定位有两个特点——清晰明确、有辨识度。本章就根据这两个特点讲解精准定位。

知识索引

内容定位　人设与标签　选择平台

起个好名　账号搭建

18.1 内容定位

内容定位是指创作者明白自己要干什么，属于哪个领域，做哪个类目的视频。本节内容的思维导图如图18-1所示。

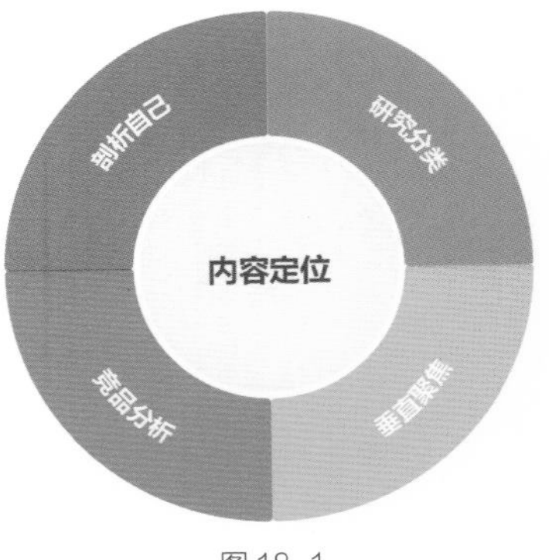

图 18-1

18.1.1 剖析自己

为了更好地帮大家找到自己的内容方向，请大家深入思考并回答下面3个问题。综合这3个问题的答案，大家就可以很容易地找到自己的内容方向，如图18-2所示。

以我自己为例，根据这3个问题的答案，如图18-3所示，最终我选择了从事与短视频相关的教学工作。视频是一种视听媒介，我喜欢做的事可以为我的视频制作提供源源不断的素材。例如，教学时我需要参考大量的电影案例；做视频时有时需要背景音乐，我就可以去听各种风格的音乐；需要拍视频的时候，我可以去不同的城市堪景，并且品尝当地的美食。这样我可以在做着自己喜欢的事的同时帮助别人，又可获得不错的收入。

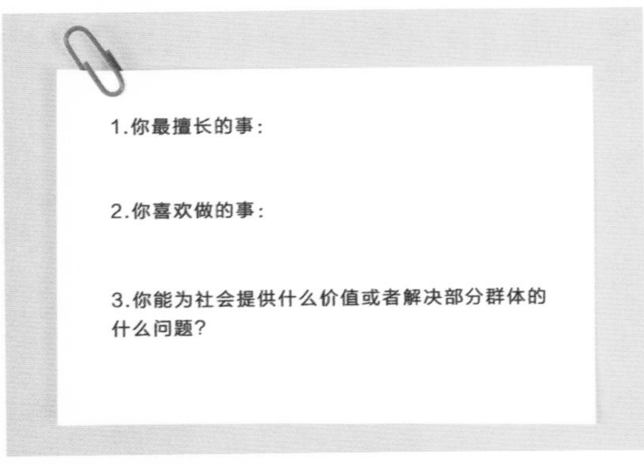

图 18-2

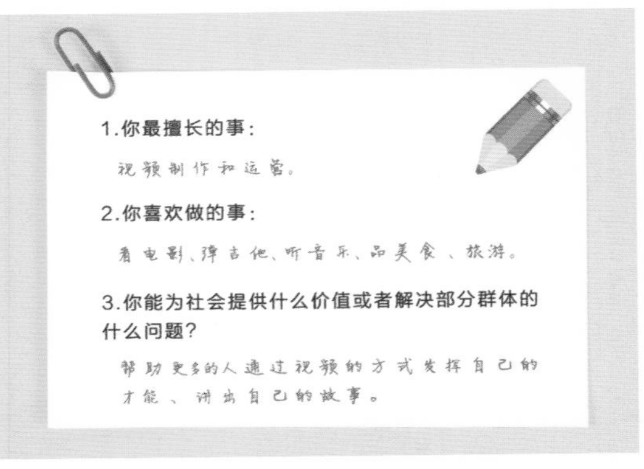

图 18-3

如果大家不知道该怎么回答这3个问题，可以参考以下2个建议。

（1）先写出自己喜欢做的事，可以是玩游戏、钓鱼、骑行、画画、游泳、健身、散打、轮滑、拍照等，只有感兴趣自己才能坚持下去。然后通过不断学习、研究，把感兴趣的事发展成自己最擅长的事。

（2）先确定自己比较擅长的事，如做美甲、演讲、修图、做PPT、做表格、做思维导图、做菜、讲笑话、化妆、模仿或其他生活技能等。如果确实想不到，你也可以问问自己身边的朋友，他们可能比你自己更了解你。确定后给自己一年左右的时间，通过不断练习，把这件擅长的事研究透彻。

如果大家已经对自己所在行业的专业知识比较了解，接下来要做的就是通过视频的方式讲解运营技巧，将你已经了解的知识分享出去，让更多人明白。

总之，大家要认清自己，挖掘自己的优势，看清自己的劣势，然后通过学习，不断增强优势，弥补劣势。确定一个大概的内容方向，选择一个领域，这是内容定位的第一步。

18.1.2 研究分类

❶ 内容表现形式分类

每个平台都有自己的内容分类，如音乐类、科技类、搞笑类等。很多人虽然选择了一个自己擅长的领域，却还是不知道该做什么。这里讲一讲内容表现形式的分类。以音乐类的内容为例，大部分人想到的可能是唱歌、弹琴等表现形式，但这只是这种表现形式中的一种——才艺类。其中的细分类型还有很多，如教育类、故事类（和音乐相关的故事），甚至是搞笑类。内容的表现形式很多，随着短视频的发展，会衍生出更多的表现形式。下面提供几种目前较常见的表现形式，以供参考。

（1）故事类（可以拍成情景短剧，也可以是记录生活的视频博客，Vlog等）。

（2）教育类（某个专业技能的分享、知识科普等）。

（3）才艺类（才艺展示，表演、唱歌、跳舞、脱口秀、手工展示等）。

（4）测评类（科技产品测评、小商品测评等）。

（5）街访类（情感、时事等）。

（6）搞笑类（笑话、脱口秀等）。

（7）创意类（特效制作、生活小创意等）。

❷ 深入思考两个问题

（1）你要成为什么样的人？

（2）你想跟用户建立什么样的关系？

这两个问题的答案决定了你的内容定位和个人定位，如图18-4所示。

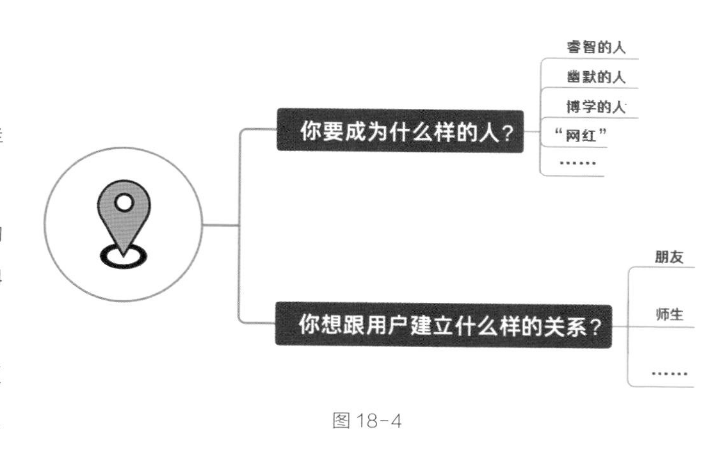

图 18-4

平台更喜欢垂直的且具有深度的内容和账号。如果一个账号什么都做，会被认为深度不够。

18.1.3 垂直聚焦

如何用放大镜在太阳底下点火？答案是聚焦。定位就是聚焦，聚焦是快速实现粉丝增长的前提，即只做一件事，将自己有限的优势发挥到极致。所以大家接下来要做的就是思考选择的行业是否还可以细分，然后确定自己要进入的细分领域。如果大家不知道自己擅长或喜欢的事属于哪个领域，以及这个领域的细分领域都有哪些，最简单的方法就是去视频平台查询其视频类目。

以B站为例，其视频类目如图18-5所示。

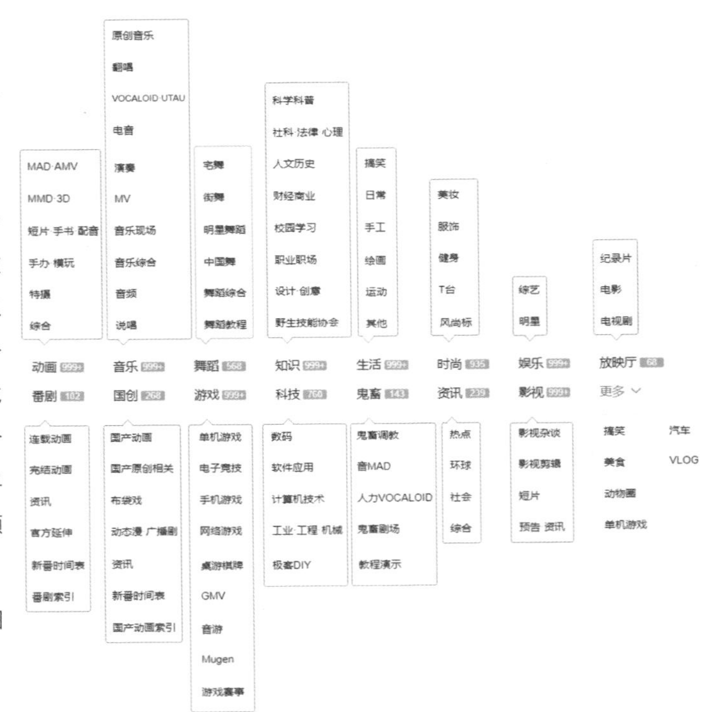

图 18-5

18.1.4 竞品分析

如果大家已经知道了自己要做什么，以及进入哪个细分领域，但还是缺乏自信，不知道从哪里开始，建议大家从认识同行开始，同行是最好的老师。大家可以关注所选领域的前20位“大牛”，分析他们的内容定位。

❶ 找同行

如何找到同行呢？最简单直接的方式就是去各大平台搜索，如百度、头条、微信、B站、抖音、快手等。例如，吉他行业可以在这些平台搜索吉他弹唱、吉他教学、吉他入门、自学吉他等关键词。在搜索结果中找到那些视频播放次数或粉丝数比较多的视频创作者，他们就是我们要找的同行。除了这些平台，还可以去一些数据平台（如新榜、卡思数据等）查询。在这些平台中，也可以快速找到各个领域影响力排名靠前的视频创作者。

在某个平台找到一个同行时，先不要着急研究他在这个平台的账号，可以先去别的平台搜索这个同行的其他账号，看看他在别的平台是否有更优质的内容，再去研究和分析。一些可用的搜索平台如图18-6所示。

❷ 细致分析

我们需要从哪些维度进行分析呢？分析维度如图18-7所示。

图 18-6　　图 18-7

通过剖析自己、研究分类、垂直聚焦、竞品分析这4步，你就能确定自己的内容定位。

18.2 人设与标签

提到诗人或爱喝酒时，大家会想到谁？大多数人想到的是李白，因为诗人、爱喝酒就是李白的标签。标签就是特定的印象，而人设就是个人品牌。人设与标签的作用就是让目标用户和算法找到你、记住你、喜欢你。

算法给用户贴上各种维度的标签之后，用户会很容易刷到符合自己需求的视频。广告主也能够借助这些标签圈定用户，从而让广告的推送更有价值。

18.2.1 自贴标签

找到一个自己能进入的细分领域，然后想办法成为这个领域的专家，就是给自己贴标签的过程。当你成为某个领域的专家或者行业领袖的时候，你的职业、身份、爱好、特点等都会成为你的标签，一提到这个标签，别人就会想到你。

创作者所做视频的风格及他在视频中的口头禅，或者在视频中不断强调的自己所做的事，都是加深用户印象的一种方式。

这是个“酒香也怕巷子深”的时代，只有标签足够明显，你创作的视频才会被用户找到，才能被算法理解，才能被推荐给更多的人。

18.2.2 巧立人设

人设就是人物的设定，是人物的外在形象，多个标签的叠加、组合就形成了人设，最终人设会形成个人品牌。你的人设有辨识度，用户才会记住你，才会长期追随你。

人设的作用包括对内和对外两个方面。

对内：清晰的人设可以自我驱动，让自己变得更好。

对外：物以类聚，人以群分，清晰的人设可以吸引和你相似的人。

18.2.3 打造个人品牌

（1）为什么要打造个人品牌?

打造个人品牌是为了让用户在需要某种服务或者产品时，第一时间想到你。

（2）如何打造个人品牌?

打造个人品牌需要“精准定位+持续曝光”。这是一个信息爆炸的时代，人们都很健忘，创作者找准了定位后，接下来就只需在选定的领域内做以下两件事。

①持续地输出内容。

②持续地学习知识。

18.3 选择平台

选对平台才能强化创作者的能力。那么应该如何选择平台呢?

18.3.1 放大调性

做视频就是在内容调性和平台调性之间寻求平衡。

❶ 内容调性

视频的风格就是内容调性，内容调性可以分为严肃、恐怖、浪漫等。

内容调性最终会形成账号调性，账号调性是用来区分同领域创作者的有力工具。

调性就是个性，搞怪的演员造型、另类的音乐、别致的舞步，以及夸张的语气、独特的嗓音都有可能锦上添花。

❷ 平台调性

每个平台都有自己的定位和主打内容。例如，快手的调性是接地气，如果创作者对自己的定位是“高大上”，那么他就不适合快手。调性没有对和错，只有合不合适。

18.3.2 选择主场

（1）根据自己视频的调性选择合适的平台。

由于短视频制作成本偏高，在人员有限的情况下，前期大家可以把精力放在最适合自己的平台上。例如，创作者每天需要大量的信息输入，可以将相关内容做成笔记，发布在小红书上，为短视频自媒体运营打基础。

故事类平台：抖音、快手。

测评类平台：小红书、B站。

口播类平台：今日头条、视频号。

这些平台的氛围相对较好，用户具备搜索习惯，优质视频可以给创作者带来长尾流量。

（2）结合自己的专业创作最符合平台调性的内容。

创作者可以选自己常用的平台。因为是自己比较熟悉的平台，所以创作者所做的视频的调性可能在不知不觉中就会与平台相匹配，视频制作起来也会比较容易。创作者可以选择当下流量较大的平台，如抖音和视频号，其图标如图18-8所示。当然，创作者也可以在全平台发布视频。全平台运营是一种理想的运营模式，因为很多平台的调性相似。不过，创作者应先选好一个“根据地”，然后逐渐扩展到其他平台。不同平台的用户往往对同一视频有不同的反应，创作者在初期可以把视频发布在多个平台上，因为不确定视频在哪里会更受欢迎，所以可以多进行尝试。

图 18-8

18.4 起个好名

一个好名字可以降低品牌的传播成本，提高传播效率。名字要基于标签和人设做到好记、好搜、好懂。本节内容的思维导图如图18-9所示。

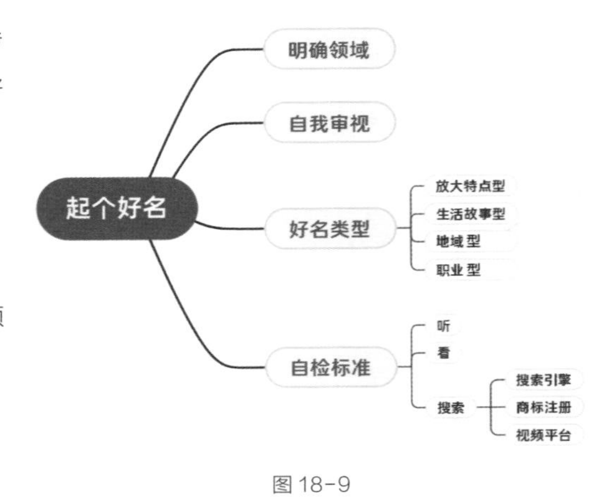

图 18-9

18.4.1 明确领域

创作者所取的名字应与自己的作品要投放的领域相关。

18.4.2 自我审视

创作者在自我审视时需要思考两点。

（1）自己想成为什么样的人?

（2）自己的外在和内在有什么明显的特点? 如外表像某位艺人，内心向往某种生活等。

18.4.3 好名类型

好名字需要具备“自燃”属性，并且自带传播力。常见的好名类型如下。

❶ 放大特点型

创作者可根据自己的特点取名，以降低用户的记忆成本，如小嘴哥搞笑、李大头美食、王胖子烧烤等。

❷ 生活故事型

生活故事型名字会让用户觉得创作者是个有故事的人，从而引发用户的好奇，如朱一旦的枯燥生活、糯米的趣味生活、疯产姐妹等。

❸ 地域型

地域型名字很容易吸引想去这个地方或已经在这个地方的用户，如青岛大姨张大霞、小胖闯非洲、东北那些事等。

❹ 职业型

职业型名字会给用户一种确定性，吸引的用户会更加精准，用户转化率也会更高，如医生肖一丁、宠物医生安爸、老罗教英语、地理老师王小明等。

好名字还有很多类型，它可以是多种类型的组合，但核心是要短、好理解，这样才能做到好记、好搜、好懂。

创作者千万不要随便起一个名字，这样一般无法引起用户的兴趣。

18.4.4 自检标准

自检标准可总结为“一听、二看、三搜索”。

“一听”是指一听到名字就知道创作者是干什么的，如虎哥说车、老四赶海、美食作家王刚、樊登读书会等。

“二看”是指看名字中有没有生僻词，如厷厸教吉他、叚叜手机摄影、朤畘说经济等名字都是不行的。名字中的字最好大多数人都认识，或者在自己所从事的行业中出现频率较高。例如，“帧好视频课”寓意帧帧美好，也包含对“真好”的憧憬，而“帧”字是影视行业从业者频繁接触的一个字。

“三搜索”。搜索方式如下。

（1）搜索引擎。

①检查名字的拼音是否好拼。

②看搜索结果是什么。

（2）商标注册。

可通过淘宝咨询，一般咨询一个品类花费五六百元。商标注册后一般需要等1年左右才能拿到商标证。要抢先注册名字，尤其是自己主推的平台上的名字。

18.5 账号搭建

用户可以通过账号的头像、名字、简介的组合，知道创作者是做什么的及其所属的专业领域。因此，账号需要符合创作者的人设、风格，贴合创作者所做的事，这样用户进入首页之后才会对创作者产生更多的好感。

18.5.1 切换视角

创作者应切换到用户视角，体验用户关注账号的全过程，如观察打开自己账号的主页后会看到哪些内容。

以抖音为例，用户首先看到的是名字、头像、简介、主图、视频封面等内容，如图18-10所示。通过了解这些内容，用户就能基本了解这个账号能为他带来什么价值。用户如果觉得这个账号对他有用，基本就会关注该账号；如果用户觉得没用，或者判断不出这个账号的价值，他就会直接离开。

判断出用户路径后，创作者就可以精心设置相关资料，争取在短时间内抓住用户。

图18-10

18.5.2 账号设置

❶ 头像

账号头像建议设置为自己的真实照片，有时候图像比名字更容易让人记住。

❷ 背景图

背景图可以是与自己做的视频调性相符的或者与内容相关的图片。不建议在背景图上添加自己的联系方式。

❸ 个性签名

个性签名是对关键信息的补充，如个人成就、正在做的业务等，最好是一句话就能吸引精准用户。创作者在其中心可以添加一些引流的方式，如自己的微信公众号等。但各平台都比较反感洗流量的行为，此举要谨慎。

❹ 账号 ID

账号ID是不能随意设置的，一定要好记、好拼。创作者可以给自己设计一个有特点的账号ID，并且所有平台都用这个，这样还能产生引流效果。

拓展训练

（1）明确自己的标签和人设。

（2）完善自己在各平台的账号信息。

第19章

内容研发

本章概述

内容就是问题的解决方案，内容研发就是给用户提供真正优质的解决方案。在真正优质的内容面前，所有的运营技巧都只能起到锦上添花的作用。优质的内容可以通过了解用户、策划内容、打磨内容、批量产出等环节来打造。

知识索引

了解用户　打造"爆款"　策划内容

打磨内容　批量产出

19.1 了解用户

内容创作的目的是让用户喜欢，创作者首先要了解用户，才能创作出打动用户的内容。这就好比追求一个女孩，你应该怎样做才能让她注意到你并喜欢上你。首先你要了解这个女孩，了解她常去的地方、她的兴趣爱好、她喜欢吃的东西、她的择偶标准等。然后就可以制订行动方案，如在她常去的地方制造偶遇、给她买喜欢吃的东西、带她看喜欢的电影等，慢慢地就能打动她的芳心。

了解用户的过程分为3步，分别是找到用户、洞察需求、提炼共性，如图19-1所示。

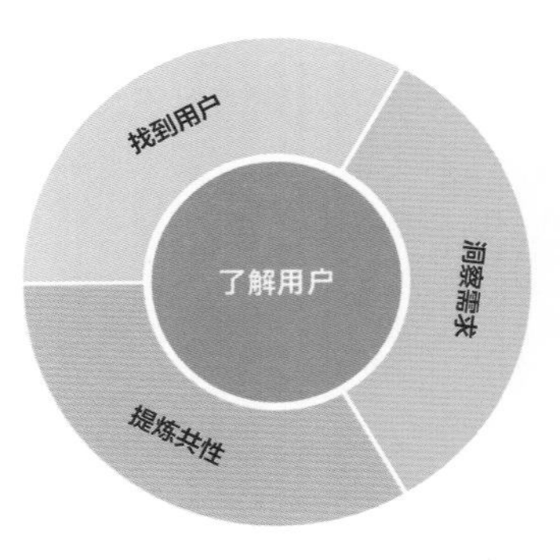

图 19-1

19.1.1 找到用户

给什么人看决定着创作者创作内容的方向，创作者必须确定哪个群体是自己的用户。

❶ 对应的用户是哪些

创作者的内容定位和目标用户身上的标签应是匹配的。假如要做吉他教学视频，创作者的用户就是吉他爱好者、文艺青年或音乐达人等。

❷ 去哪找 / 怎么找

（1）创作者可以通过用户喜欢的内容找到他们， 如在搜索引擎上搜索行业关键词，在视频平台查看类目，还可以关注一些行业内较为出名的微信公众号。

（2）创作者可以在用户常聚集的社区找到他们，如QQ群、微信群、贴吧、论坛或其他付费社群。

（3）创作者可以通过一些测试视频找到他们，视频是会挑用户的，什么样的视频就会吸引什么样的用户。

19.1.2 洞察需求

找到用户后，就开始洞察他们的需求。什么是洞察？洞察就是看穿本质，观察透彻。内容创作的核心就是洞察需求。怎么吸引用户的注意力，怎么打造“爆款”，都是创作者在洞察用户需求时应思考的问题。

为什么要洞察需求？因为要提供对应的价值。例如，用户需要的可能只是在墙上打一个孔 ，而非买一个电钻，那么卖给他一个电钻就不如直接上门给他钻一个孔。同理，一个关注视频制作的用户，也许他并不是想精通哪款剪辑软件，只是想给女朋友做一个庆生视频而已，这才是他真正的需求。

音乐能打动人心，源于洞察；电影能够“爆火”，源于洞察；生意能做得好，也源于洞察。例如，为什么会有很多人喜欢听李宗盛的歌？其中旋律是一方面的原因，歌词是另一方面的原因，他能洞察很多人想说却说不出来的话。例如，歌曲《领悟》《山丘》《我是一只小小鸟》等，经历过一些事情，遇到了一些变故或难处的听众就会觉得，这些歌曲写出了他们的心声，因而会产生共鸣。

做视频也是一样，如果创作者能拍摄出别人想表达却表达不出来的感情，就很容易成功。这就需要创作者具备洞察痛点的能力。洞察痛点需要打破思维定式，或者说打破固有认知。具体而言，创作者可以让自己成为一个真正的用户，做用户做的事，如留言，然后通过观察同行视频的评论、弹幕等信息搜集用户常遇到的问题及不同的观点。创作者也可以以用户、爱好者的身份“卧底”同行建立的免费或付费社群，多和其他用户聊天，细心观察，慢慢就会有所收获。

19.1.3 提炼共性

提炼共性就是了解群体对内容的需求。

以上就是对用户的调研，核心是站在用户的角度去思考和感受，洞察用户需求，设计精准内容。

19.2 打造“爆款”

内容创作一方面要取悦算法，另一方面要满足用户需求，在平台调性和用户需求之间寻求平衡。而“爆款”内容的打造需要更多地利用平台算法。本节内容的思维导图如图19-2所示。

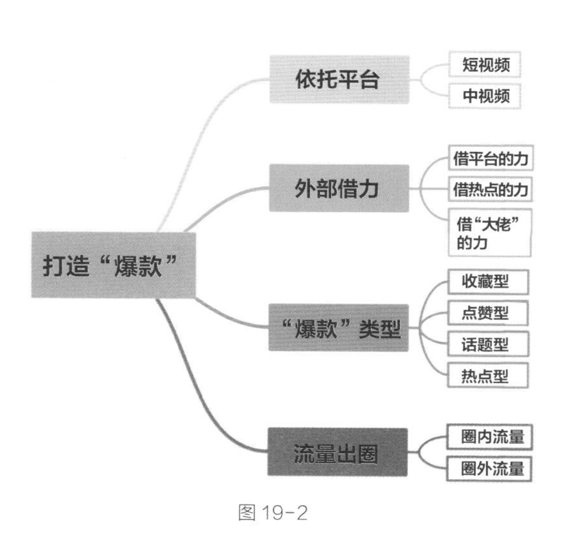

图 19-2

19.2.1 依托平台

平台是创作者技能的放大镜，各平台算法不同、用户群体不同，“爆款”逻辑也不同，创作者需要学会自己分析。

对于视频规格，每个平台都有自己的偏好，抖音偏爱竖屏9：16的短视频，B站偏爱横屏16：9的中视频，任何内容都可以以短视频和中视频的形式表现出来。

对于短视频和中视频时长的定义，每个人都有自己的理解，不能简单地从时间维度定义。短视频和中视频都有各自的节奏。短视频的常见制作技巧是“黄金3秒，7秒铺垫，10秒包袱，13秒反转”。其意思是前3秒的主要作用是吸引用户注意力，在视频开始后的3秒内展示出视频的亮点，或者体现出观众心中最关注的那个点；展示出亮点后，就需要对将讲解的故事进行铺垫，大概需要7秒；第10秒的时候需要把预先确定好的“包袱”（相声行业的专业术语，运用到短视频中，可以将其理解为让观众最感兴趣的点）抖出来；到了第13秒时需要有反转，让观众发现故事没有按照他想的那样发展下去，让观众感到既在意料之外，又在情理之中。中视频的节奏没那么紧张，可以容纳更多的信息。在内容相同的情况下，中视频的生命周期比较长，短视频的生命周期偏短。未来各种长度的视频会构成一个丰富的生态体系，所以每个平台都要有自己的定位。创作者需依托于平台，根据平台不同的定位做符合平台调性的视频。

19.2.2 外部借力

借力就是明确自己的需求，有目标、有策略地从别处获取帮助，以达到自己的目的。

❶ 借平台的力

创作者可以跟平台或MCN机构合作，以获取更多的资源。

❷ 借热点的力

热点的产生多数是用户“投票”的结果，某个话题有大量用户关注，就会自然而然地形成热点。借热点的力就是业内所说的“蹭热度”。创作者可以通过查看各个平台的榜单，了解当下热点，如微博热搜、抖音热榜、百度指数等，如图19-3所示。

图 19-3

热点不能天天借，也不能什么热度都蹭，因为这样会损害账号的声誉。并不是每个热点都与你的账号定位相匹配，不匹配的热点借多了会对账号产生不利影响。

如果对热点不敏感，创作者可以看网上的营销日历，借助各种节日，运用“守株待兔”的方式让内容得到更广泛的传播。营销日历如图19-4所示。

2021年 1月 2021/01

星期一	星期二	星期三	星期四	星期五	星期六	星期日
				1 元旦	2 十九	3 二十
4 小寒	5 廿二	6 廿三	7 廿四	8 廿五	9 廿六	10 廿七
11 廿八	12 廿九	13 初一	14 初二	15 初三	16 初四	17 初五
18 初六	19 初七	20 腊八节/大寒	21 初九	22 初十	23 十一	24 十二
25	26 十四	27 十五	28 尾牙	29 十七	30 十八	31 十九

第1周：2021年01月01日—2021年01月03日 第2周：2021年01月04日—2021年01月10日

第3周：2021年01月11日—2021年01月17日 第4周：2021年01月18日—2021年01月24日

第5周：2021年01月25日—2021年01月31日

重要营销节点：元旦 日常营销节点：小寒、腊八节/大寒 营销关键词：新年、计划、小目标、雪、告别

图 19-4

❸ 借“大佬”的力

创作者可以加一些行业“大佬”的微信或通过某平台私信他们，通过让出更多的利益或一起录视频等方式与他们进行合作，以实现产品的曝光和背书。

小提示

“背书”这个词，源于银行票据，是指在票据背面签章，作为提现的凭证。在现在的新媒体行业，背书就相当于提供信用担保，可提高用户的信任度。

19.2.3 “爆款”类型

常见的“爆款”类型有以下4种。

（1）收藏型爆款。特点是内容新、信息多，对用户有用或用户感觉以后对他有用。

（2）点赞型爆款。多为新奇类视频，特点是奇特，有时用户也会把点赞当成收藏来使用。

（3）话题型爆款。特点是留言多，内容存在争议，没有统一的观点。

（4）热点型爆款。特点是热点和创作者的内容定位实现了完美的匹配。

19.2.4 流量出圈

流量是由一个个鲜活的人组成的，流量出圈就是满足大部分人的需求，让大众知道你。

❶ 圈内流量

圈内流量的特点是用户群体精准，用户主要关注内容的深度或者广度。定位的作用就是能获得精准的流量。

❷ 圈外流量

圈外流量通常是指大众流量，然而专业的内容往往很难获得大众流量。如果想要出圈，就要把视频的专业性降低，以吸引圈外流量。究竟是出圈还是获得圈内流量，创作者一定要根据自己的定位来决定。

通常圈内流量更有利于转化，而圈外流量更适用于品牌的曝光或推广。前面我们讲过，抖音的“爆款”逻辑是“让目标用户觉得有用，让路人觉得有趣”，这就是出圈的表现。其中，“有用”指的是可以解决目标用户的问题，“有趣”指的是可以引起非目标用户的好奇。

19.3 策划内容

内容就是一种解决方案，好内容就是超预期的解决方案。例如不开心时，被搞笑的内容“解决”了；遇到专业问题时，被知识教育类内容“解决”了。什么是不好的内容？就是用户不喜欢或已经预料到的内容。

策划就是想策略、订计划，一个视频是否具备上热门的潜质，其实在策划环节就能看出来。不管拍摄什么视频，如果没有提前策划，拍出来的视频质量往往较差，会产生大量无用的素材。本节内容的思维导图如图19-5所示。

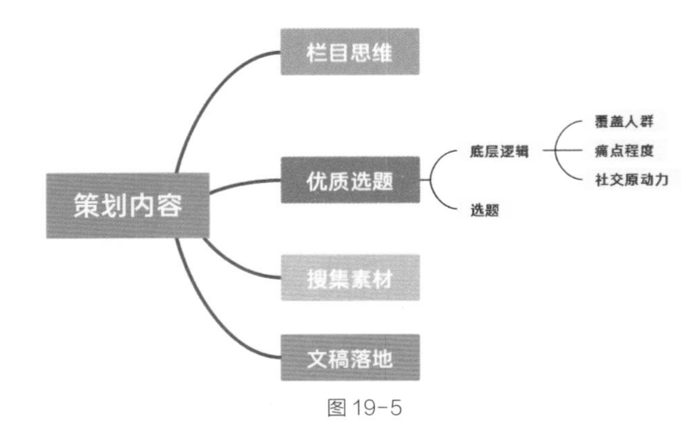

图 19-5

19.3.1 栏目思维

创作者在策划内容时一定要具备栏目思维。什么是栏目？大家常看的综艺节目、开车时听的某个频道的广播等都是栏目。用栏目思维策划短视频，可以给用户一种确定性、系统性。用户无意间看到其中一个视频，就很可能持续关注这个栏目，这样就可以提高关注率，有利于后期用户沉淀。此外，这个短视频账号的商业价值也会增加，这有利于创作者与平台或商家合作，因为他们可以根据栏目了解创作者是否具备持续产出的能力。

19.3.2 优质选题

❶ 底层逻辑

（1）覆盖人群。

选题时首先要考虑的一点就是覆盖人群。覆盖人群应尽量多，这样才能最大限度地吸引人关注。

（2）痛点程度。

痛点就是观众关注的点，如医疗行业中涉及人的生命和健康的内容就属于痛点。每个行业都有特别受观众关注的点，选题时一定不要选择那些观众已经知道的或者无关痛痒的内容。

（3）社交原动力。

社交原动力可以说是大家见面后的谈资、一种社交货币，创作者做的内容要尽量使其用户优先于其他人知道一些他们不知道的事情，从而使这些用户获得一种成就感。

❷ 选题

选题的核心有两点：一是对行业的洞察，二是对自己所在行业的深入了解。

洞察源于细心，创作者可以多复盘，多去思考问题的本质或其底层逻辑是什么，从而得到锻炼。要想对一个行业进行深入了解，创作者可以多看行业“大佬”发布的内容，定期参加一些行业展会，多看一些专业书，多和用户或行业“大佬”交流，有条件的也可以看一下国外创作者制作的内容，从深度、宽度上更深入地了解自己所处的行业。随着了解的深入，大量优质的选题会源源不断地出现在创作者的脑海里。

另外，评论区也是一个免费且优质的“选题池”，创作者可以在自己或同行的视频下看评论，从而确定热门选题。

创作者要思考选题是否会戳中大部分用户的痛点，能否引发某个群体的共鸣，是否可以借助热点获取圈外流量，能否从多个维度提供一些大部分用户都需要的知识等。

19.3.3 搜集素材

选题是为内容制作提供一个方向，搜集素材就是使内容制作朝这个方向发展，搜集素材的过程通常也是内容输入的过程。当创作者要做某个主题的视频时，很多时候其脑海中是一片空白的。遇到这种情况时，解决方式可以是先通过关键词在搜索引擎中进行撒网式搜索，搜索时多关注知乎等问答平台的内容，或者通过专业书、付费的视频课等搜集素材。

19.3.4 文稿落地

文稿落地的意思是将之前的选题具体化，落实为文字内容（可以是文稿或分镜头脚本等形式），这是一个整理思路的过程。如果是剧情类内容或教育类内容，创作者可以先试着给身边的朋友讲一下，看他们能否听懂。

当把想法落实成文稿的时候，一定要不断地问自己：策划的内容是否超出了用户的预期。用户的时间很宝贵，要让他觉得花时间来看这个视频很值得。这就需要创作者用心钻研，努力将每个短视频作品都做成“爆款”。慢慢地，创作者所做的栏目会成为“爆款”栏目。

19.4 打磨内容

一个视频的每一部分都需要经历无数次打磨。本节内容的思维导图如图19-6所示。

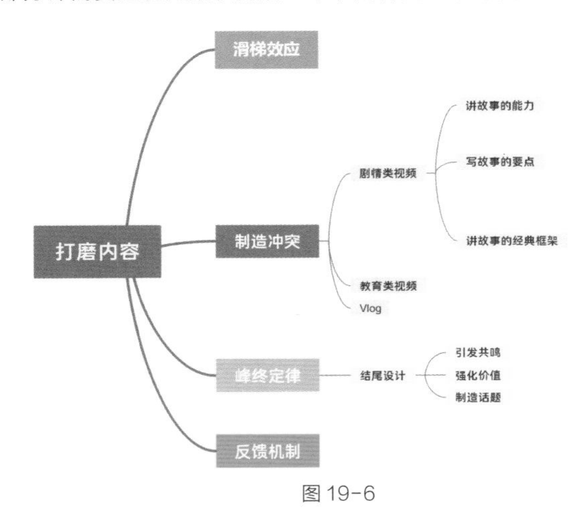

图 19-6

19.4.1 滑梯效应

创作者在设计内容时需遵循滑梯效应，即用户在看视频的时候，应当像坐滑梯一样，一路轻松地滑到最后，这种情况下用户的压力感较弱。以栏目思维为例，如果一个栏目中的视频内容是相互串联的，一个视频放完了，就会吸引观众点开下一个视频，这样整个栏目就会产生"滑梯效应"。

创作者在做单个视频的时候也应遵循滑梯效应。视频开头要引人入胜，中间要连贯、紧凑，结尾要有反转或升华。一般片头越长跳出率越高，因此应将片头做得短一些，这样用户就会感觉相对自然。

19.4.2 制造冲突

内容创作的核心是冲突，只有冲突才能引发好奇，有冲突才有故事。下面以3类视频为例讲解如何制造冲突。

❶ 剧情类视频

剧情类视频的创作者一定要具备用画面讲故事的能力，要会用镜头推动故事的发展。故事的发展过程其实就是一个克服困难、解决冲突的过程。对于大多数人来说，故事最吸引人之处就是主人公面对困难、克服困难的过程。

创作者在写故事时要注意以下3点。

（1）故事要有主题，一堆素材随意堆砌是无意义的。

（2）要不断给主人公制造困难。主人公要有个性，他可以先被困难征服，然后勇于战胜困难，也可以从一开始就不断地与困难抗争。

（3）一定要有细节，有细节的事件才会显得真实。

讲故事是有规律可循的。下面介绍3种常见的故事框架。

（1）先有冲突，再有行动，最后是结局。

（2）让故事遵循起、承、转、合的规律，有起因、经过和结果。

（3）先有目标，遇到阻碍，开始行动，遭遇意外，产生转折，完美结局。

❷ 教育类视频

教育类视频可以与剧情类视频相结合。创作者可以先通过制造冲突吸引用户的关注，再引发用户的思考。例如，问题和错误答案之间是存在冲突的，不同的答案之间也可能存在冲突，创作者可以利用价值前置或“问答模式”将冲突放大，从而带领用户提升认知水平。用户反感的从来不是学习，而是冰冷无聊的教学模式。如果用户可以带着问题来看视频，同时毫无压力地带着答案走，那么这个视频就是成功的。

另外，教育类视频的核心就是知识的传输，所以创作者要时刻问自己：用户能听懂吗？自己讲明白了吗？

❸ Vlog

Vlog就是视频博客，普通的Vlog容易拍成流水账，也有很多Vlog的选题很好，节奏却很拖沓，导致用户没有看下去的欲望。Vlog和剧情类视频一样，吸引人眼球的Vlog大多是由“人物+目标与冲突+结局”构成的。其中，人物可以是自己或自己的父母、朋友、同事等，目标和冲突是吸引用户的核心，结局通常能给用户带来些什么，如一句对应主题的话或自己对某件事的感悟、思考等。

19.4.3 峰终定律

诺贝尔奖得主、心理学家丹尼尔·卡尼曼经过深入研究，发现人们对体验的记忆是由高峰时与结束时的感觉决定的，这就是峰终定律。“冲突”就是用户体验的峰值，下面要讲的结尾设计就是用户体验的终值。

视频的结尾会对用户的感受产生非常重要的影响，创作者可以用以下3种方式设计视频的结尾。

❶ 引发共鸣

在视频的结尾引起用户的共鸣，这一点很重要。用户在视频的结尾看到的是他非常认可的内容，会增强其转发欲望。

❷ 强化价值

如果视频中的信息量较大，用户在观看视频后，可能很难立刻掌握视频想要传递的最重要内容。这时创作者可以在视频结尾再次点题，让用户了解视频的主题。

❸ 制造话题

制造不同的话题，让用户参与讨论。这种方式对评论量的增加很有帮助。

除此之外，短视频中常见的反转也是“峰终定律”的一种表现，如误导式反转、欺骗式反转等。如果视频内容质量还不错，创作者可以在视频的结尾放置广告或引导用户关注某些内容，这样做的效果要比放在片头好得多。

19.4.4 反馈机制

反馈机制是创作者和用户之间建立的一种沟通方式。创作者可以通过留言、添加用户微信、建立微信群等方式建立自己的反馈机制。创作者每制作一个视频，可以先给这部分用户观看，然后根据用户的反馈及时做出调整。只有重视反馈、接受不同的意见，创作者才能把内容越做越好，这也是打磨内容的关键。

19.5 批量产出

要想通过短视频引流变现，有两个硬性指标：一是视频的质量要高，二是视频的数量要充足。创作者可通过组建团队，以流水线化的方式批量产出视频。本节内容的思维导图如图19-7所示。

批量产出

组建团队

流水线化

入乡随俗

图 19-7

19.5.1 组建团队

短视频的研发和制作，一两个人做起来是非常辛苦的，往往需要身兼多职。这样的好处是沟通顺畅、意见统一、方向一致，而且对自我的提升很有帮助，但弊端也很明显，如短期内很难保证视频的数量，有时数量上去了，质量却堪忧，这对品牌的后续发展是有一定影响的。

上述问题通常有两种解决方式：一是一两个人用一年时间打磨一套精品；二是增加人手，快速迭代。

增加人手可能会给初创团队带来经济压力和人员流动的风险。通常初创团队只有一两个人，可以先引流，等吸引到大批流量的时候再进行人员招聘，这就要求这一两个人都是多面手。初创团队的成员在研发内容的时候会遇到大量未知的问题，解决这些问题的过程会让他们很清楚地知道自己需要什么样的人才，在招聘人员的时候就会有明确的方向。

通常小团队经不起人力和财力的消耗，所以在内容设计初期一定要进行大量的数据分析和调研，选好内容的制作方向，在平台的研究、栏目的策划、视频的调性、内容的打磨上都要细心，只有做好细节才能跟同品类视频区分开。

19.5.2 流水线化

流水线的特点是一人只负责一件事，产品的制作像流水一样，可以高效率地制作产品；弊端是缺少个性化定制。

短视频的流水线化通常分为策划、制作、推广3个环节，每个环节都要有自己的步骤和检测标准。以制作环节为例，创作者可以建立属于自己的品控手册，如视频的规格、广告如何植入、字幕用什么字体、字幕放在什么位置等都要有详细的标准。

每一个项目都可以进行流水线化制作。创作者应先建立对用户和平台的了解，及时砍掉用户反馈不好的栏目，筛选出用户反馈好的栏目，然后持续生产。反复进行这个过程可以让创作者积累宝贵的经验，加深对用户与平台的了解。

19.5.3 入乡随俗

流水线化生产短视频的时候，创作者可以适当地放慢视频的制作速度，合理规避流水线化带来的弊端，如缺少个性化的订制。因为短视频通常需要投放到多个平台，创作者在多数情况下需要根据各个平台的规则、定位订制适合某个平台用户的内容，这就需要创作者针对不同的平台设置不同的品控标准。在流水线化制作内容时，可以根据制作需求随时做出调整，让投放到不同平台的视频都能“入乡随俗”，且能最大概率地火起来。

拓展训练

（1）思考以下两个问题。

①用户为什么关注你？

②用户为什么一直关注你？

（2）思考如何将内容制作过程标准化，以降低制作成本。

“吸粉”攻略

本章概述

“吸粉”就是增加粉丝的数量。优质内容是“吸粉”的前提。除此之外，运营和推广也对“吸粉”起着举足轻重的作用。所以做视频一定要懂得运营、内容协同、内容包装及账号的冷启动等，这样才能让粉丝可持续地增长。

知识索引

流量入口　　运营逻辑　　内容协同
内容包装　　从零启动　　用户维护
避“坑”指南

20.1 流量入口

互联网运营的核心是流量、产品、转化率，排在首位的是流量。每一个品牌都要有自己的流量入口，就像每条大河都有自己的源头。本节内容的思维导图如图20-1所示。

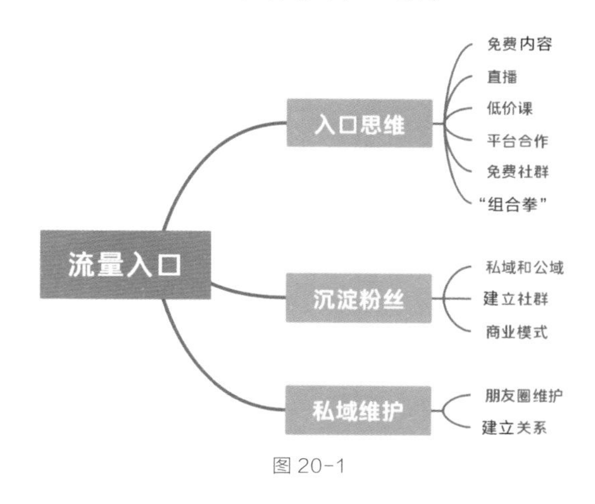

图 20-1

20.1.1 入口思维

过去是人找视频，现在是视频找人，所以每位创作者都必须具备入口思维，只要能找到自己的流量入口，所做的视频才能找准目标用户，流量才会源源不断地进入创作者的私域。常见的流量入口有以下6种。

（1）把免费内容作为流量入口。

（2）把直播作为流量入口。

（3）把低价课作为流量入口。

（4）把平台合作作为流量入口。

（5）把免费社群作为流量入口。

（6）把“组合拳”作为流量入口，也就是对多种流量入口进行组合。

其中最常见、最基础的方式是以免费内容作为流量入口，即通过一些免费内容将流量吸引过来，再通过其他方式将其转化为自己的粉丝。

20.1.2 沉淀粉丝

沉淀粉丝就是将公域流量私域化。

❶ 私域和公域

公域流量就是属于大家的流量，由很多群体组成。它的特点是不稳定、难转化。私域流量是只属于创作者自己的稳定流量。二者就好比一个是大海，一个是自家鱼塘。每位创作者要努力将公域流量沉淀为自己的私域流量。像快手、B站、微信等平台都有很强的私域属性，其中微信朋友圈就有典型的私域属性；而像抖音这类平台的公域属性就比较强。这些平台的图标如图20-2所示。

图 20-2

❷ 建立社群

社群是由有共同爱好、共同需求的人组成的群体、圈子，是私域流量的一种存在形式。良好的社群运营可以增强用户的归属感，刺激产品的销售。那么应该如何建立社群呢？常用的方式是建立微信群。微信的优势就是具备完善的社交生态体系。建群的过程很简单，只需3步：收集用户信息→建立初步联系→建立社群。创作者在社群内要定期解答问题，因为前期人不多，所以将这部分用户维护好，他们慢慢就会成为创作者的种子用户。

❸ 商业模式

商业模式是可以循环使用的盈利方式。例如，积累私域流量、对接生意就是内容变现最核心、最常见的商业模式之一。

创作者打开自己的流量入口后，就可以通过内容对用户进行筛选，把流量引入私域。具体操作方法是通过提供某种价值，把抖音、知乎、B站等平台上的粉丝先引导至微信公众号，再把微信公众号上的粉丝导入微信个人账号，然后通过精心维护，慢慢实现转化。上述商业模式的简化版流程图如图20-3所示。

图 20-3

20.1.3 私域维护

维护私域流量是行业的共识，快手、腾讯等大平台都在做。在流量竞争越来越激烈的今天，私域流量的维护是一场持久战，需要消耗不少时间成本和人力成本。

❶ 朋友圈维护

常用于维护私域流量的平台是微信。官方限制，微信的好友上限是5000人，但一个人可以创建多个微信号，以专门用来沉淀粉丝。因为在微信上可以直接实现有效的沟通，且大部分人几乎每天都会打开朋友圈，用户会在第一时间获取到创作者的新动态。朋友圈的图标如图20-4所示。

图 20-4

那么朋友圈应当如何维护呢？首先要注意头像、签名等细节，其次要精心打造朋友圈的内容，不要发布伤害用户感情、对品牌不利的内容。如果广告在一天内发布得多了，微信官方会限制看到这则广告的好友数。例如，创作者在这个微信号上有5000个好友，可能只有2000个好友能看到创作者推送的广告。

运营私域流量的重点是找到那些高频访问的核心用户。创作者应积极与用户互动，让用户感受到温暖。要知道用户关注的是一个人，而不仅是一个账号。

❷ 建立关系

判断一个人和另一个人的关系如何，关键就是要判断这个人对另一个人有多了解。私域就是构建这层关系的媒介。通过沟通，别人可以知道你是做什么的及你正在做什么，这样才能达成更多的合作，建立更深层的联系。

有些行业“大佬”把微信个人号比作一座孤岛，微信公众号、抖音、B站等平台都是连接用户与这座孤岛的交通工具。用微信个人号来连接更多专业的人或将相对重要的粉丝沉淀到微信个人号，实现粉丝的精细化运营，是自媒体发展的必然趋势。

20.2 运营逻辑

短视频发展到今天，短视频运营可以暂时细分为3个维度，即内容运营、用户运营、渠道运营。好的运营模式可以缩短视频账号冷启动的时间，让创作者少走很多弯路。本节内容的思维导图如图20-5所示。

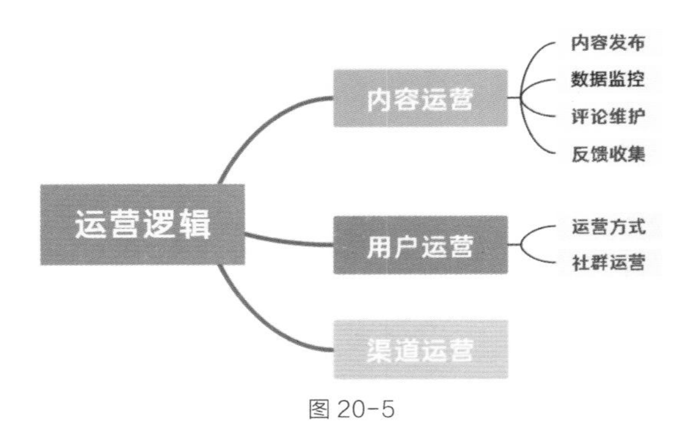

图 20-5

20.2.1 内容运营

内容运营涉及内容发布、数据监控、评论维护、反馈收集等。

❶ 内容发布

内容发布涉及视频的发布时间、发布频率等。例如，抖音的用户群体多为上班族和学生，他们看视频的时间段集中在工作日的晚上及周六、周日，在这些时间段发布视频被用户看到的概率会更高。内容发布频率要根据创作者的内容生产进度而定，短视频一般一天发布一个或者两天发布一个，也可以一周发布一个或两个。如果账号长时间不发布内容，可能需要重新去养。

❷ 数据监控

创作者应通过账号的后台或某些数据平台，了解视频的播放、点赞、转发等数据。要经常关注自己的账号数据，如活跃度、原创度等，从而在内容和运营上做出必要的优化。同时要留意竞争对手的数据，思考是否可以超越他们。

❸ 评论维护

评论可以起到解答问题或引导流量的作用，平台的算法会根据评论区的互动情况，判断这个视频是否值得被推荐给更多的用户。例如，评论中有很多负面的关键词，这个视频的推荐量就会慢慢减少。如果评论区中的留言率很高，且内容都是正面的，系统会倾向于推荐该视频。创作者的总结性留言、补充留言，引导讨论的留言都能在数据层面起到推动作用。

❹ 反馈收集

反馈包括用户的反馈、平台的反馈等。创作者收集各个方面的反馈，不断进行优化，可以把内容做得更好。用户的反馈大多是通过留言、弹幕等方式呈现的，平台的反馈大多是通过私信或与平台运营人员的沟通获取的。此外，图20-6所示的今日头条、大鱼号、爱奇艺等都推出了大量的内容运营技巧，大家可以去学习。

图 20-6

20.2.2 用户运营

用户运营就是粉丝运营，主要是私域流量的维护，重点是拉近与核心用户的关系，减少商业化信息的“轰炸”。个人朋友圈运作的核心就是用户运营。

❶ 运营方式

一些私域属性较强的平台（如B站、快手等）非常重视用户运营，所以创作者要经常与用户互动，要让用户觉得这不是一个冰冷的账号，而是一个有温度的人。可以用心回复用户的私信、留言等，真正站在用户的角度，给用户提供最优解决方案。

❷ 社群运营

社群运营得好可以达到意想不到的效果，但是如果没有多余的精力或时间，最好不做社群运营。比较基础的运营方式是保持较高的活跃度，并积极为用户解决问题，同时要激励用户，可以采用利益激励法，如策划一些限时、限量的线上或线下优惠活动；也可以提供情感激励，如送一些特有的小礼品，让用户得到一种归属感和温暖。

20.2.3 渠道运营

渠道是指合作商、各平台的运营人员等。创作者要经常关注他们的朋友圈并及时和他们进行沟通。这样一方面可以从平台的角度更全面地了解用户，另一方面可以提前了解平台的运营导向，为接下来的内容运营做准备。

20.3 内容协同

内容协同并不是指把视频的文稿原封不动地发布到某平台上，也不是指把较长视频的精彩部分剪辑出来并上传到短视频平台上，而是按照各个平台的需求和调性对视频进行修改，从而实现全平台的协同发布，得到“1+1>2”的效果。

有很多创作者在一个平台上运营得很好，一到其他平台就“水土不服”，这就限制了他的发展。只有注意内容协同，才能在这个时代站稳脚跟。本节内容的思维导图如图20-7所示。

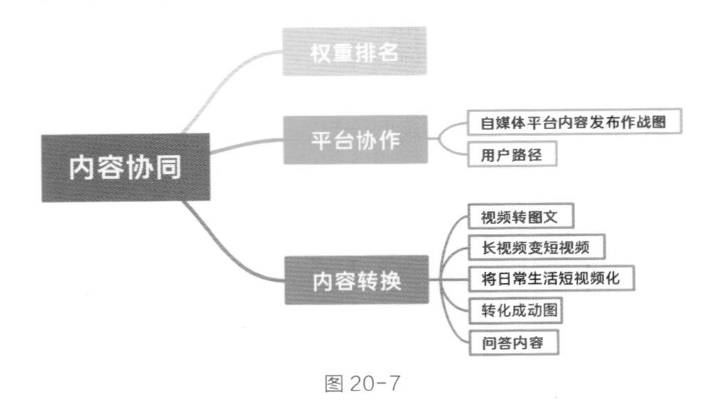

图 20-7

20.3.1 权重排名

内容触达用户的路径有两种，一是搜索，二是推荐。搜索和推荐都取决于权重。提高权重就是流量资源向其倾斜。用户搜索的时候，权重高的创作者在搜索结果中的排名就很靠前，很容易被找到。

具有持续产出优质内容能力的创作者更受平台的偏爱，搜索引擎旗下的产品或其投资的品牌也更容易被推荐。例如，百度投资了知乎，知乎在百度搜索中的权重就很高；视频号的搜索权重在微信的“搜一搜”中也很高。

算法可以根据用户的点击习惯与需求及时让他看到他感兴趣的内容，用户由主动搜索变为被动接受，但算法的核心还是离不开权重。

20.3.2 平台协作

平台协作就是让各个平台彼此连接、相互照应。简单来说，就是账号的每一次推送都是一次联合行动，且在不同平台发布的内容大致相同，却又不完全相同，从而实现内容价值的最大化。

❶ 自媒体平台内容发布作战图

可发布内容的平台并不只有抖音、快手、B站、视频号等，有很多专业领域有自己的网站、App，如美食教学类App下厨房，其图标如图20-8所示。可以先制作自媒体平台内容发布作战图再发布视频。

图 20-8

❷ 用户路径

用户路径是指用户从不知道创作者到关注创作者的过程。创作者可以在这个过程中设置激励措施，以提高关注率。

20.3.3 内容转换

内容转换又称内容翻译，是指根据不同平台的属性对同样的内容进行优化，其目的是让同一内容发布后的效果最优。这就好比小说和由小说改编的电影剧本，故事虽然相同，但表达方式不一样。

❶ 视频转图文

视频文稿转换成图文形式后可以被上传到其他平台，如创作者对视频文稿添加动图、优化排版、增加细节后，就可以将其发布在公众号、今日头条号、企鹅号、大鱼号、百家号、B站、趣头条等平台上；创作者也可以从以前总结的知识点中提炼部分内容，并将其发布在小红书等平台上。这些平台的图标如图20-9所示。

图 20-9

在某些具体的场景中，图文要比视频实用。例如，将一些教学类视频转换成图文后，用户反而更能看清楚相应步骤，不用随时按暂停键，更方便用户学习。

❷ 长视频变短视频

创作者可以将长视频中的故事核心、知识点提炼出来，做成短视频，发布到短视频平台上。如果只截取长视频的某一片段，效果就会大打折扣。长视频变短视频的过程其实是有难度的。例如，一个5分钟的教学视频的文稿大概有1000个字，简化为15秒的短视频后大概只能说70个字，且中间不能有废话，这就需要创作者不停地打磨、删减内容，或将更多的要点通过画面、文字及语音的形式展现出来，这样一则短视频的信息量会非常丰富。以知识分享类短视频为例，一个短视频至少要有2个知识点，这样用户才不会认为自己浪费了时间。

❸ 将日常生活短视频化

思考自己每天都在做的事情是否可以短视频化。例如，买了一台加湿器拍照发朋友圈不如编辑几行字做成短视频并将其发布到小红书上。要思考短视频化之后的流量能否有效转化。微信朋友圈和小红书的图标如图20-10所示。

❹ 转化成动图

创作者可以将短视频中比较精彩的部分做成动图发微博、朋友圈，当然也可以做成表情包等，这样更有利于视频的传播。微博和微信朋友圈的图标如图20-11所示。

图 20-10

图 20-11

❺ 问答内容

创作者还可以去问答平台搜索与自己所做内容相关的问题，并通过视频或图文的形式给予解答，这样可以获取一部分搜索用户。

20.4 内容包装

好内容要有好的包装，这样才能触达更多的用户。本节内容的思维导图如图20-12所示。

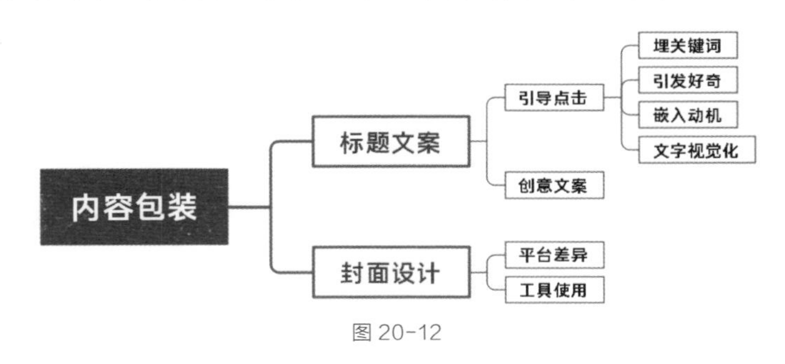

图 20-12

20.4.1 标题文案

标题文案一方面是给人看的，可引导用户点击；另一方面是给算法看的，可以让算法获取更多关键信息，从而将内容推荐给更多用户。一个好的标题是对封面图或内容的总结或补充。

❶ 引导点击

好标题就是用户看到它的第一眼就被会它吸引，并且用户看到之后不需要思考就想点击。设计一个好标题的重点是要给用户一个点击的理由，要先在标题中埋下关键词，以便算法推荐和用户搜索。

（1）埋关键词。标题中应尽可能多地埋关键词。什么是关键词？与吉他教学相关的吉他弹唱教程、吉他入门等都是关键词，它可以给算法一个参考，帮助算法为视频贴上合适的标签，将内容推荐给合适的人群，让创作者在公域流量池中快速被用户找到。创作者还可以在标题中设置一些热搜词。在某些平台中，标题也可用于对目标用户进行筛选。

（2）引发好奇。希区柯克喜欢在悬疑电影中告诉观众一部分信息，而将另一部分信息藏起来，在电影要结束时才和盘托出，从而让观众产生一种恍然大悟的感觉。所以创作者可以利用用户的好奇心吸引其注意。

小提示

好奇心分为消遣性好奇心和认知性好奇心。消遣性好奇心涉及的内容比较广泛。拥有消遣性好奇心的人纯粹为了消磨时间。认知性好奇心的持续性较强，会让人有所收获，如学习一门语言等。

（3）嵌入动机。有关、有用、有趣、有期待、有危险、有热点等都是用户点击的动机。要想让用户收藏、分享、点赞，就需要给用户足够的动机。

①有关：若视频中出现的地域、行业、职业、身份与用户有关，用户就会想看看发生了什么事。创作者可以加入一些地方性的语言或关键词，以让当地的用户觉得视频内容与自己有关。

②有用：对用户有好处，用户会受利益驱动。

③有趣：用户会对有趣的东西保持强烈的好奇心。

④有期待：用户会非常想知道一件事的结果。

⑤有危险：利用用户的恐惧心理，如健康、认知上的恐惧等。

⑥有热点：热点事件是“社交货币”，也是创作者与用户之间沟通的润滑剂。

（4）文字视觉化。写文案时少用形容词，多用动词、量词、数词、名词，如“花2分钟掌握7个运镜小技巧”等，这些词语可以给用户一种确定性，用户在看了标题后就可以判断自己要不要点开。当确定性很强时，用户的决策成本会变低。

❷ 创意文案

什么是文案？一切用来达到某个目的的文字、语言都是文案。 不仅标题要用到文案，人生处处需要文案，如写文章、做视频、写报告、聊天、演讲、发朋友圈等。

为什么会用到文案？

表达同样的意思时，有文案的效果和没有文案的效果的差别是很大的，尤其在今天，文案更是起到了举足轻重的作用。例如，一个年老的盲人竖了一块牌子在街头乞讨，一开始无人在意，但一位女士帮他修改文案后，他便得到了很多人的关注。原文案是“我看不见，请帮助我”，修改之后的文案是“今天天气真好，可惜我看不见”。

视频的标题是文案的一种，其最重要的作用就是吸引用户点开视频，而视频中第一句话的作用就是吸引用户看第二句话。所以很多短视频一般以问句开头，这样能够引起用户的好奇心。有些视频以热门话题、热门素材开头，以获得更多或者更精准的推荐流量。

20.4.2 封面设计

封面是一个视频的“门面”，不同平台对封面的设计要求不同，建议创作者在各个平台发布内容时单独设计。

❶ 平台差异

（1）抖音。抖音提供的是沉浸式观看体验。抖音视频的封面图是为点击进入主页的用户服务的，所以不要求单独设计封面以吸引用户，但要做到用整体视频内容吸引用户的关注，整齐划一的封面方便用户查找内容，能提供一种确定性。例如，影视剪辑类的抖音号会提前规划好连续几期封面图的整体效果，有整体感的封面图更容易引起用户关注。

（2）B站。在B站，视频的封面是非常重要的，封面的尺寸一般是16：9。尤其是在手机端观看时，用户的目光会优先聚焦在封面上，其次是标题。在B站中，封面图比标题重要，标题相当于内容简介。

（3）快手。快手的封面很重要。内容以双列信息流模式展现，用户会不会点击人设和封面起着决定性作用。但用户可能更喜欢大屏上下滑动模式，所以封面的制作可以参考抖音。另外，快手的封面中如果包含文字，是可以在搜索窗口直接检索到的，所以封面中的文字要有亮点，最好包含用户会检索的关键词。

（4）小红书。小红书的封面很重要。它的内容以双列信息流的形式展现，用户会不会点击，封面起着决定性作用。制作时，首图包含的信息应尽量多一些，让用户感觉干货满满；可以选用大一些且颜色与背景不同的字体来表达亮点，还可以适当加入表情包，以吸引用户的注意力。

（5）视频号。当用户把视频号的某个内容转发到微信朋友圈或微信群，会显示视频号的封面，所以封面最好有亮点，这样可以激起用户的点击欲。

在B站、小红书这两个平台上，保证封面风格相对统一即可。在这两个平台上，用户最先注意到的基本都是封面，用户会根据封面和标题内容决定是否观看视频，所以每一个视频的封面都要优先做到吸引用户点击，这就需要封面中的人物、字体所占面积相对较大，且元素简单，画面的饱和度、对比度偏高，这样才更容易被用户关注。

❷ 工具使用

创作者可以使用图怪兽、创客贴、稿定设计等作图工具制作封面，其中有大量的模板可以使用，即使创作者不会使用Photoshop也能做出好看的封面。

20.5 从零启动

从零启动就是冷启动。在这个过程中，平台如果没能得到足够多的正面反馈，系统就会认为这个视频是不受欢迎的。为了控制负面影响，系统会逐步减少对这个视频的推荐量。而如果视频在冷启动过程中顺利找到了自己的目标人群，获得了很高的点击量，就有成为“爆款”的可能。这就是先在一个平台站稳脚跟，再去其他平台发展的原因。当用户在某个平台上关注了某个创作者后，如果这个用户在其他平台也看到了这位创作者的账号，出于对这位创作者的信任，用户会浏览他发布的内容并与他产生互动，甚至会直接关注这个账号。这样无形中就会带来“好看”的数据，冷启动也会比较容易。本节内容的思维导图如图20-13所示。

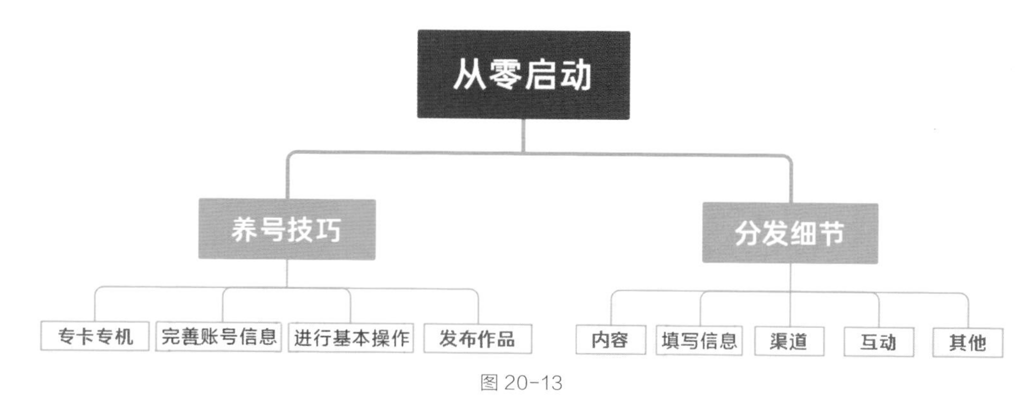

图 20-13

20.5.1 养号技巧

养号期是算法了解账号、了解创作者制作内容的时间，同时也是对新注册账号的观察期，是平台为了规避大量营销号、机器人账号而存在的机制。其间，创作者要大胆表现自己，多去同行账号下评论，多播放、点赞同类视频，保证账号具有足够高的活跃度，这样账号才会在平台产生更多的数据，算法和平台才能根据这些数据把该账号发布的内容推荐给合适的群体。一般养一个新号需要1~2周，不同平台所需时间一般不同。

养号技巧通常有以下4种。

（1）专卡专机。换句话说，同一个账号、同一个手机卡，只在同一部手机上使用，不能今天用这部手机，明天又用另一部手机。最好使用已经用了一段时间的手机，且通讯录不要是空白的。

（2）完善账号信息，如用户名、所在地区、职业、学校等，这便于算法拾取到更多精确的账号信息。

（3）进行基本操作，多去看同行的视频，并给予优质的留言、评论。

（4）发布作品。发布作品的时间通常为用户活跃前0.5~2小时。平台不同，时间不同。这样可以预留审核的时间。

20.5.2 分发细节

分发是指将制作好的短视频分别发布到各个平台。

分发时，创作者通常需注意以下5点。

（1）内容。内容本身就应具备价值或者说具备“自燃”属性。

（2）填写信息。视频的标签、标题、封面、简介、话题都要认真填写，而不能是空白的。

（3）渠道。发布优质内容时，创作者可以试着联系平台的运营人员，看是否可以得到推荐，或看看需要做出哪些改进。

（4）互动。把账号当成一个真实的人，去相关视频下留言、评论，或尽量第一时间去一些有名的账号发布的视频下评论，尤其要发布一些新颖、有趣的评论，这样很容易为自己的账号积累大量优质、准确的数据。因为当你的评论被许多人看到甚至被置顶后，就会有更多人看到你的账号名称和头像，这时创作者名字的重要性会得到凸显。

（5）其他。①平均几天更新一次视频才合理？发布频率可以根据创作者的产出能力决定。②版权问题。搬运、剪辑他人的视频会不会被限流？部分平台（如字节跳动旗下的平台）大多会对这类视频限流。

20.6 用户维护

通过提供价值吸引了一定数量的用户后，创作者还需要继续为其提供价值来进行维护。如果创作者是真心为用户提供价值、解决问题，用户是可以感知到的，后期变现就是自然而然的事情了。本节内容的思维导图如图20-14所示。

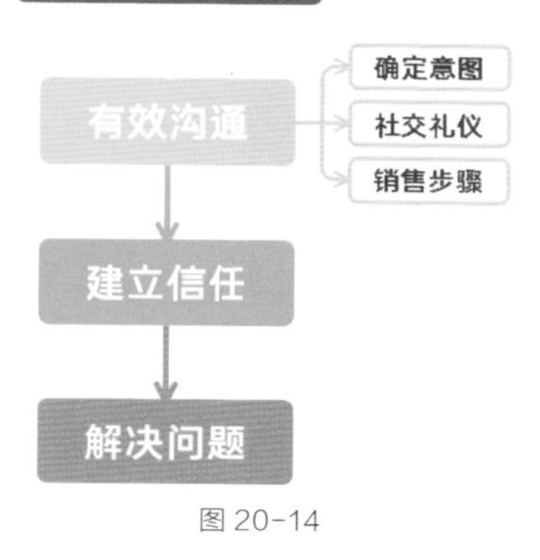

图 20-14

20.6.1 有效沟通

如果用户已经添加了你的微信、关注了你的微信公众号或已经找到了你的小店，针对新用户，创作者不要一上来就介绍产品和服务，要多和用户聊天互动，了解用户的需求，再根据用户的需求实施相应的转化策略。

❶ 确定意图

并不是每个人都善于沟通，尤其是新用户，很多时候他们往往词不达意，所以创作者一定要先弄明白用户真正的需求，这是核心。也有一些用户就是奔着买东西来的，对于这样的用户，创作者直接向他们介绍产品和服务即可。

❷ 社交礼仪

创作者在与用户交流时尽量别发语音，因为你不确定用户所在的场景是否方便听语音。在不太熟悉的情况下给用户发语音，会给用户一种不太礼貌的感觉。除此之外，在聊天的过程中创作者还要让用户觉得有温度，因为大多数的交流中，用户和创作者都看不到对方的表情，所以创作者说的每句话都要带有语气助词。时刻感受用户的情绪和需求，要知道用户的需求在不同的时间段是会发生变化的。

❸ 销售步骤

转化不是一蹴而就的，那么应如何让你的用户一步步走向付款？通常有以下5个步骤。

用户知道你→建立信任→知道你卖什么→心动→买

完成这些步骤需要一定的时间。创作者在任何时候都要站在用户的角度思考问题，并设置好用户路径，以为用户提供价值为核心对用户进行引导。例如，创作者可以在朋友圈设计各种产品的软植入广告和买家秀，让用户主动向你咨询。采用这种方式转化率比你主动跟用户推荐要高得多。此外，创作者还可以通过点赞、评论用户发布的朋友圈动态来刷存在感，以有效曝光自己。

20.6.2 建立信任

变现需要解决信任问题，没有信任，商业行为很难取得成功。创作者首先需要权威的背书，简单来说就是通过大家共同信任的一个机构或者个人来间接证明你的公司及你个人的实力，以及你所售产品的质量。其次，千万不要硬推自己的产品，应只给用户推荐适合他的产品，不适合就不要推荐，否则用户会对你失去信任。创作者一定要真心为用户解决问题，这种方式看似很笨，但很有效。同时，创作者在拍摄视频时经常露脸或有清晰的个人品牌，也可以在无形中增强用户对自己的信任。

20.6.3 解决问题

创作者对于内容变现的正确态度应该是在帮用户解决问题时顺便卖点货。创作者一定要以帮助用户为主要目的，不要为了销售而销售。用户只要知道你、关注你，你就有存在的价值。解决问题的核心是真诚，创作者是不是真心为用户解决问题，用户一眼就能看出来。保持真诚，路就会越走越宽。

20.7 避“坑”指南

短视频内容创业的过程中，有很多“坑”等待着创作者，如账号限流、内容限流、付费推广、签约MCN机构等。本节内容的思维导图如图20-15所示。

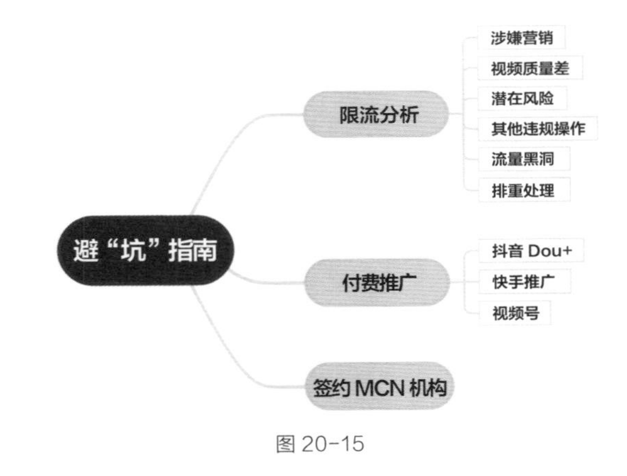

图 20-15

20.7.1 限流分析

限流就是算法认为这个视频不适合推荐给用户，其阅读量和推荐量在一定时间内被限制，以使其热度降低。有时平台会通过私信告诉创作者原因，有时就只能靠创作者自己分析。而平台对于违规内容的态度是“宁可错杀一千也不放过一个”，且流量越大的平台在处理涉嫌违规的内容时越严格。下面列举一些常见的限流原因。

❶ 涉嫌营销

涉嫌营销是指视频中有二维码、微信号、水印等。水印包括半透明的字体、头像、Logo等。

❷ 视频质量差

判断一个视频好坏的通常不是人，而是算法，创作者所做的视频得让算法能清晰识别其内容。如果内容定位混乱、没有主题，算法就会判定这个视频质量差，就不会给予推荐。

❸ 潜在风险

我曾经发布过一个视频，视频中有搬大石头的镜头。这个视频虽然创意很好，却没有得到推荐，后台也没有收到违规提示。后来我咨询抖音小助手，他告诉我是平台判定搬大石头存在潜在风险，怕被小朋友模仿。因此，所有有潜在风险的视频都尽量不要做。

❹ 其他违规操作

“刷”粉丝、“刷”评论、“刷”点赞、“标题党”、低俗、传播谣言、侵犯版权、恶意营销、有裸露镜头的视频同样会被限流。

❺ 流量黑洞

流量黑洞是指某一重大事件的发生吸引了大多数用户的注意力，该事件就构成了内容消费的流量黑洞。如果在这个时间点发布内容，视频就很有可能被抢风头，无法达到很好的冷启动效果。创作者发布内容时要尽量避开流量黑洞。

❻ 排重处理

如果创作者所发布视频的标题、封面、内容都和已发布的某个视频高度重合，平台就会认为是重复上传，该视频很难被平台推荐。

20.7.2 付费推广

好内容配合少量的付费推广就能如虎添翼。

❶ 抖音 Dou+

50元大约会推荐给2500人+，98元大约会推荐给4900人+，新用户可能还会有一定的赠送额度。相比其他平台，这个价位偏高。如果创作者觉得自己新做的视频特别优质，并且没有违规的情况，可以尝试购买Dou+。其实在抖音平台，只要内容足够优质，不需要Dou+同样可以上热门。

❷ 快手推广

快手的快币8元起投，8元可兑换80快币，预计会推荐给500~1000人，新用户首次给视频加热一般会有折扣。因为快手的内容生态已经相对成熟，建议刚开始做快手的创作者初期至少购买8元的推荐量，让账号被快速打上标签，实现冷启动。但是不建议购买太多，一般50元足矣，新号花太多钱并不划算。同时，如果创作者的视频不确定是否违规，可以通过给视频加热的方式测试，违规的视频官方是不予推荐的，还会告诉创作者是哪里违规了。

❸ 视频号

需要先在小程序中找到视频号推广，然后开通推广账户，价格相对来说比较实惠。

20.7.3 签约MCN机构

如果账号有名气了，会有很多MCN机构联系创作者进行合作。在与MCN机构合作时，创作者要注意是否有霸王条款、资源倾斜、违约金等内容，需仔细查看合同，尤其是与账号归属权、利润分成和资源投放等有关的条款。

拓展训练

（1）整理一份自己的“吸粉”攻略，思考自己的流量入口是什么。

（2）思考自己可以用哪几种方式完成账号的冷启动。

第1篇
变现方式

01 02 03 04 05

1. 赚平台的钱
2. 赚粉丝的钱
3. 赚第三方的钱
4. 变现底层逻辑

赚平台的钱

- **广告分成**：广告商会在视频平台投放广告，用户在平台观看创作者的视频时会看到广告商的广告贴片，创作者也会得到广告费用分成。
- **平台补贴**：平台为了鼓励创作者多做、多上传优质视频，会给创作者一定的创作补贴。
- **签约独播**：平台签约一部分头部优质 IP，给予流量扶持。

赚粉丝的钱

- **电商变现**
  - **电商类型**
    - 交易型电商：主流平台有淘宝、京东、拼多多等，特点是消费者消费较为理性，习惯货比三家。
    - 内容型电商：主流平台有抖音、西瓜、快手、小红书等，特点是以内容为主要驱动，消费者消费通常较为冲动。
  - **分销代理**
    - 实物产品：
      - 优点：通常支持一件代发、退换货等服务，可减轻初期创业者的资金、人员压力。
      - 缺点：利润偏低，商品质量及用户购物体验无法保证。
    - 虚拟产品：
      - 优点：免去发货、退换货的程序，利润偏高。
      - 缺点：产品质量及售后无法保证。
- **知识付费**：创作者可以把自己在某个领域的经验整理归纳，形成一套自己的方法论，通过录播视频或直播的形式进行授课，常规做法是把课程放在公众号上进行销售。
- **直播变现**
  - **直播打赏**：通过才艺表演等价值输出获得用户打赏。
  - **直播带货**：比视频带货有更及时的互动，同时直播还有监督功能，假如创作者卖的产品不行，那创作者需要付出的代价是极高的。所销售的产品可以是实物，也可以是虚拟产品。
- **付费社群**：就是 VIP 会员，创作者可将自己的超级用户圈在一起，并提供有深度价值的内容或服务，大家彼此可以实现资源互通、人脉共享等，通常一年交一次会员费。

赚第三方的钱

广告植入

广告商直接和创作者进行合作，以软植入的方式将广告信息放置在视频当中，具体广告报价跟所在行业和创作者在各平台的粉丝数挂钩。

部分平台广告报价表

平台	一般报价（元）
抖音	粉丝量 X0.01
B站	粉丝量 X0.1
小红书	粉丝量 X0.05
微信公众号	阅读量 X1

签约MCN机构

MCN 机构的主要任务就是负责对优质内容创作者进行培训、包装、推广、变现等一条龙服务。可以选择与 MCN 机构合作，从中获取一定的收益分成。

账号转让

批量打造某个品类的优质视频账号，并进行销售。交易平台可以选择鱼爪。

甲方

接单做视频，通常一个视频的价格在几千到几万元不等，可以接单的平台有淘宝、猪八戒、抖音等。

变现底层逻辑

高频输入

变现的底层逻辑就是输出价值，扩大影响力。没有大量的输入就不可能有大量的输出。

高效处理

将输入的内容融会贯通，使其转化为自己的知识，达到能总结归纳的程度。

稳定输出

成为某个领域的专家，能为用户解决某类具体的问题。这个社会对有能力的人非常友好。

第 2 篇 锁定平台

01 02 03 04 05

1. 算法　2. 抖音
3. B站　4. 快手
5. 知乎　6. 视频号
7. 小红书　8. 快速了解平台

算法

- 懂内容
  - **文本分析**　对视频标题、视频内的字幕等进行分析。
  - **音频分析**　对视频中的音乐、人物说的话等进行分析。
  - **动态影像分析**　给出一段动态影像，人工智能技术可以马上分析出场景。
- 懂用户
  - **静态属性**　用户在平台注册账号时填写的一些信息，如性别、年龄、学历、居住地等。
  - **动态属性**
    - 用户的行为（如点赞、收藏、转发、评论、关注等）属于显性属性。
    - 当用户在一个视频中停留的时长，或者在别人的主页中停留的时长，就叫作隐性属性。
- 匹配链接　算法通过分析内容、分析用户，再根据用户的行为，给用户推送他喜欢看的内容。

抖音

- 核心介绍　当用户想学某样东西，就会过来一群人教用户，这就是抖音。
- 特点
  - **投其所好**　创作者、平台、用户之间的关系可用“投其所好”来形容。
  - **沉浸式观看体验**　抖音会源源不断地为用户提供其喜欢的内容。
  - **人人都有机会**　人工干预少，新用户发布的视频和高粉丝大号处于同一起跑线上，都有通过一条视频实现“爆火”的可能。
  - **惊奇的“挖坟”策略**　好内容不会被埋没，以前发的优质老视频也有“爆火”的可能。
- 短板
  - **粉丝黏性过低**　和其他同类型短视频平台比，同样的粉丝数，粉丝价值偏低。
  - **流量稳定性差**　单个视频容易遭遇“爆冷”的情况。
- 核心算法
  - **基础推荐**　推荐给很少一部分用户，根据用户的行为判断这个视频是否优质，再确定是否推荐给更多人。
  - **流量叠加**
    - 视频如果在基础推荐中表现很好，就会被丢进下一个大一点的流量池，以此类推。流量池中的每一个流量都是一个真实的用户。
    - 流量池流量范围表

流量池级别	流量范围
初级	300~500
2级	3000左右
3级	1万左右
4级	10万左右
5级	100万左右
6级	1000万左右
7级	3000万以上

  - **重复审核**
    - 判断一个视频是否被推荐的关键数据是完播率、点赞数、评论数、转发数、关注数。基于对完播率的贡献，其他数据的重要程度依次是：转发数 > 关注数 > 评论数 > 点赞数。
    - 每一层级的审核标准及审核内容都不同。这样可以提高内容审核效率，防止优质视频被“误杀”。

- "爆款"逻辑
  - **注重前三秒** 可以通过价值前置或直接抛出要解决的问题及创意文案等方式尽可能地吸引用户，让其看完这个视频。
  - **关注动机** 视频要做到有用、有趣、有料。
  - **评论动机** 设计话题，引导用户留言。
  - **点赞动机** 通常有三个方向——观点认同、干货收藏或情绪共鸣。
- 变现方式 官方直接提供变现支持，变现模式也很丰富，可以通过直播、橱窗带货、广告三种形式灵活变现。还能通过统一的官方广告交易平台巨量星图对接广告主。

B站

- 核心介绍 年轻人喜欢什么，B 站上就有什么。
- 特点
  - **基本特征** 年轻人的社区，看视频无广告，中长视频社区，弹幕文化，不止二次元。
  - **超强社区氛围**
    - 对内容创作者的包容性强。
    - 具有很强的私域属性。
    - 粉丝价值高，用户质量高。
    - 数据真实，如评论数、完播率等。
    - "标题党""封面党"被唾弃。
    - 抱着做号思维是做不起 B 站的，必须和用户打成一片。
  - **高活跃度、高黏性**
    - 用户活跃度高、黏性高，付费意愿也强。
    - 流量稳定，这样每发布一个视频就会有基础流量的保证。
    - 用户有搜索习惯，有搜索就会有长尾流量。
  - **对有能力的人友好**
    - 对会做视频的人友好。
    - 对知识类的内容友好。
- 短板
  - **算法不成熟**
  - **转型、扩张带来的问题**
  - **激励金额有限**
- 核心算法
  - **机器推荐 + 人工推荐** B 站的推荐机制目前看来主要是通过关键词，所以标题、标签、简介、弹幕、评论中涵盖的关键词都十分重要。
  - **审核机制**
    - B 站的审核机制分为机器审核和人工审核。B 站视频是否能上首页，受人工干预影响很大。
    - 视频发布后，用户会有收藏、评论、点赞、投币等行为。这些行为达到一定数量后，就会触发人工审核机制。另外，用户的不良反馈也会触发人工审核机制。
    - 人工审核决定着视频能否被推荐到首页。
  - **推荐机制**
    - 基于内容：根据用户喜欢的视频，找到和这个视频相似的视频，再推荐给用户。
    - 基于用户：根据某一用户喜欢的视频，找到和这位用户有类似偏好的用户，再把这个群体所偏好的视频推荐给这个用户。
    - 基于模型：根据用户的喜好搭建算法模型，实时预测用户可能想看的内容。
  - **行为权重** B 站的用户行为包括投币、充电、收藏、发弹幕、评论、播放、点赞、分享、更新等。

“爆款”逻辑
- 冷启动期：运气、坚持、内容质量缺一不可。
- 封面：视频封面可以说是吸引用户观看的核心因素。
- 标题：标题内容要简明扼要，要一眼能看出视频带给读者的好处和确定性。
- 紧跟平台活动：能获得相应的流量扶持。
- 引导关注收藏：互动数据会影响系统推送数量。
- 发布时间：视频更新时间建议优先选择周五晚上到周日这段时间。
- 发布周期：固定视频产出周期，从增强用户黏性。
- 分区选择：可获得与标签相关的搜索流量。

变现方式
- 平台收益
  - 创作激励计划
  - 课程合作
  - 悬赏计划
- 粉丝收益
  - 充电计划
  - 直播打赏
- 广告收益

快手

- 核心简介：快手就是一个大号的微信朋友圈，与抖音相比，快手用户会更大概率地刷到他已经关注的快手账号的内容。
- 特点
  - 基本特点
    - 24 岁以上的用户居多。
    - 三四线城市的用户居多。
    - 男性多于女性。
    - 真实、接地气。
  - 普惠理念：快手更愿意扶持普通人。
  - 变现能力强，流量稳定性高：快手粉丝的忠诚度高，消费能力强，电商生态也强于其他短视频平台。
  - 内容接地气：快手对“真实”的要求很高，更贴近大众生活。
  - 信息流式观看体验：用户会不会点进去看视频取决于封面和人设。
- 短板：精心制作的“高大上”的内容在快手是不被重视的，导致很多精品内容被埋没。在快手做几万粉丝很容易，再往上涨比较难。
- 核心算法：算法和抖音是基本相似的。
- “爆款”逻辑：在交互中得到更多曝光。快手的社区属性很强，要把快手当作一个论坛或者朋友圈去对待，不能为了做号而传视频。
- 变现方式：快手小店支持有赞平台和拼多多平台。除此之外，创作者还可以通过直播打赏、广告分成、视频带货等方式变现。

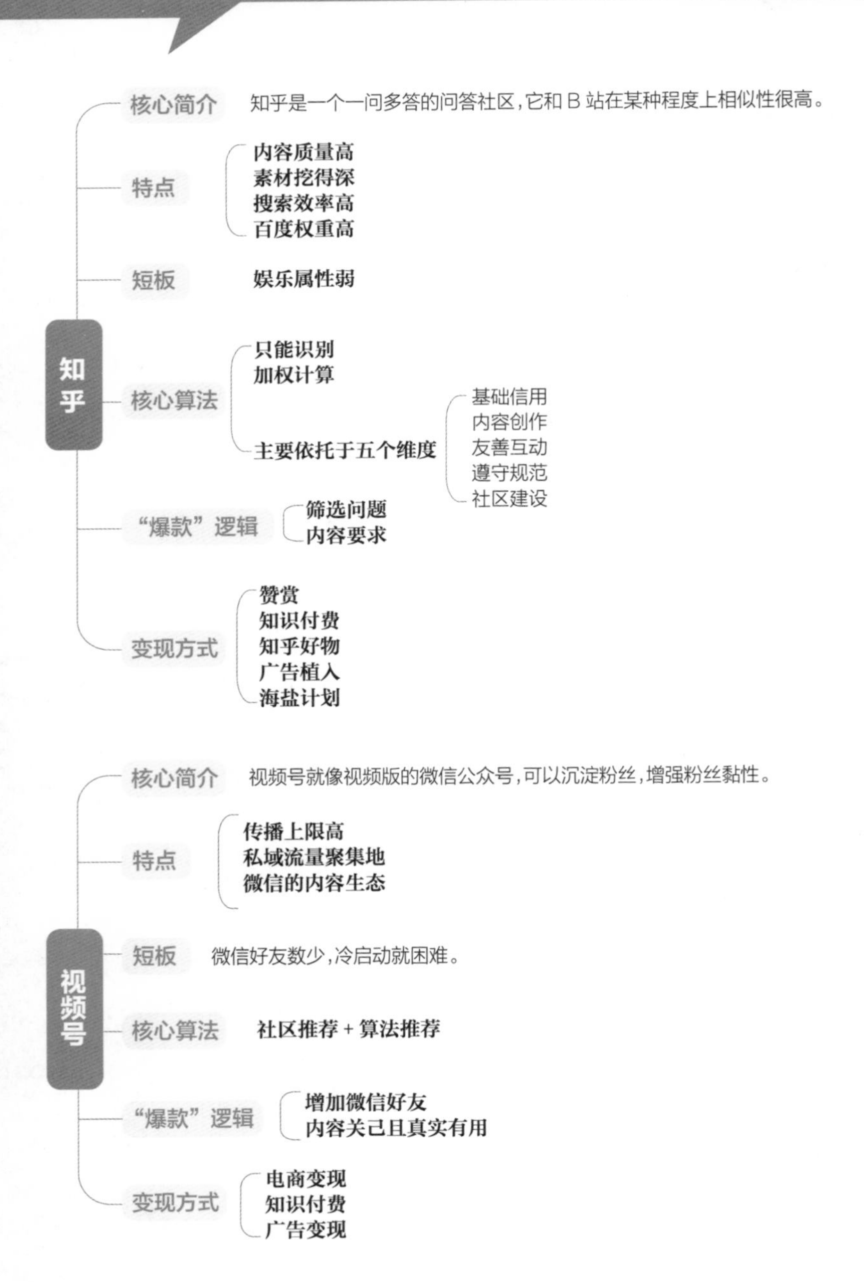
知乎
核心简介
知乎是一个一问多答的问答社区，它和B站在某种程度上相似性很高。
特点
内容质量高
素材挖得深
搜索效率高
百度权重高
短板
娱乐属性弱
核心算法
只能识别
加权计算
主要依托于五个维度
基础信用
内容创作
友善互动
遵守规范
社区建设
“爆款”逻辑
筛选问题
内容要求
变现方式
赞赏
知识付费
知乎好物
广告植入
海盐计划
视频号
核心简介
视频号就像视频版的微信公众号，可以沉淀粉丝，增强粉丝黏性。
特点
传播上限高
私域流量聚集地
微信的内容生态
短板
微信好友数少，冷启动就困难。
核心算法
社区推荐 + 算法推荐
“爆款”逻辑
增加微信好友
内容关己且真实有用
变现方式
电商变现
知识付费
广告变现

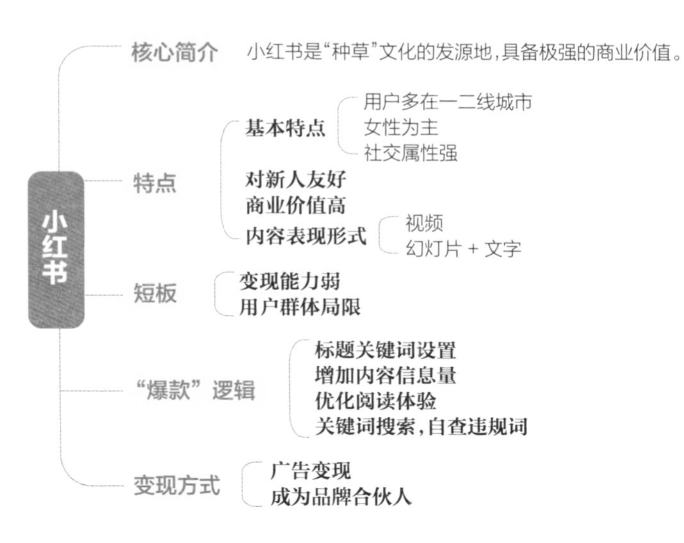

花 3 天时间看一下自己的同行在这个平台是怎么运作的。浏览同行视频的时候以手机为主，计算机为辅，仔细感受是视频的哪一方面吸引自己点击观看的，是标题、封面，还是其他方面。

找到平台，查看平台制作的官方教学视频。

研究平台创始人的公开演讲，添加平台运营人员的联系方式。

持续关注平台的官方微信公众号、微博等。

阅读其他自媒体运营专家发表的文章，搜索专家对平台的看法。

思考平台定位、用户画像、场景习惯、社区氛围、流量特性、更适合短期运营还是长期运营、矩阵养号还是单号深耕。

倾听用户的声音，自己亲自体验，去问答平台提问。

第 3 篇 精准定位

01 02 03 04 05

1. 内容方向
2. 人设标签
3. 选择平台
4. 起个好名
5. 账号搭建

内容方向

- 剖析自己（回答三个问题）
  - 你最擅长的事是什么？
  - 你最喜欢做的事是什么？
  - 你能为社会提供什么价值或解决哪类问题？
- 研究分类
  - **内容表现形式分类**：故事类、教育类、才艺类、测评类、街访类、搞笑类、创意类等。
  - **深入思考两个问题**
    - 你要成为什么样的人？
    - 你想跟用户建立什么样的关系？
- 垂直聚焦
  - **只做一件事，将自己有限的优势发挥到极致。**
- 竞品分析
  - **找同行**
    - 搜索引擎查关键词
    - 视频平台查关键词
    - 数据平台查关键词
    - 去其他分发渠道（如抖音、微博、微信公众号等）寻找
  - **分析细节**
    - 粉丝总量
    - 变现方式
    - 内容定位
    - 个性签名
    - 留言反馈
    - 是否有团队
    - 年收入
    - 优势和劣势

人设与标签

- 自贴标签
  - 当你成为某个领域的专家或者行业领袖的时候，你的职业、身份、爱好、特点等都会成为你的标签。
- 巧立人设
  - 人设是指对外的形象，或者说是个人品牌。
  - 对内：清晰的人设可以自我驱动，让自己变得更好。
  - 对外："物以类聚，人以群分"，明确的人设可以吸引到和你相似的人。
- 打造个人品牌
  - 为什么要打造个人品牌？有一天用户或者他的朋友想要某种服务，你就是他的第一选择。
  - 怎么打造？"精准定位 + 持续曝光"即可。

选择平台

- 放大调性
  - **内容调性** 视频的风格就是内容调性，内容多了就形成了账号调性。
  - **平台调性** 每个平台都有自己的定位和调性。
- 选择主场
  - **怎么选？**
    - 自己经常玩，自己最熟悉的。因为经常玩，所以不知不觉调性就会相匹配。
    - 当下最火的、流量最大的。根据平台的调性结合自己的专业为平台定制最适合的内容。
    - 最匹配自己内容的。
    - 不选，都做
      - 好多平台的属性相似
      - 前提是有团队、有资金
  - **聚焦平台**
    - 先在一个平台扎稳脚跟，再去其他平台“开疆拓土”。
    - 一个平台为主，其他平台为辅。

起个好名

- 明确领域 名字应与自己所属领域或所从事的行业有关。
- 自我审视
  - 自己想成为什么样的人？
  - 自己的外在和内心有什么明显的特点？如外表像某位明星，内心向往某种生活等。
- 好名类型
  - 放大特点型
  - 生活故事型
  - 地域型
  - 职业型
- 自检标准
  - **一听** 一听名字就知道创作者是干什么的。
  - **二看** 看有没有生僻字。
  - **三搜索** 搜索拼音是否好拼。看这个名字有没有被注册商标。

账号搭建

- 切换视角
  - 主要指切换到用户视角，体验用户关注账号的全过程。
  - 判断出用户路径，就可以开始设置自己的资料，争取短时间内抓住用户。
- 账号注册
  - 头像
  - 背景图
  - 个性签名
  - 账号 ID

第4篇 内容研发

01 02 03 04 05

1. 了解用户
2. “爆款”逻辑
3. 策划内容
4. 打磨内容
5. 批量产出

了解用户

- 找到用户
  - 
  - 内容创作的目的是让用户喜欢。
  - **哪些是用户？**
    - 你的内容定位和他们身上的标签是匹配的。
    - 你能为他们提供价值。
  - **去哪找？怎么找？**
    - 通过用户喜欢的内容
    - 通过用户常聚集的社区
    - 通过测试视频
- 洞察需求
  - 内容创作的核心是洞察需求。
  - **怎么洞察需求？**
    - 凡事看本质。
    - 确定用户的痛点是什么。
- 提炼共性
  - 了解群体对内容的需求。

「爆款」逻辑

- 依托平台
  - “爆款”内容的打造，本质上都是在利用算法规则。
  - **视频规格**
    - 中视频
    - 短视频
- 外部借力
  - **借平台的力** 跟平台或MCN机构合作，以获得更多资源。
  - **借热点的力** 借热点要有度。
  - **借“大佬”的力** “大佬”背书，提升可信度。
- “爆款”类型
  - **收藏型爆款**
  - **点赞型爆款**
  - **话题型爆款**
  - **热点型爆款**
- 流量出圈
  - 流量是由一个个鲜活的人组成的。
  - 圈内流量：粉丝精准、垂直，主要关注内容深度。
  - 圈外流量：内容被稀释，专业性差。

第 4 篇 内容研发

策划内容

- **栏目思维**：以栏目的方式做视频可以给用户一个确定性，商业价值更高，还可以随时根据运营数据做出调整。
- **优质选题**
  - 优质选题的底层逻辑：覆盖人群、痛点程度、社交原动力。
  - 选题：找准定位后，持续、深入、大量、多维度地了解这个领域，你就会有源源不断的选题。
- **搜集素材**：内容输入的过程。
- **文稿落地**：整理思路的过程。

打磨内容

- **滑梯效应**：用户看视频就像坐滑梯一样，能顺利、轻松地滑到最后。
- **制造冲突**
  - **剧情类视频**
    - 叙事能力（讲故事的能力）
      - 有主题
      - 不断制造困难
      - 有细节
    - 写故事的要点
    - 讲故事的经典框架
      - 冲突、行动、结局
      - 起、承、转、合（起因、经过、结果）
      - 目标、阻碍、行动、结果、意外、转折、结局
  - **教育类视频**
    - 大众反感的从来不是学习，而是不恰当的教学模式。
    - 创作者可以利用价值前置或通过“问答模式”将冲突放大，以吸引用户关注。
  - **Vlog**：吸引人眼球的 Vlog 大多是由“人物 + 目标与冲突 + 结局”构成的。
- **峰终定律**
  - **制造共鸣**
  - **强化价值**
  - **制造话题**
- **反馈机制**：创作者与用户之间沟通的桥梁。

批量产出

- **组建团队**
- **流水线化**
  - 策划、制作、推广流水线化。
  - 建立品控标准。
- **入乡随俗**：内容本土化。

第 5 篇
“吸粉”攻略

01 02 03 04 05

1. 流量入口　2. 运营逻辑
3. 内容协同　4. 内容包装
5. 从零启动　6. 粉丝维护
7. 避坑指南